# 建筑保温材料
# 碳足迹分析及减碳策略

郭向勇　杨玉忠　徐长春　著

中国建材工业出版社
北　京

**图书在版编目（CIP）数据**

建筑保温材料碳足迹分析及减碳策略 / 郭向勇，杨玉忠，徐长春著. — 北京 ：中国建材工业出版社，2024.6

ISBN 978-7-5160-4138-3

Ⅰ. ①建… Ⅱ. ①郭… ②杨… ③徐… Ⅲ. ①建筑材料－保温材料－研究 Ⅳ. ①TU55

中国国家版本馆 CIP 数据核字(2024)第 092705 号

**建筑保温材料碳足迹分析及减碳策略**
JIANZHU BAOWEN CAILIAO TANZUJI FENXI JI JIANTAN CELUE
郭向勇　杨玉忠　徐长春　著

出版发行：中国建材工业出版社
地　　址：北京市西城区白纸坊东街 2 号院 6 号楼
邮　　编：100054
经　　销：全国各地新华书店
印　　刷：北京雁林吉兆印刷有限公司
开　　本：787mm×1092mm　1/16
印　　张：11
字　　数：250 千字
版　　次：2024 年 6 月第 1 版
印　　次：2024 年 6 月第 1 次
**定　　价：68.00 元**

---

本社网址：www.jccbs.com，微信公众号：zgjcgycbs
请选用正版图书，采购、销售盗版图书属违法行为

本书如有印装质量问题，由我社事业发展中心负责调换，联系电话：(010) 63567692

# 前　言

本书依托中国建筑科学研究院有限公司科研基金项目“设计选材技术指标体系及预测评估关键技术”的研究内容“典型围护结构材料碳属性检测及关键技术指标体系研究”（课题编号：20220112330730010），旨在为典型建筑围护结构保温材料在低碳建筑设计选材中提供参考依据。

《2050 中国能源和碳排放报告》提到，如果碳排放得不到控制，将会导致广泛且不可挽回的后果。由于目前大气中的温室气体排放量已达到创纪录的新高，如果要减少碳排放，就需要做出快速而具体的决定。根据该报告，要以合理的成本控制全球变暖，留给世界的时间已经所剩无几。我们的目标是在 2010 年至 2050 年将碳排放量减少 40%～70%，并在 2100 年之前完全结束化石燃料的使用。目前我国的温室气体排放量已居世界第二位，我国政府宣布控制温室气体排放的行动目标，作为约束性指标已纳入国民经济和社会发展中长期规划，并将制定相应国内可测量、可报告和可核查办法。建材工业是仅次于电力、冶金行业的第三大耗能大户，同时建材作为建筑的上游产品，是绿色建筑全生命周期中的重要一环，开展主要建材产品的碳足迹计算和认证，是推动建筑物碳排放减量的首要条件。本书以生命周期评价方法为基础，依据 WRI/WBCSD《温室气体议定书》、ISO 14064 和 PAS2050 的规则和要求，编写建筑保温材料碳足迹分析及减碳策略。

本书共分为 4 篇，包括总论、无机保温材料、有机保温材料及复合保温材料。第 1 篇总论分为 4 章，第 1 章绪论阐述了建筑保温材料碳足迹国内外发展现状以及发展趋势，第 2 章建筑保温材料阐述了无机保温材料、有机保温材料和复合保温材料的总体情况，第 3 章碳足迹阐述了碳足迹的来源、定义、研究状况、计算方法和原则、评价方式等，第 4 章减碳策略总体上阐述了建筑保温材料减碳的影响因素、敏感性分析、减碳原则及方法。第 2 篇无机保温材料分为 4 章，包括岩棉板、泡沫混凝土制品、泡沫玻璃板、泡沫陶瓷板，分别阐述了这四类典型无机保温材料的生产及性能、碳足迹分析及各自的减碳策略。第 3 篇有机保温材料分为 4 章，包括模塑聚苯板、挤塑聚苯板、硬泡聚氨酯、酚醛保温板，分别阐述了这四类典型有机保温材料的生产及性能、碳足迹分析及各自的减碳策略。第 4 篇复合保温材料，阐述了真空绝热保温板生产及性能、碳足迹分析及减碳策略。

由于著者的水平有限，时间紧迫，不妥与疏漏之处在所难免，恳请读者批评指正。

著　者

2024 年 5 月

# 目　　录

# 第1篇　总　　论

# 1 绪 论

## 1.1 概述

随着人类科技的不断进步、世界经济的飞速发展，以高能耗为代价的产业主体在全球经济发展中扮演着重要角色，同时也在时刻破坏着地球的生态平衡。在过去100年内，地球的温度随着人类科技的发展，工业废气、废料的排放，建筑垃圾的堆填，汽车尾气的排放都在不断增加着这个星球温室气体的含量，尤其是碳排放的数量。2009年在丹麦哥本哈根召开了《联合国气候变化框架公约》缔约方第15次会议，被称为“最后一次拯救地球的机会”，旨在探讨如何应对日益恶化的全球气候。本次会议上中国等发展中国家成了众矢之的，更有国家指出经济飞速增长的中国已超出美国成为最大的碳排放量国家。《全球碳预算》报道，2012年世界范围内碳排放大国排名前几位的分别为中国（27%）、美国（14%）、欧盟（10%）及印度（6%）。其中，中国和印度的二氧化碳排放增长率最高，分别为5.9%和7.7%，而美国和其他西方发达国家的碳排放量增长速度却有所下降。据统计，截至2013年全球人均碳排放量为5t，创历史新高。人均碳排放量中国首次超过西方发达国家，我国碳排放及人均碳排放的现状对我国提出了严峻的挑战。作为一个有担当的大国，我们有责任为低碳减排发挥我们的表率作用。《国民经济和社会发展第十二个五年规划纲要》提出：“要建立低碳产品标准、标识和认证制度”。这是我国第一次在五年规划中提及“低碳”，体现了我国降低碳排放量、大力发展低碳经济的决心。我国二氧化碳排放2015年比2010年下降17%，从而为实现在哥本哈根大会上“截至2020年，碳排放量下降40%～45%”的承诺打下基础。

中国作为一个农业大国，村镇人口仍占多数。我国共有320余万个自然村，63万个行政村，4万个镇，总建设用地面积约17万$km^2$。近年来，国家经济飞速发展，人们的生活水平不断提高，对于生活的环境也有了更高的追求。村镇人口对居住环境要求不断提升，自建房屋增长速度较快。随着我国对村镇住宅建设快速发展的要求，每年新建住宅的竣工面积为6亿～7亿$m^2$，占全国新建住宅总量一半以上，截至2015年更是增加到了8亿$m^2$。

如此之多的建筑需求拉动了村镇经济的发展，也在一定程度上提高了村镇居民的生活水平。然而，如此庞大的建筑市场同时也存在着不可忽视的问题。首先，村镇建筑其中大部分都是高能耗建筑，高能耗建筑主要的问题是建筑材料的节能指标不达标。一些由黏土烧结的实心砖、瓦等高耗能不环保建筑材料在村镇仍肆意使用。其次，人们环保意识不够，只追求价钱的低廉。加之没有政府监管，认证行业混乱，这些都是现在我国村镇建筑材料市场存在的主要问题。目前我国还没有针对村镇建筑材料市场关于低碳节能的统一认证评价标准，更没有建立起完善的低碳评价体系或认证制度，使得消费者在选取低碳建筑材料时没有一个可以参考的标准。这就影响了低碳节能理念在村镇建筑市场的推广，同时也不利于国家低碳经济的发展。

建筑节能经历了“建筑节能”“在建筑中保持能源”和“提高建筑汇总能源利用效率”三个阶段。其实质也从消极减少建筑中能量散失变为积极提高利用效率。在我国，建筑节能的含义为第三阶段，即在建筑中提高能源利用率，合理、高效地使用能源。建筑节能不仅仅是经济问题，更是战略问题。如果我们对建筑节能问题视而不见，一旦能源供不应求，采暖、空调、照明、家电、设备无法运转，人们的基本生活得不到保证，我国经济的可持续发展也会受到阻碍，能源危机会更为严峻，大气、河流的污染也会加剧，继而会引发更大的社会问题，甚至影响社会安定团结。为了避免今后出现这种无法逆转的场面，必须转变传统的建筑理念与方式，把建筑节能作为建筑设计的重要环节，从根本上降低能源消耗，提高能源利用率，严格执行国家的节能规范，刻不容缓。

建筑最重要的节能措施就是减少外围护结构的热量损失，提高外墙的保温性能。对建筑外墙进行保温处理，能量损失为10～15个百分点。相反，对建筑外墙不采取任何保温措施，能量损失约占总量的一半左右。通过实践发现，每吨节能材料的使用，每年大约可以节约3t标准煤，节能的成本仅为收益的十分之一。因此，很多国家将煤炭、石油、天然气、核能、节能材料称为五大能源。

我国建筑节能工作起步较晚，20世纪80年代随着改革开放的步伐，国外的保温企业到我国推广聚苯板的保温体系，我国才开始进行外墙外保温的工程试点，墙体保温正式拉开了序幕。节能发展以每10年为一个时间段，经历了四个重要发展阶段。

《民用建筑节能设计标准（采暖居住建筑部分）》（JGJ 26—1986）是我国第一部建筑节能标准。在该标准颁布阶段，我国对北方居住建筑进行了大规模的调查研究工作，建立了基础数据库，拟定建筑热工计算方法，为后期的建筑节能工作打下了良好的基础，同时确定了居住建筑的采暖能耗基准，作为节能设计的比对基准沿用至今。我国节能发展经历了40多年的历史，从北方地区的节能扩大范围至全国，逐步颁发了严寒和寒冷地区，夏热冬冷地区和夏热冬暖地区的相关节能规范，并且从住宅建筑慢慢渗透至公共建筑，实现了全部民用建筑的节能设计工作。随着节能标准的不断提高和技术的不断进步，节能率也从30%、50%、65%逐步过渡到75%。

居住建筑采暖能耗基准值是由不同地区的气候条件分别确定的。各地均以1980年至1981年四个单元六层楼，体形系数0.3左右的住宅为标准，确定其采暖耗煤量指标，得到基准能耗。《民用建筑节能设计标准（采暖居住建筑部分）》（JGJ 26—1986）中提到的节能率30%的标准，即在该基础上节约30%的能源，建筑物与设备占比2∶1，第二、三阶段是以20世纪80年代建筑平均能耗做基准，在上一阶段基础上提高30%。

第二阶段能效：30%+70%×30%=51%，称为节能50%标准；

第三阶段能效：50%+50%×30%=65%，称为节能65%标准；

第四阶段能效：65%+65%×30%=75.5%，称为节能75%标准。

因而，居住建筑节能率75%指的是在保证建筑使用功能和热环境的基础上，通过提高建筑保温性能和降低设备能耗，使每平方米建筑标准耗煤量比1980年的能耗基准值降低75个百分点，一个采暖季内，标准煤的使用量小于6.25kg。

从我国节能发展历程来看，节能标准每10年会有一个质的飞跃，经历了节能起步阶段、成长发展期和全面推进期。在第四阶段的设计中，建筑节能和防火的要求均达到了历史最高点。节能方面，节能率提高到75%标准，防火方面，对保温材料燃烧性能的要求，虽然2011—2012年举棋不定，有一定的反复，但最新的《建筑设计防火规范（2018年版）》（GB 50016—2014），再一次强调了建筑防火的重要性，第一次明确并且详细地将外墙外保温材料燃烧性能的要求写入规范，把外墙外保温作为一个系统，同门窗和基层、装饰层一并考虑。这也是我国在外墙外保温防火问题上一个里程碑式的进步。

低碳经济的起点是统计碳源和碳足迹，而将这一数据体现在产品上就要大力发展产品的低碳认证，将碳排放量低于一定数值的节能产品授予低碳认证，利用认证的市场指导作用促使广大消费者选择低碳产品，从而将低碳经济在人民生活中赋予实践。从我国开展节能工作以来，节能产品研发取得了显著的成效，节能产品认证在全国范围内得到了普及。但节能的重点体现在应用成本的减少，或有毒有害气体排放的控制。例如，一台节能空调，它的用电量有所减少，给消费者带来应用成本的节约。但是，其节约用电量的原因是更换了其中的一根铜管，如果考虑到这根铜管在生产时的耗能，显然碳排放量值要高于正常的空调。因此，我国现阶段节能工作的最大问题就是节能不低碳。

虽然我国为了推进低碳经济的发展，已经颁布了《低碳产品认证管理暂行办法》，但是我国低碳产品认证的研究尚属起步探索阶段，且大部分的理论成果都没有切实考虑到村镇建筑市场的实际情况。村镇低碳认证仍然采用城市认证标准，缺乏自己的低碳认证体系，且村镇低碳认证在选择时考虑的重点较城市也有所不同，村镇居民的消费习惯决定了在选择认证模式时首要考虑的因素是经济性。同时，低碳产品认证模式作为认证体系中的一个重要环节，决定着认证周期与成本，也决定了认证活动的社会价值，但至今没有针对低碳产品认证模式选择的专门研究。

低碳产品认证是以产品为基础，将整个社会的生产和消费环节参与到应对气候变化中。通过向符合碳排放标准的产品授予低碳标志，引导顾客选择低碳产品，进而通过公众的消费选择引导和鼓励企业发展低碳产品技术，向低碳生产模式转变，最终达到减少全球温室气体的效果。随着近年来气候的异常，人们越来越重视节能环保。低碳作为一种良好的理念，不仅可以在消费者选择方面起到引导作用，更可以利用消费者选择为杠杆迫使生产厂家引进低碳生产模式，从而推进全社会低碳生产技术的大力研发。而对于低碳认证的发展，国内外发展进程有所不同。

## 1.2 国外发展现状

国外低碳意识出现较早，为了改善日益变暖的气候，一些发达国家大力倡导低碳经济的发展，低碳认证体系建立相对完善，减少温室气体排放量的工作也日见成效。

然而由于国家的地理位置与资源、社会构成不同，因此低碳认证技术起步与发展都有所不同。

### 1.2.1 国外低碳产品认证发展现状

(1) 英国低碳产品认证体系

英国作为世界上第一个为减少温室气体排放而制定法律约束性长期框架的国家，《气候变化法案》确立了具有法律效益的目标。早在2003年英国便提出了“低碳经济”的概念，并且这一概念迅速影响了整个世界对于环境保护的方向。发起于2006年的“碳消减标志计划（carbon reduction label scheme)”，由碳信托（carbon trust）开展，被认为低碳产品认证的先锋。2007年，120多家商家加入由环境、食品和乡村事务部信托计划发起的自愿性标注产品在生产和运输过程中碳排放量的活动，此项计划也可以认为是PAS 2050标准的草案。直至2008年10月，PAS 2050在英国正式发布，作为产品碳排放量计算的准则，PAS 2050倡导全寿命周期的计算，使此项标准更具有开放性。在标准颁布之初，便有包括Innocent饮料公司、百事可乐、英国乐购连锁超市（Tesco）等六家大型企业参加，正式将英国碳消减标识贴在其商品上。此外，由于PAS 2050标准在计算方面的开放性，在很大程度上提高了英国碳消减标准的接受程度和英国碳消减标识的市场权威性。一些私人企业在碳排量的评估方面，应用了PAS 2050的计算方法。一些国家在制定本国标准时，也参考了PAS 2050，其影响能力可见一斑。此外，英国没有停下对低碳产品标准认证探索的脚步，不断对PAS 2050标准进行调整和改善，一直保持着国际上低碳认证的领先地位。

(2) 德国低碳产品认证

德国拥有世界上最悠久的生态标识——蓝天使标识。近年来，在蓝天使标识不断完善的过程中，气候作为一个重要的因素越来越被重视。2008年11月蓝天使30周年庆典，宣布蓝天使标识未来的发展框架，将原有的环境标识根据保护对象的不同分为健康标识、气候标识、水标识、资源标识。新的蓝天使标识，第一个推出的便是气候标准，引导和便于顾客购买那些气候友好型、碳排放更少的产品。首先，选出蓝天使中“保护气候”的产品，第一批进入该类型产品的种类是28项，这28项产品种类源于之前经典版蓝天使环境标识的产品。随后制定了保护气候类产品的相关标准，并将100类产品并入实施该标准的范围内。同时，蓝天使标识也得到了德国政府的肯定，德国政府认为，蓝天使标识的认证标准在很大程度上属于可持续发展的气候友好型标准，有利于德国低碳经济的发展。因此，推荐蓝天使标识作为国家保护气候标识，可以在消费者选择产品时给予指导。德国产品碳足迹试点项目（PCF Pilot Project Germany）的启动对应产品碳足迹标识的实施起点，于2008年4月开始启动，由科学研究所会同波斯坦气候影响协会共同完成。碳分析方法学、碳展示方面的研究作为试点标识计划的主要技术，德国政府计划在未来的几年内，逐步完善碳标识计划，吸引更多的企业和产品融入此项计划中。

（3）日本低碳产品认证

日本的低碳认证发展在亚洲属于领先地位，其碳足迹标识技术已颇见成效。2008年6月日本内阁对建设“低碳社会”这一议题进行表决，最终通过该议题，同时将“碳足迹产品体系”纳入日本。为了大力发展并建设低碳社会，由METI（日本经济贸易产业省）负责，在决议公布后，成立了碳足迹系统国际标准化国内委员会，进行对低碳社会建设的探索。由于ISO（国际标准化组织）在不断地探索将碳足迹标准国际化，日本向日本社会宣布将由METI协调和建立试点计划。此试点计划主要是研究日本产品的碳足迹技术，由JEMAI（日本产品环境管理协会）进行实施与研究，其研究技术基础是Ⅲ型环境标识。同时，日本在碳足迹研究之初，就将其认证标准定为国际化标准，因此一直在紧密关注国际碳标识标准的制定工作，并根据国际标准化组织的成果动向对本国的低碳标识工作方向进行调整。目前，日本的碳足迹标准研发工作已见成效，先后发布了日本《技术规范TSQ 0010（产品碳足迹评估和贴标基本规范）》草案，并决定修订TSQ 0010，开发更详细的要求，引入其中的第二版PCR（产品种类规则）文件。

（4）韩国低碳产品认证

韩国真正的低碳产品认证开发在2007年年初，由KOECO（韩国生态产品研究院）负责，基于Ⅲ型EDP项目的试点工作的开展，之后便有10家公司宣布自愿加入政府的低碳标识认证试点工作中。这10家企业首先派代表学习该计划中的标准，Cool Label计划的全面实施是在2009年。KOECO根据产品分类，依据各产品的特点建立其各自的标准，同时为提出申请的企业进行检测，为符合低碳标准的产品企业颁发低碳认证，并跟踪监督。同时，KOECO也在不断地向社会宣传低碳的生态意识，不断地对自身标准进行完善。KOECO针对本国产品碳排放量的特点设计了两种不同类别的碳标识，“温室气体排放”标识以及“低碳”标识。“温室气体排放”标识主要是跟踪产品在生产和运行过程中碳排量的多少，具体体现在碳足迹上。该项认证不仅体现在产品上，同时也可以应用在服务方面。由于“温室气体排放”标识只体现在碳足迹方面，对企业只起到一个透明的监督作用，而是否低碳却没有一个明确的标准。于是，第二种“低碳”标识就出现了。“低碳”标识是颁发给那些碳排放数量在一定范围以内的产品，这些产品的碳排放可以起到消减目的。韩国政府正在积极地将工作重点转移到第二种认证上。

（5）美国低碳产品认证

美国的加利福尼亚通过立法确定了碳标识制度，该法案已在2009年生效。该立法的建立工作委托给了Climate Conservancy机构，这个机构原是隶属于斯坦福大学的。该机构在进行标准制定时，运用了生命周期分析方法，并将低碳标准分成了白金、金、银三个等级。

（6）法国与瑞士低碳产品认证

法国与瑞士的低碳认证机构都不是由国家官方出面组织的，低碳认证的开始都源于企业自身。想得到低碳认证的企业可以自愿地寻找能够给该企业碳排量计算的认证机构，通过审核后，可以得到低碳标识。有所不同的是，德国的碳标识受到了英国的PAS2050影响，而瑞士的碳标识与其他国家均不同。瑞士的碳标识是全寿命周期跟踪的，因此，顾客对于碳排放的查询是可以追溯的，同时瑞士的低碳标识上写明了该项产品比其他正常产品碳排量降低的百分比。

各国低碳产品认证标识如图 1.1 所示。

| | | |
|---|---|---|
| 英国碳削减标识 | 德国蓝天使标识发展框架 | 韩国温室气体排放量标识 |
| 日本碳足迹产品标识 | 德国产品碳足迹试点项目 | 韩国低碳标识 |
| 加拿大低碳标识 | 美国加州气候意识低碳产品认证标识 | 瑞士低碳认证标识 |

图 1.1　各国低碳产品认证标识

### 1.2.2　国外低碳产品认证的分类

（1）根据碳展示的形式

碳展示，即将某一产品碳的信息以特定的内容或形式向外界展示的活动。不同的低碳产品向外界展示的碳信息阶段也不同，并不是所有的低碳认证都会向外界展示其全生命周期中碳信息的内容。根据低碳产品认证所采取的碳展示形式的不同，低碳产品认证可以分为三个种类：低碳标识（low-carbon seal）、碳得分（carbon score）和碳等级（carbon rating）。在计算某一种产品在其寿命周期内的碳排放量时，不管究竟在哪个阶段排放得多哪个阶段排放得少，而只给出一个生命周期内碳排放量的数值，小于这个数值便授予碳标识，这种低碳认证便是低碳标识。德国蓝天使标识改进项目——气候保护蓝天使标识就是属于低碳标识。气候保护蓝天使标识更多地应用在家庭设施上，因为家庭的耗能占据了四分之一的温室气体排放，当然这其中主要指的是碳排放。因此，人们有必要也有义务去选择那些对节能、气候友好型的产品。不过我们同时也看到了低碳标识的缺点。由于它只给出一个界限的数值，在数值内的产品其碳排放量多少就很难比较了。这样，我们就没有得到一个完整的碳足迹，更无法指导消费者在同样得到碳标识的某一类产品中选择碳排放量相对小的产品。

在第一种碳标识的基础上，我们优化得到第二种碳标识——碳得分。这种碳标识可以追踪产品在其生命周期内任何一个阶段的碳排放量，并且有一套完整的环境评价方法，将产品碳排放量对环境的影响统一量化处理。这样，消费者就可以在选择商品时根据其标识的碳足迹以及得分进行比较。目前，韩国的温室气体排放量碳标识、日本的碳足迹标识、英国的碳消减标识，都是属于碳得分标识的种类。有了对于碳消减的分数，我们自然可以根据其中的分数比较出碳消减的程度，但一个新的问题出现了。由于碳消减需要新的技术，在新技术没有达到一定成熟度时碳消减技术会在一定程度上增加成本，那么面对产品，消费者怎样才能找到分数与碳消减的平衡。于是，在第二种碳标识的基础上研发了第三种碳标识——碳等级。根据某种产品碳足迹技术在行业中的平均水平，公布该产品在整个行业中碳消减水平的位置，就可以知道消费者购买时选择成本与碳消减成果相对平衡的产品。美国加州的碳标识和韩国低碳标识就是这种类型。

（2）根据主导方分类

由于环境问题已经成为一个全世界各国都要面临的严峻考验，加之低碳经济发展初期，低碳技术、低碳认证会使企业的成本增加，因此许多国家是由政府出面建立和推动低碳产品认证的发展，比如德国、日本、韩国。但同时，随着低碳经济的发展和低碳产品的不断推出，那些具有良好碳消减作用的产品更能得到消费者的喜爱，在市场上也更具有竞争力。于是，一些企业会自发向社会披露自己的碳消减，这时的低碳认证发展就完全是自愿型的发展，由企业推动。Casino 法国连锁超市、E. Leclerc 法国连锁超市、Migros 瑞士连锁超市等便属于这种碳标识类型。

表 1.1 对国外低碳认证的分类做了详细的归纳。

**表 1.1　国外低碳产品认证分类**

| | | |
|---|---|---|
| 碳展示的形式 | 低碳标识 | 德国蓝天使 |
| | 碳得分 | 英国碳削减标识、日本碳足迹标识、韩国的温室气体排放量标识 |
| | 碳等级 | 韩国的低碳标识和美国加州气候意识标识 |
| 主导方 | 官方 | 日本、德国、韩国等开展的低碳产品认证 |
| | 企业自发 | 法国连锁超市 Casino 公司和法国连锁超市 E. Leclerc 公司，瑞士的连锁超市 Migros 等开展的产品碳足迹评估和披露计划 |

## 1.3　国内发展现状

我国低碳产品认证活动起步较晚，哥本哈根峰会以后低碳问题才在我国有较为广泛的重视。近年来，我国在产品低碳认证发展方面也有了较为明显成果，但大部分都借鉴国外的经验。

### 1.3.1　国内低碳产品认证发展之路

2009 年 11 月，在环保部门的大力推动与指引下，环境发展中心正式开始对低碳产品认证进行相关的调研及技术验证，调研与论证中借鉴了德国有关经验，并在中国环境标识下开展了相关工作。2010 年年初，国家发展改革委及国家认证监管部门正式启动了对于产品低碳认证相关体系的世界范围内的调研，力争在采纳国外现有低碳认证成功经验的同时寻求一条适合我国发展的低碳产品认证之路。随后，由中国质量认证中心牵头，多部门多工委合作的“应对气候变化特别——中国低碳认证体系的构建研究”项目正式开始，由此拉开了我国低碳产品认证发展之路的序幕。2010 年 10 月，完成了《低碳产品认证管理暂行办法》的初稿。为了能使《低碳产品认证管理暂行办法》更贴近我国的国情，在随后的一年内不断对其适用性进行研讨，邀请的专家领域包括政府、高校、企业、认证机构。2013年2月，《低碳产品认证管理暂行办法》正式印发，标志着我国低碳产品认证从先期的调研准备阶段正式步入了实施阶段，这是我国低碳经济发展的一个里程碑。同年4月成立低碳认证技术委员会，同年8月将通用硅酸盐水泥、平板玻璃、铝合金建筑型材、中小型三相异步电动机四类产品率先列入《低碳产品认证目录》，初步建立了我国低碳产品认证制度。向符合标准的产品颁发低碳认证证书，该证书有效期为3年，到期后需重新审核。2014年6月，在北京举行了我国首批低碳产品认证证书的颁发仪式，得到低碳产品认证的企业共27家。

在进行低碳认证过中一个重要的问题就是碳排放量的计算，因为这个计算方法得出的数值直接可以界定该产品是否可以拿到低碳标识。我国在制定低碳认证制度之初，也在考虑这个问题。国际上惯用的碳排放量计算方法都是基于全寿命周期（LCA）理论，也就是PAS 2050中的碳排放量评价标准。但是，这个理论在我国实施的过程中存在一个巨大的问题，基于此理论国家需要在全国范围内收集数据，这显然是不适合我国国情的。我国采用以全寿命周期原则为总框架，针对关键生命周期阶段设置量化碳排放量的方法，通过大量的市场调研以及原有研究成果设置碳排放量限值。这种碳排放量计算的方法，在兼顾我国国情的同时，也沿用了全寿命周期（LCA）理论，使改进后的碳排放量计算方法同样可以尽力与国际接轨。我国成为首个明确提出低碳产品认证的国家，我国一直在不断地改进低碳认证的标准，力图得到国际的认可，在贸易中获得合作的话语权。目前，我国的低碳认证已得到英国与联合国开发计划署的支持。

### 1.3.2 国内低碳产品认证存在的问题

（1）认证形式跳跃度太大

总结国外低碳认证的形式不难发现，可以根据低碳认证的迫切性将其分为三个过程。第一个过程是企业自愿进行自我产品在生命周期内的碳足迹，这一过程是一个自我声明的过程。这种形势下，企业没有任何负担，仅仅是碳足迹的披露而已，没有社会的监督。第二个过程是企业的自我承诺，这时的碳足迹披露虽然同样是自愿的，但企业对社会有了承诺，可以承诺自己在一定的时间内将自己的产品碳排放量降到某个数值以内，韩国的低碳认证标识就是这种情况。第三个过程是全行业步入碳消减行动行列，国家给予一个碳排放数值，小于此数值的给予鼓励和支持，大于此数值的有可能受到强制减排，或者在某一领域内不能生存。很明显，国外低碳认证体系发展较为完善的一些国家尚处于前两个过程中，而对于刚刚起步的我国而言，却直接进入第三个过程。

（2）认证体系不够完善

由于我国低碳认证是由国家倡导的，因此企业在认证方面缺乏自觉性，加之低碳概念在我国社会没有形成一个良好的社会意识，因此能动性的缺乏使认证体系的完善性显得尤为突出。由于我国低碳认证起步晚，所以认证体系相对不完整，大部分体系构成都是参考的国际规范，少有自我创新的部分。因此，需要大量的人力研究一条适合我国产品低碳认证之路，不断完善现有的认证体系。

### 1.3.3 村镇建筑节能材料低碳产品认证在村镇推广面临的问题

（1）村镇市场现状混乱

我国作为一个农业大国，村镇人口与住宅面积在全国人口与住宅总面积中都占有较大比重。“十一五”以来，国家大力发展村镇建筑，仅 2013 年一年完成村镇住宅建筑面积就达 6.8$m^2$。如此之多的新建建筑，随之而来的就是庞大的建材市场需求。村镇的建材来源基本来自两个途径，一是由正规厂商生产的产品，二是地方小工厂生产的建筑材料。正规经销商的产品，虽然不一定达到低碳标准，但绝大部分还是不会造成严重的污染。由于村镇建筑在竣工时缺乏政府的验收工作，所以政府对村镇建筑材料的监督只能到市场为止。有时，因为建材市场的分散，且村镇建材买卖方式多样，有些地区是执法的盲点。这就使很多不法商贩有机可乘，一些经销商为了自己的利益，大肆宣扬成本低廉且极不环保的材料。同时村镇人口对于低碳意识不到位，一味听信经销商的兜售。

（2）没有专门的研究

我国产品低碳认证起步较晚，而且大部分研究都集中在城镇，没有针对村镇建筑市场节能建筑材料低碳认证的专门研究。村镇建材市场与城镇的有共同点，但也有很大的区别。包括村镇建材市场的分散化、管理的困难，以及村镇人口在选择建材时优先考虑的问题，这些都是面临的与城镇建材市场截然不同的问题。那么，至今那些对低碳认证已经颇见规模的研究成果是否适合于村镇建筑市场就是一个严峻的问题。

（3）村镇居民消费意识不易转变

村镇的全面改革开放起步较晚，且只是近年来发展速度有所提高，取得了一定的成效。村镇居民较城镇居民而言，受教育程度较低，且由于村镇发展所限，对于新鲜事物的认知程度较城镇居民也有差距。在消费观念上，村镇居民大多以经济性考虑为主。

### 1.3.4 产品认证模式选择的发展现状

按照认证的对象可以将认证活动分为三类，产品质量认证、管理体系认证和服务认证。产品认证活动通常是由第三方负责检验，受检产品的型式试验如果符合评定标准，则颁发国家级相关评定标准的认证证书。得到认证证书的企业允许在其产品上粘贴相关认证标识，这样的企业可以在消费者中树立良好的信誉和企业形象。认证类型从其发展历程的角度来看，主要经历了三个阶段：强制性认证、强制性与自愿性相结合认证、自愿性认证。国外发达国家，由于低碳认证推广已有相对较长的时间，虽然也有像美国这种将低碳认证赋予法律的例子，但大部分国家多为自愿性认证类型。特别是如瑞士和法国这样的国家，由于其低碳认证发展初期就是由企业自主兴起，因此一直处于自愿性认证类型。现阶段，我国的产品低碳认证类型属于自愿性认证类型。但我们要意识到，这种自愿性与法国等国外发达国家不同，我国的全民低碳意识尚不足，自愿性的认证类型定位，只是不便将认证步伐走得太快。所以，全民的低碳意识有待于提高，让企业真正在自愿的情况下加入低碳产品认证的行列。20 世纪，随着改革开放国门的敞开，“认证”一词进入中国，尤其是我国加入世界贸易组织以后，产品认证的重要性越来越得到人们的重视。这不仅因为得到产品认证的企业能够树立自我良好的形象，更源于国家之间由于认证制度的不同带来的贸易技术壁垒。因此，近年来我国也在不断地完善自己的认证种类以及认证体系。中国电工产品认证委员会（CCEE）的成立，代表着中国第一个认证机构的建立，是中国产品认证发展的第一步。该委员会颁发的长城产品认证是我国强制性认证的开端，采用的认证模式为型式检验＋工厂质量体系评定＋认证后监督。这种认证模式属于国际上常见的认证模式之一，也是最严谨的认证模式。随后，我国开始了3C认证的时代，同时也开始了新的认证模式的探索。将生产企业的质量保障能力加入其中，作为我国认证模式发展的一个新的内容。但随后再没有对产品认证模式选择的研究，在其范围内的22大类产品，却简单地使用两种交替的模式。低碳产业作为低碳经济的核心内容，而产品的低碳认证作为低碳产业质量的保障，将成为推动低碳经济发展的重要力量，更是低碳经济发展的重要环节，在未来将开启一个新的世界竞争领域。随着全球对环境保护重视度的不断上升，低碳将成为未来世界贸易的一项重要的进出口强制标准。目前，我国的低碳认证尚处于刚刚起步阶段，按照认证类型而言，属于自愿性认证类型。根据刚刚颁布不久的《低碳产品认证实施规则》，现在的低碳认证模式一般为初始现场核查＋认证后跟踪。但低碳产品在不断发展，低碳认证技术也在不断改进，碳排放量核算体系也在不断完善。在这样一个刚刚起步的领域内的一些成果也大多是针对城镇的。认证模式涉及的方面很多，不同的地区，不同的产品，认证模式都有所不同。一个低碳产品认证模式的选择可起到规范低碳产品市场秩序的作用，如果能得到国际认可，则可以在国际贸易中保护国家的权益，同时可以促进低碳经济健康稳步发展。

## 1.4 发展趋势

### 1.4.1 区域视角下我国的碳足迹测算

不同的测算方法在使用过程中各有利弊，最终得到的测算结果也会有所不同。依照现有成果，仍存在一些问题和不足，有待进一步研究和探讨，主要表现在以下方面：

第一，国内外较为常用的方法有生命周期法和投入产出法。生命周期法偏向微观层面，在测算中需要详细记录生命周期过程中的各个环节，往往容易受边界限制，因此具有一定的局限性，不适合用于区域能源消费的碳排放的测算。

第二，因子排放法用法较为广泛，该方法在宏观层面核算碳足迹，但是该方法在核算过程中容易导致“碳泄漏”的产生，这对实现总体减排目标有不利影响。

在此基础上，研究者提出的基于消费的碳排放核算，却将生产过程中产生的碳排量全部归结于最终使用。这种方法虽然避免了“碳泄漏”问题的产生，也有利于推行节能减排政策，但是在这种方法体系下，没有考虑到生产者在生产过程中获取的利润，将减排的责任全部推卸给消费者，有失公平，生产者和消费者在减排这项工作中，需承担同样的责任，所以碳排放的责任，不能单纯从生产者的角度出发来衡量，也不能单纯从消费者的角度去衡量。前者会忽视最终消费的碳排放，导致碳泄漏甚至减排失败；而后者容易使生产者消极减排。

第三，目前区域碳足迹的研究大部分关注人类活动产生的碳排放，与碳汇之间的平衡关系不能得到很好的刻画。传统的碳足迹测算方法，在体现区域碳赤字或碳盈余时，无法反映碳排放对生态系统造成的压力，很难评估碳赤字在区域生态系统的空间累积效应。因此，本文在区域视角下我国碳足迹的测算中，在排放因子法的基础上，从碳汇视角，利用生态赤字测算模型，将碳足迹从广度和深度两个指标进行扩展；除生产者和消费者外，寻求价值获得者作为碳排放的责任主体，利用投入产出表，从价值链视角对多区域碳足迹进行测算。

### 1.4.2 产业视角下的碳足迹测算

国内外研究者在这一研究问题上已经有了很多积极的尝试。目前来看，投入产出生命周期评价模型是公认最有效的模型，仍然存在一些有待进一步探讨和研究的地方，主要表现在以下方面：

第一，在测算产业碳排放量的模型中，大多数研究选择了单一模型，而且往往忽视产业间存在的隐性间接碳，即使部分学者考虑到这一方面，也很容易忽略在能源转化过程、生产活动等环节的隐性碳排放。

第二，现有的投入产出模型对于二氧化碳排放系数的对角矩阵设置相对而言较为简单，对估算多产业活动环节有失全面性，由于采取的是静态模型，很难考虑到产业关联关系的动态影响因素。

第三，对多区域投入产出模型，其研究最大的局限在于数据，由于不同来源的投入产出表编制方法不同，所以系统性偏差不可避免，对研究结果也会造成影响，对于经济区域的划分往往容易忽视区域之间的特征差异。所以如果只从行政区划分的角度出发，很难解决现实问题。

### 1.4.3 碳足迹的分解与影响因素

目前，学者在这一研究主题上进行了很多积极的尝试，采用不同的结构分解分析方法，分解模型由简到繁，从不同层面对中国碳排放问题进行研究，分解的影响因素随着研究深入，从面到点发生着变化，逐渐全面。但是现有研究仍然存在一些问题和不足，主要表现为以下方面：

第一，在关于碳足迹的研究激增的同时，有关碳足迹生态压力的研究相对不足，对影响因素的分析不是很全面。此外，由于中国国土面积辽阔，单单从国家或地区层面出发，研究和分析碳排放影响因素并不能很有效地为制定减排政策提供支持，从行业出发有针对性的研究比较缺乏。

第二，现有研究基本上是基于碳足迹影响因素分解的单个模型来进行应用，两个模型的结合进行分析并不多，将三者结合使用更少，考虑到不同模型格局特点，因此，将不同模型结合进行分析是一种更有效的分解方法。

第三，从影响因素方面，由于不同地区碳排放存在差异，其影响因素差异性也较大，但是关于相关地区碳足迹影响因素的差异性研究方面还比较缺乏，也没有考虑地区碳排放效率的差异性，这对科学制定区域化减排政策产生一定的不利影响。

### 1.4.4 碳足迹总量控制下的产出效率研究

基于现有研究，在“碳达峰”战略目标下，主要存在以下问题：

第一，现有关于碳足迹总量控制下的发电效率研究，基本上都假定将不同生产者提供的热能折算为电能进行核算。另外，在进行不同地区的比较时，往往忽略了不同地区化石燃料结构和燃烧技术的差异。特别是从宏观角度对区域电生产效率进行分析时，还会受到环境因素、经济因素以及区域划分范围等影响。

第二，从企业角度探索发电效率问题，侧重企业经营角度，对非期望产出（碳足迹）的关注相对较少。同时，现有相关研究基本从发电企业角度展开，对于从消费者角度，也即企业用电效率的问题，因缺乏数据支持，相关研究成果较为匮乏。

第三，针对效率的分解问题，现有研究虽然开始考虑非期望产出，但基本以传统的DEA方法为基础，未考虑到非期望产出的总量影响或社会影响。同时，电力在我国是垄断性行业，其特殊性也有待进一步研究，比如，针对行业规制改革的探讨（从绝对垄断到相对垄断），未考虑全社会效率层面的提升问题，更未涉及如何通过地区或产业的电力再分配实现优化配置。

当然，上述研究中涉及的节能减排潜力研究，大多是基于效率测算结果，以减少投入和提高产出为目标，与当前“碳达峰”战略下的投入产出需求或效率提升问题存在一定的差异。

# 2 建筑保温材料

## 2.1 概述

随着生活水平的提高，人们对室内环境热舒适的要求也越来越高，从而造成了建筑能耗的不断增长，特别是在发达国家其建筑能耗达到了40%左右，超过了交通和工业的能耗。因此，建筑节能已经成为世界各国研究者关注的重要课题之一。研究表明，对于高耗能建筑，70%以上的建筑能耗是由于围护结构的传热造成的，因此，减少建筑围护结构的传热能耗对建筑能耗有着非常重要的作用。其中，减少围护结构的传热能耗可以通过利用不同的保温材料对围护结构热工性能进行改变。

在建筑中，外围护结构的热损耗较大，外围护结构中墙体又占了很大份额。所以建筑墙体改革与墙体节能技术的发展是建筑节能技术的一个最重要的环节，发展外墙保温技术及节能材料则是建筑节能的主要实现方式。

墙体围护结构作为建筑本体不可或缺的部分，主要包含外围护系统和内围护系统。外围护系统主要指外墙、屋面及建筑外出入口等直接和室外空气相接触的部分；内围护系统主要指与空气间接接触的部分，常包括室内门、内墙等组成部分。

在较寒冷的北方，有很多供暖建筑，建筑总热量散失比例过大，常使市场煤炭供需难以平衡。以一个典型的多层砖混现浇钢筋混凝土结构楼板建筑为例，在冬季寒冷的北京地区，其占比约为77%，其中，不同围护结构部位占比不同，外墙占比最大为25%，其次是窗户，其传热损失为24%，地面占比最小为2%，剩下部分楼梯间隔墙占比为11%，屋面占比为9%，阳台门下部占比为3%。而在哈尔滨地区，其传热损失占全部热损失比例也很大，达到71%，其中外墙和窗户占比是最大的，分别都达到了28%，地面占比为4%，屋面占比为9%，阳台门下部占比为1%，外门占比为1%。因此，墙体保温的作用具有很重要的现实意义。

外墙需要有一定的保温性能，而现在单一的建筑墙体材料除了极少数，如加气混凝土砌块等材料之外，保温性能都达不到建筑节能标准，因此需要对外墙进行一些保温处理，以达到保温性能要求。

建筑行业中外墙保温材料作为最常见的部分，对建筑的保温效果有着非常重要的作用。在外墙建设上使用保温材料，能够有效减少紫外线的侵害，还能在很大程度上隔绝各种有害物质，其所具有的坚固性能还能加固墙体。同时，外墙保温材料还能很好地发挥其热吸收、热释放的功能，从而减少供暖期间对暖气的依赖程度，有利于减少能源消耗、提高节能效率。

保温材料的导热系数通常小于或等于0.2。有时，也会在保温材料中加入一种叫作辐射屏障的热反射表面，以减少辐射和传导的热量传递。选择哪种材料或材料的组合取决于多种因素。有些绝缘材料具有健康风险，一些重要的材料不再被允许使用，但仍在一些较老的建筑物中使用，如石棉纤维和尿素。

保温材料能够发挥减缓热流速率传导、辐射以及对流的作用，通过使用保温材料能够使热流在建筑物中进出得到阻碍。其优点主要体现在以下几方面：首先，从经济视角对其进行分析，运用保温材料能够使能源的花费得到节约，也能促进机械设备在规模上的减小，促使设备花费得到有效节约；其次，从环境视角对其进行分析，保温材料运用时能够使能源得到节约，也能将设备使用数量减少，进而使设备排放的污染物数量获得明显降低；最后，从建筑物保护视角对其进行分析，温度发生剧烈变化会建筑物结构产生破坏，保温材料运用能够使温度处于平稳变化状态，使建筑物实际使用寿命延长，进而使建筑物在结构完整性方面得到比较充分的保证。就保温材料来讲，其质量方面的优劣和保温功能联系紧密，也关系着工程整体质量，隔热材料以及隔热制品会对建筑节能效果产生比较直接的影响。当前，针对建筑保温材料的应用和研制已经受到了广泛重视，并且在全球范围内，保温隔热材料也在向着节能、高效、防水、隔热以及薄层方向发展，在不断发展保温隔热材料与加强保温结构设计过程中，也应注重对保温隔热材料的针对性使用，结合标准规范展开施工，在提升保温效率同时降低成本。

### 2.1.1 建筑保温材料分类

目前，我国建筑外墙保温材料常用的主要有无机保温材料、有机保温材料和复合保温材料。而这其中尤以有机保温材料应用最为广泛，这主要是因为有机保温材料的保温性能优于无机保温材料和复合保温材料。根据我国建筑外墙保温材料市场的调查结果显示：聚苯板保温材料市场占有份额为70%，聚氨酯保温材料市场占有份额为10%，无机和酚醛等保温材料市场占有份额接近20%。从中可以看出，以聚苯颗粒、发泡聚苯板（EPS）、挤塑聚苯板（XPS）为代表的有机保温材料占据了绝对的主导地位，其中EPS、XPS的应用就占了80%左右。

由于无机保温材料具有不易燃的特性，许多研究学者对无机保温材料展开研究。通常，无机保温材料可分为纤维保温材料和泡沫保温材料。矿棉是一个涵盖各种无机纤维保温材料的总称，其中包括岩棉、玻璃棉和矿渣棉等，它们都由不同的原料制成，如岩棉是通过在1600℃下熔化几种岩石（如白云岩、玄武岩和辉绿岩）来制造的，从而获得纤维，然后使用黏合剂将纤维黏合在一起，其热导率为(0.033～0.046)W/(m·K)，密度为(10～200)kg/m$^3$，比热为(0.8～1.0)kJ/(kg·K)。此外，它们虽然价格便宜，但研究表明，水蒸气的凝结会对建筑用岩棉材料的隔热性能产生负面影响。玻璃棉是在1300～1450℃的温度下将天然砂和玻璃混合而成，根据Villasmil等的回顾，玻璃棉的热导率为(0.030～0.046)W/(m·K)，与岩棉非常接近。无机泡沫保温材料有硅酸钙、珍珠岩和蛭石等，泡沫保温材料普遍具有较低的导热系数，这是由于高孔隙率降低了其机械强度并改善了其吸湿特性。Gao等采用珍珠岩制备了新型泡沫保温材料，包括珍珠岩/硅酸钠、过氧化氢、十六烷基三甲基溴化铵和岩棉，这种新型泡沫保温材料比其他具有较低导热系数和较高机械强度的无机材料更轻。与已广泛用于建筑中的矿棉等保温材料相比，还有气凝胶等保温材料正在研发中，它们的特点是具有非常低的热导率，对建筑节能的效果显著。气凝胶是一种轻质、高保温材料。Gao 等针对挪威奥斯陆的小型建筑，在围护结构中添加了气凝胶材料，结果表明，使用气凝胶板的建筑可降低 21%的能耗。

相比于无机保温材料，有机保温材料具有更优良的保温性能以及保温形式的多样性。有研究学者发现，纤维素不仅可以作为填充式保温材料对各种空腔结构进行填充，也可以制成保温板来充当围护结构的保温层。Limam 等对软木及其复合材料进行了实验研究，对其热导率、热阻、比热和热扩散率进行测量，发现其热导率在 0.068W/(m·K) 左右，其中软木的热导率为 0.041W/(m·K)。在建筑中，绝大多数保温材料基本上是由聚合物材料、填料和其他添加剂复合制成的。例如，发泡聚苯乙烯（EPS）是通过蒸发添加到聚苯乙烯颗粒中的戊烷而获得的，其热导率为（0.031～0.037）W/(m·K)，密度为(15～75）$kg/m^3$，比热约为 1.25kJ/(kg·K)，且密度越高，保温性能越好，同时有研究发现，EPS 的热导率会受水分影响，当干燥的 EPS 材料放置在相对湿度为 90%的气候室中 4h，其热导率可增加 1.4%～2.1%，但是这种材料为易燃材料，并且燃烧时会释放有害气体。挤塑聚苯乙烯（XPS）与 EPS 具有相似的保温性能，是通过在挤塑机中加入发泡剂而制成，并且也属于易燃材料，因此，在制造 EPS 和 XPS 的过程中必须添加阻燃剂。另有一部分学者对一些具有回收性的有机保温材料进行了研究，指出羊绒具有优良的保温性能，其性能与矿物棉和岩棉类似。此外，与矿物棉相比，羊绒更具生态性，对人体健康的危害更小。同时一些研究人员认为，玉米也是回收率很高的有机保温材料。采用玉米芯制成保温面板并对其保温性能进行研究，结果表明玉米芯与挤塑聚苯乙烯的微观结构和化学成分具有相似性，并且玉米芯保温面板的保温性能也可以满足建筑节能的需求。有研究者对有机保温材料的热工参数进行了总结。通过上述文献可知，大部分有机材料的保温性能较好，但是相比于无机材料，其化学性质不稳定，具有易燃性并且燃烧后会产生有害气体，因此在使用有机保温材料时需特别添加阻燃措施。

真空保温板（VIP）也是当今市场上最有前途的高性能保温材料之一，其导热系数低至 0.004W/（m·K)。齐娇等模拟了用 VIP 板代替传统聚苯乙烯板材对建筑热性能的影响，结果表明，相比于传统保温板材，使用 VIP 的建筑年能耗减少了 18.8%。但真空保温板并不易制作，为了防止空气渗透，需要薄膜进行封装。综合以上文献可知，目前市面上广泛使用的无机保温材料通常具备稳定、成本低、无毒等特性，但与气凝胶和 VIP 等新型无机材料相比，其节能性和保温性能不佳；气凝胶和 VIP 虽然具有良好的节能效果，但是由于其成本过高以及制作过程烦琐，导致其至今并没有广泛被使用。

复合保温材料的问世大大拓展了现有保温材料的范围，它种类繁多，选择面广，通过将不同有机和无机材料进行适当组合，可以克服单一材料的缺点，达到市场对保温隔热材料安全隔热环保的要求。

保温材料的共同之处在于材料内部都有很多封闭的细孔，这就使材料的表观密度很小，这也是建筑外墙保温材料所必须具备的特性。

### 2.1.2　保温材料的基本性能参数

#### 1. 导热系数

可以阻挡热流的材料称为保温隔热材料，导热系数的大小直接决定了材料的保温性能优劣。衡量单一材料导热能力的物理量，称为导热系数，材料的密度、含水率、结构组成和温度都会影响到导热系数的大小。导热系数是指在稳定传热条件下，1m 厚的材料，两侧表面的温差为 1K（℃），在 1h，通过 $1m^2$ 面积传递的热量，单位为瓦每米度［W/（m·K)］，对于各向同性的材料来说，各个方向上的热导率是相同的。导热系数越小，保温性能越好。

材料可按导热系数分为绝热材料（导热系数 $\lambda<0.23W/m\cdot k$）、保温材料（导热系数 $\lambda<0.14W/m\cdot k$）和高效保温材料（导热系数 $\lambda\leqslant0.05W/m\cdot k$）。

#### 2. 燃烧性能与防火等级

材料遇火燃烧时，发生的所有的物理和化学变化统称燃烧性能。材料的火焰传播能力、发热发烟能力、炭化及毒性都是衡量燃烧性能的标准。

防火等级主要依据材料遇火时的燃烧程度，以及燃烧时释放的热量及释放热量的速度。通过材料燃烧过程中消耗 1000g 氧气释放的热量作为测试量值，制定了相应的标准规范（表 2.1）。

**表 2.1　燃烧性能相关标准规范**

| 标准号 | 标准规范名称 | 测试内容 |
|---|---|---|
| GB 8625—2005 | 《建筑材料难燃性试验方法》 | 材料难燃性能判定 |
| GB/T 2406.1—2008 | 《塑料　用氧指数法测定燃烧行为　第 1 部分：导则》 | 点火性能测试 |
| GB/T 5464—2010 | 《建筑材料不燃性试验方法》 | 材料不燃性能判定 |
| GB 8624—2012 | 《建筑材料及制品燃烧性能分级》 | 燃烧性能分级 |

我国建筑材料燃烧性能分级是按照《建筑材料燃烧性能分级方法》（GB 8624—2012）将建筑材料燃烧性能分为四个等级：A 级、B1 级、B2 级和 B3 级。A 级为不燃材料，属无机保温材料；B 级为保温材料，分为三个等级，B1 级是难燃，常见的如加了阻燃剂的 EPS、XPS 保温板等；B2 级是可燃，为未经特殊处理的 EPS 膨胀聚苯泡沫保温板与 XPS 挤塑板等，在燃烧过程中会释放大量有害气体；B3 级是易燃，由于这种材料极易燃烧，已经被禁止使用。

#### 3. 耐火等级与耐火极限

耐火等级是衡量建筑物耐火程度的分级标度，它由组成建筑物的构件的燃烧性能和耐火极限来确定。在建筑防火设计中，耐火等级的限定非常重要。

耐火极限指的是对建筑构件进行耐火试验，构件失去稳定性、支持能力或者破坏其完整性，达到任一结果所用的时间，单位为小时。判定条件有三个：失去稳定性、失去完整性、失去绝热性。

（1）失去稳定性

构件在试验过程中失去支持能力或抗变形能力。

外观判断：如墙发生垮塌；梁板变形大于L/20；柱发生垮塌或轴向变形大于h/100（mm）或轴向压缩变形速度超过3h/1000（mm/min）；受力主筋温度变化：16Mn钢，510℃。

（2）失去完整性

适用于分隔构件，如楼板、隔墙等。

失去完整性的标志：出现穿透性裂缝或穿火的孔隙。

（3）失去绝热性

适用于分隔构件，如墙、楼板等。

失去绝热性的标志是下列两个条件之一：试件背火面测温点平均温升达140℃；试件背火面测温点任一点温升达180℃。

### 2.1.3 中国建筑气候分区及建筑设计要求

我国地城辽阔，纬度范围为3°51′N至53°33′N，南北相距5500km，其中大部分为温带、小部分为热带。经度范围为73°33′E至135°05′E，相距5200km，横跨了东5区、东6区、东7区、东8区、东9区五个时区。除了地理位置上的广袤，我国南北向的高差也十分巨大。我国最高海拔为珠穆朗玛8844.43m，最低海拔为艾丁湖－154.31m，相差9000m左右。按照海拔每升高100m，气温下降0.6℃计算，我国只因为高差的相差温度就有50℃，而相同海拔的地区，由于纬度相差50°，也横跨了热带、温带地区，温度相差也很大。不同的气候特征，必将对节能的要求有很大区别，有些地区天气寒冷，主要考虑冬季采暖；而有些地区常年高温，空调和遮阳等问题则成为节能设计的重中之重。合理的节能设计，必须依照当地的气候条件区别对待，在《民用建筑设计统一标准》（GB 50352—2019）中，根据现行国家标准《建筑气候区划标准》（GB 50178）和《民用建筑热工设计规范》（GB 50176），明确各气候分区对建筑的基本要求。建筑气候区划反映的是建筑与气候的关系，主要体现在各个气象基本要素的时空分布特点及其对建筑的直接作用，适用范围更广，涉及的气候参数更多，建筑气候区划以每年1月和7月平均气温、7月平均相对湿度等作为主要指标，以年降水量、年日平均气温≤5℃和≥25℃的天数等作为辅助指标，将全国划分成7个1级区。建筑热工分区反映的是建筑热工设计与气候的关系，主要体现在气象基本要素对建筑物及围护结构的保温隔热设计的影响，考虑的因素较少、较为简单。

建筑热工设计分区用累年最冷月（即1月）和最热月（即7月）的平均温度作为分区主要指标，累年日平均温度≤5℃和≥25℃的天数作为辅助指标，将全国划分成5个区，即严寒、寒冷、夏热冬冷、夏热冬暖和温和地区，并提出相应的设计要求。由于建筑热工设计分区和建筑气候一级区划的主要分区指标一致，因此，两者的区划是相互兼容、基本一致的建筑热工设计分区中的严寒地区，包含建筑气候区划图中的全部Ⅰ区，以及Ⅵ区中的ⅥA、ⅥB，Ⅶ区中的ⅦA、ⅦB、ⅦC；寒冷地区，包含建筑气候区划图中的全部Ⅲ区，以及Ⅵ区中的ⅥC，Ⅶ区中的ⅦD；夏热冬冷、夏热冬暖、温和地区与建筑气候区划图中的Ⅲ、Ⅳ、Ⅴ区完全一致。

根据该规范中各气候区划建筑热工设计要求可以看出，不同气候分区节能设计要求的侧重点有着很大的区别，在建筑设计中对地区的准确定位是节能设计的首要任务。

## 2.2 无机保温材料

优点：燃烧性能好，都能达到A级，力学性能稳定，易施工。

缺点：表观密度大，约为有机材料的10倍，导热系数大、保温性能差。

### 2.2.1 硬质无机保温材料

硬质、保温吸声材料广泛运用膨胀珍珠岩砂石制作，该物质具备良好的导热系数、吸声性能，与相关产品的配套使用能够取得良好的效果。膨胀珍珠岩属于性能良好的无机高效保温材料，其中成分有珍珠岩、松脂岩等含有结晶的酸性玻璃物质，在破碎、筛分、煅烧膨胀之后形成不规则球状，内部多孔，为空腔结构，多为白色粒状或者粉状材料，外表封闭且光滑，质量轻便，具备防火性能和吸水性能。在生产制作的过程中，会加入适当的凝胶材料生产加工制作，形成具有一定形状的硬质板块隔热材料。在生产中，使用的凝胶材料制作出来的成品分为四类，将膨胀珍珠岩制品用亲水剂、憎水剂处理之后，能够形成表面坚硬且强度比较高的成品。这种成品的保温性能略有削弱，但是性能很好，破损率很低。

### 2.2.2 纤维无机保温材料

岩棉具有很好的隔热、隔间性能，这种材料是由熔融天然火成岩制作的一种矿物棉材料，主要的成分是玄武岩和辉绿岩等物质，再加上一定的辅助料，在高温熔融之后，制作成纤维状的松散材料纤维，加入适当的外加剂材料之后按照一定的工序进行生产，最后冷却，分割成为岩棉板。生产该产品的方式有三种。由于具备良好的耐高温性能，经过一定的实验证明，该材料能够在700℃的高温下不挥发、不收缩、不燃烧，而且导热性能很好。由于该物质具备良好的化学稳定性，甚至不需要维护就能够运用在建筑中。岩棉的吸水性很低，小于0.2%，有良好的环保性能，能够运用在建筑工程外墙保温中。

### 2.2.3 无机保温材料运用的优势

无机保温材料的防火性能、耐水性能、保温性能是保温材料的主要特征，如果生产出来的产品缺乏其中的一种性能，都不能称棉为良好的保温材料。岩棉是一种多空纤维状保温材料，因为生产工艺的特殊性和结构的特征，决定了该物质具有很好的导热系数。在建筑工程中用于外墙保温，能够让建筑达到良好的保温性能，同时也能够达到节能降噪的目的。生产岩棉的制作工艺并不复杂，而且由于制成品岩棉的熔点非常高，具备高温收缩性能，运用在建筑机构中能够阻止火势快速蔓延，是一种非常良好的防火建筑材料。和矿渣棉相比，岩棉的耐水性能更好。在建筑工程施工中，岩棉能够发挥良好的保温性能，而且施工快捷简单，能够在短期内完成施工，保证施工进度的同时，也保证了工程的施工质量。由于岩棉是一种非常优异的无机保温材料，在建筑市场中的运用前景非常广。

### 2.2.4 无机材料的应用现状

（1）生产背景

矿物棉最早被英国人研究出来，到今天已经有170多年的历史，这170年之间，很多人对矿物棉制作方式及生产方式进行了研究，因此制造出具备弹性高、密度低、强度高的矿物棉产品。国内从20世纪开始研究建筑用岩棉、矿渣棉，在很短时间内已能生产出产品，同时运用在建筑施工中。

（2）生产差异

岩棉、矿物棉在性能上、质量上存在的差异，导致用途也存在很大区别。国内岩棉的消费群体主要是工业生产部门，还没有将其充分运用在建筑保温领域。

（3）国内无机保温材料运用的现状

我国研究起步晚但是发展速度很快，在性能和价格上具有很大的竞争力。其中膨胀珍珠岩具备优良的保温性能和强度等，能够运用在建筑砌筑和抹面等大型墙面保温工程中，在实际的运用中，能够用在内墙隔断、隔板、门板等。

### 2.2.5 无机保温材料的使用

（1）基层处理

首先清洁基层表面去除附着物质、杂质之后，修补缺陷位置，保证表面没有空鼓和开裂的现象，之后刮聚合物界面剂，一小时后涂抹保温砂浆。涂抹保温砂浆可以保证无机材料和墙面的黏结效果。

（2）墙面弹线

运用规范的技术对墙面进行处理之后，再进行弹线操作，可以避免因为尺寸误差而影响效果，保温层不平整或者是不垂直都会影响建筑最终的保温效果，因此需要根据工程使用的实际情况，在规定的范围内调节施工范围。保证弹线的规范性之后再进行施工，其中门窗的水平线、垂直线、装饰缝线、伸缩缝等都需要进行测量放样确定线条。在阴阳角的位置不能忽视垂直刚准线。为保证保温层的平整度、垂直度，保证弹线效果达到最佳，应该对每个楼层设置水平线，保证弹线的厚度和灰饼间距都达到标准。

（3）使用过程中的细节处理

影响建筑保温效果的一个重要因素是保温浆料的配置，其中水和灰的配比是最关键的，其判断标准是应该根据建筑所处的地域、气候、空气湿度进行调整；另外一个因素是应该和墙体基层材料相符合。配比按照先水后无机材料的方式均匀搅拌，形成膏体，在完成配比之后应该立即使用。另外一个细节是找平处理，找平靠尺，由上往下进行。分格线条也会对施工造成影响，因此建筑如果存在凹凸，或者是逐层形成腰线，为建立里面设计，可以将其设置成垂直分隔缝和水平分隔缝。无分隔缝施工的外墙保温材料施工比较复杂，需要按照具体的施工步骤严格进行施工。在抹灰部分，分次数、分区域进行抹灰，每一次的抹灰都应该掌握好方式，在厚度达到要求之后进行刮平。根据施工季节的不同控制浆料的温度。

建筑市场在快速发展的过程中，人们对节能需求越来越高，无机保温材料的出现迎合了市场需求，填补了建筑市场需求的空缺。在未来的发展中，无机保温材料在建筑市场中的应用能够发挥巨大的环保效益。

## 2.3 有机保温材料

优点：表观密度低，可加工性好，致密性高，导热系数低，保温隔热效果好。

缺点：燃烧性能只能达到 B 级、易燃烧，尺寸稳定性较差，与基层墙体相容性差，易老化、易粉化、易空鼓，工程成本较高，难以循环再利用。

### 2.3.1 有机保温材料

主要就是聚苯乙烯泡沫板、XPS、聚氨酯硬质泡沫板等材料。有机保温材料的种类比较多，而且在建筑行业当中使用的时间很长，已经在市场上形成一定的规模。有机保温材料的特征是导热性能低、质量轻、吸水性能低，具有很好的保温性能，以及良好的降噪功能。建筑业上主要应用的墙体有机保温材料有聚苯乙烯颗粒保温浆料材料、硬泡聚氨酯保温材料、聚苯乙烯颗粒发泡板与墙体灌注成型等。聚苯乙烯颗粒保温浆料材料外墙保温体系，包括建立抗裂防护层、抗渗保护面层以及保温层三个方面。

### 2.3.2 聚苯乙烯颗粒保温浆料

聚苯乙烯颗粒保温浆料材料的制造主要是通过收集已经弃置不用的聚苯乙烯塑料，将其用特定的方式加工成直径为 0.5～4mm 的聚苯乙烯颗粒，之后将聚苯乙烯颗粒作为填充料，对建筑的保温砂浆层进行填充和配制。在施工过程中合理地利用聚苯乙烯颗粒保温浆料材料，不仅不会影响建筑结构质量，而且能够降低外墙保温施工的工作强度，提高施工工作效率。经过对建筑材料的不断研究可知，采用聚苯乙烯颗粒保温浆料材料不仅能够处理废弃的聚苯乙烯塑料，而且与其他建筑保温节能材料对比，有施工技术要求低、成本低的优势。在实际的建筑施工过程中，聚苯乙烯颗粒保温浆料材料对于建筑外层节能保温起到了显著作用。在实际施工过程中遇见突发的墙体缺陷问题，也可以利用该材料进行处理，聚苯乙烯颗粒保温浆料材料能够解决特定因素导致的建筑界面层开裂以及建筑的脱黏空鼓问题。

### 2.3.3 聚氨酯保温材料

聚氨酯保温材料有良好的稳定性、抗裂性、保温性和硬度，在现代建筑实际应用中使用率较高。硬泡聚氨酯保温材料质地特殊，在建筑施工的过程中效率非常高，施工速度快，还能适应各种复杂的建筑结构，并有较好的外观保持性。同时硬泡聚氨酯保温材料使用方便，也利于维修。但是与其他有机保温材料对比，硬泡聚氨酯保温材料的造价成本高昂，仅适用于比较特殊和要求较高的建筑，在我国当前建筑市场中占比不大。

### 2.3.4 聚苯乙烯颗粒发泡板

对聚苯乙烯颗粒发泡板与墙体灌注成型的材料进行利用时，需要设置相应的聚苯乙烯颗粒发泡板，使聚苯乙烯颗粒发泡板在建筑混凝土框的剪力墙体系建筑模板中，然后在即将浇筑墙体的外部开展混凝土浇筑。经过这样的混凝土浇筑工序，混凝土与聚苯乙烯颗粒发泡板就可以形成一个复合的墙体结构，以此来完成建筑外墙保温施工。聚苯乙烯颗粒发泡板与墙体灌注成型的技术不仅解决了传统建筑外挂式保温体系中的问题，还使施工人员的工作效率得到了提升。而且这种技术不受季节的限制，即使在较寒冷的冬季，也能够使这种材料的作用得到充分发挥。但是在此技术实施过程中为了防止混凝土引起聚苯乙烯颗粒发泡板产生侧压变形等问题，要注意保证混凝土浇筑的均匀性和持续性，否则一旦出现侧压变形的问题，就会对后续建筑的施工产生十分不利的影响。

### 2.3.5 挤塑聚苯乙烯板（XPS 板）

挤塑聚苯乙烯板（XPS 板）是以聚苯乙烯树脂为原料的连续性闭孔发泡的硬质泡沫塑料，与模塑聚苯乙烯板相比，其保温性能更佳，导热系数为0. 03W/（m·K），而且强度、抗水渗透性能都更好，但 XPS 板的防火性能较差，仅为 B2 级。

### 2.3.6 酚醛树脂板

酚醛树脂板作为建筑节能保温材料，由于闭孔率高而使得导热系数低，仅为 0.023 W/（m·K），具有保温隔热效果好、防水透气、黏结性良好、刚性大、抗剥离强度高、无毒无味无害、无刺激性等优点。另外，改性后的酚醛树脂的防火等级可以达到 A 级，但会增加成本，其缺点是整体的黏结性不好，抗压抗折能力极低、系统易开裂，高湿下体积稳定性差。

EPS、XPS、PU 等有机保温材料保温效果好，但易燃烧，且燃烧时排放热量，同时产生有毒烟气。这些材料一旦点燃，火势容易蔓延，且被困人员容易吸收毒气，会造成重大伤亡。随着北京、上海、沈阳等地发生大火，使当前大量使用的外墙外保温有机材料的防火弊端暴露出来，引起了政府对保温材料防火性能的重视。

## 2.4 复合保温材料

优点：综合了有机材料和无机材料的性能，表观密度小，导热系数极低，燃烧性能好。

缺点：缺乏市场经验，很多材料很难达到真正意义上的 A 级。

### 2.4.1 复合型保温材料

复合型保温材料是近几年我国建筑保温节能材料应用市场上进一步研发得到的，它可以充分实现建筑材料资源的循环再利用，符合当前生态环保理念。复合型保温材料在实际施工中以发泡方式为主。具有以下优点：获得原材料的方式和途径多种多样、成本较低、变形系数较小、硬度较高、良好的保温隔热性、更强的耐用性、耐久性、施工难度较低、良好的防火性能。目前应用比较广泛的是复合型硅酸盐保温材料，其以硅酸盐、铝、镁等金属作为主要材料，在原材料方面没有有毒化合物，不会对建筑工人造成伤害。我国大部分建筑的主体墙体采用的材料以复合型硅酸盐保温材料为主，具有极好的隔热保温作用，既可以对建筑墙体形成强有力的保护，又不会对建筑墙体产生腐蚀及造成环境污染。

### 2.4.2 真空绝热板（VIP 板）

真空绝热板（VIP 板）是以芯材和吸气剂为填充材料，使用复合阻气膜作为包裹材料，经抽真空、封装等工艺制成的建筑保温用板状材料。芯材是由纤维状、粉状无机轻质材料组成的。真空绝热板可有效地避免空气对流引起的热传递，因此导热系数可大幅度降低，可低至 0.005W/（m·K），具有环保和高效节能的特性，耐火等级为 A 级，使用寿命可与建筑物同寿命，是目前世界上最先进的高效保温材料。此材料缺点之一是水蒸气渗透系数较低，施工需特别注意以防破坏真空，另一个是板材平整度、垂直度不高，极易被破坏。

### 2.4.3 保温装饰一体板

保温装饰一体板是由黏结层、保温装饰成品板、锚固件、密封材料等组成，它是一种集装饰、节能、防火、防水、环保为一体的新型建材。其特点就是把传统的必须在现场离散技术生产的工艺部分在工厂完成，具有质量批次稳定，产能提升，不受施工环境影响，适用性广等优点。节能环保、适用性广，未来还有很大的发展潜力和市场前景。基于目前的生产技术和工艺，保温装饰一体板造价较高，施工构造方法复杂，产品单一，装饰效果少。

外墙保温材料和建筑节能行业正处在快速发展的时期，近五年来，环保新型外墙保温材料，尤其是新型外墙保温材料的产值以每年新增约 20%的速度发展。传统高能耗建材逐渐被新型建材替代、逐渐淡出市场，新型建筑节能保温材料将迎来极佳的发展机遇。从“十三五”开始，外墙保温材料进入快速发展高峰阶段，随着政策扶持及人们环保意识的提高，也不断加速行业向“五性五化”（即系统“保温性、装饰性、安全性、经济性、耐久性”，产品“工业化、规范化、多样化、绿色化、智能化”）高品质配套发展。

# 第3章 碳足迹

## 3.1 概述

### 3.1.1 碳足迹研究源于气候变化问题

据不完全统计，人类自17世纪以来已累计排放1万多亿吨二氧化碳（即传统意义上的碳迹）。其中，发达国家的碳排放占比超80%。在过去的100多年里，以煤炭、原油等化石燃料为主的能源消费结构是全球气候变化的最主要原因。从具体过程来看，人类社会在生产生活活动中燃烧化石燃料产生的二氧化碳使得温室效应增强，进而诱发天气变暖，使得气候逐渐发生改变。另外，森林和草原等具有碳吸附能力的植被遭到破坏，也是造成气候变化的原因之一。气候变化通常是指一定时期内气候状态的改变，从统计角度上是温度和降水等要素在不同时期上的差异。气候变化关系国家安全，对一国的政治安全、国土安全、经济安全、生态安全和能源安全等领域均有重要影响。2008年，欧盟委员会提出气候变化对国际安全具有重要危险。2008年11月，中国与美国签署了《气候变化联合声明》，第一次正式提出气候变化是人类面临的最主要威胁，会对国家安全产生重大影响。为能够在全球范围内建立统一行动框架，提高决策效率，世界气象组织（World Meteorological Organization，WMO）和联合国环境规划署（United Nations Environment Programme，UNEP）于1988年联合成立了政府间气候变化专门委员会（Intergovernmental Panel on Climate Change，IPCC）。该委员会的主要工作是为政府部门或官方群体提供气候变化资料，以及对气候变化的科学技术研究成果和社会经济的认知状态，气候变化的原因、潜在影响和对策进行综合评估。自成立以来，IPCC分别于1990年、1995年、2001年、2007年、2013年和2022年开展了6次综合评估。

2020年9月22日，国家主席习近平在第七十五届联合国大会上郑重宣布，“中国将提高国家自主贡献力度，采取更加有力的政策和措施，二氧化碳排放力争2030年前达到峰值，努力争取2060年前实现碳中和。”2021年3月12日，政府工作报告指出“制定2030年前碳排放达峰行动方案。优化产业结构和能源结构。推动煤炭清洁高效利用，大力发展新能源，在确保安全的前提下积极有序发展核电。”为加快“碳达峰”和“碳中和”工作有序推进，政府在顶层设计和政策制定等方面开展了积极探索。比如，国家各部门和各地方政府对于高能耗高排放产业，工业和信息化部、国家发展改革委与生态环境部联合发布《关于促进钢铁工业高质量发展的指导意见》，并草拟了《钢铁行业碳达峰及降碳行动方案》，要求钢铁行业的碳排放量于2030年实现较峰值降低30%。交通运输部以全年低碳出行为引领，优化交通运输中的能源消费结构，提高新能源和清洁能源车船使用率。

我国能源消费以高能耗产业为主；能源消费种类中，石油、天然气、煤炭等占最主要比例。作为碳足迹的主要来源，化石燃料（主要指煤炭、石油和天然气）的消费量占比下降不明显，是我国碳足迹水平居高不下的最主要原因。据统计，我国化石能源的消费量占能源总消费量的比重从 2001 年的 91.6%小幅下降到 2020 年的 84.1%。其中，煤炭消费量占比下降是主要原因，其从 2001 年的 68%下降到 2020 年的 56.8%，石油消费量占比和天然气消费量占比未有明显变化。

我国化石燃料能源消费量与总能源消费量的占比关系如图 3.1 所示。

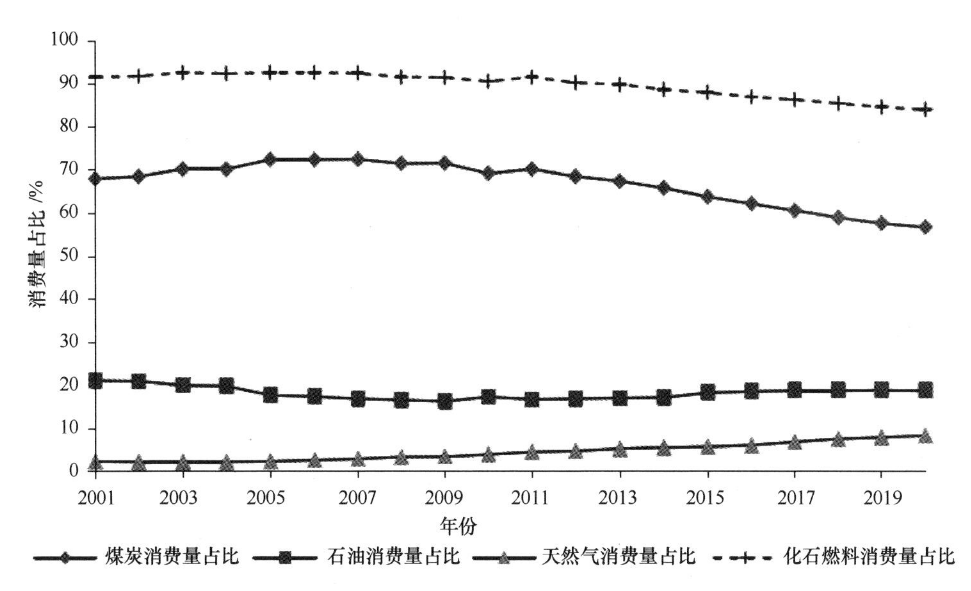


图 3.1　我国化石燃料能源消费量与总能源消费量的占比关系

因此，通过多维测算我国碳足迹的水平、衡量碳足迹的影响因素、探索碳足迹的优化配置方案，对实现“碳达峰”战略目标具有重要的意义。

### 3.1.2　碳足迹研究源于人类发展需求

碳足迹的产生从根本上看是为了满足人类发展的需求。碳及其化合物形式是人类生存和社会发展过程中的最主要和最基本资源之一。从整个人类生存和社会发展过程来看，均与碳资源的生产与消耗密切相关。比如，工业革命推动了人类现代文明的发展，但在工业革命中，最基本的物质动力是石油、煤炭为主的碳资源。根据碳排放的源头，可以从两个角度进行理解：(1) 居民为满足生活需要产生的碳足迹；(2) 人类社会在生产经营活动中产生的碳足迹。但后者本质上也是为了满足人类的发展需求。

具体来说，从社会生产角度，2019 年我国各地区的单位 GDP 能耗，最高的为宁夏、新疆、青海、山西和内蒙古等地区，单位 GDP 的能耗均超过了 1 吨标准煤/元。相对地，北京、上海、广东的单位 GDP 能耗分别为 0.21 吨标准煤/元、0.31 吨标准煤/元和 0.32 吨标准煤/元。由此，明显体现出经济越发达单位 GDP 能耗越低的基本特征。

从居民生活角度，宁夏、内蒙古、新疆和青海的人均能源消耗分别达到了10.67吨标准煤/人、10.50吨标准煤/人、7.23吨标准煤/人和7.18吨标准煤/人，显著高于其他地区。从整体上看，这与我国各地区经济发展极不平衡类似，呈现出“经济发展水平与人均能源消费、单位GDP能源消费”的高度相关性。

2019年我国各地区单位GDP能耗和人均能源消耗如图3.2所示。

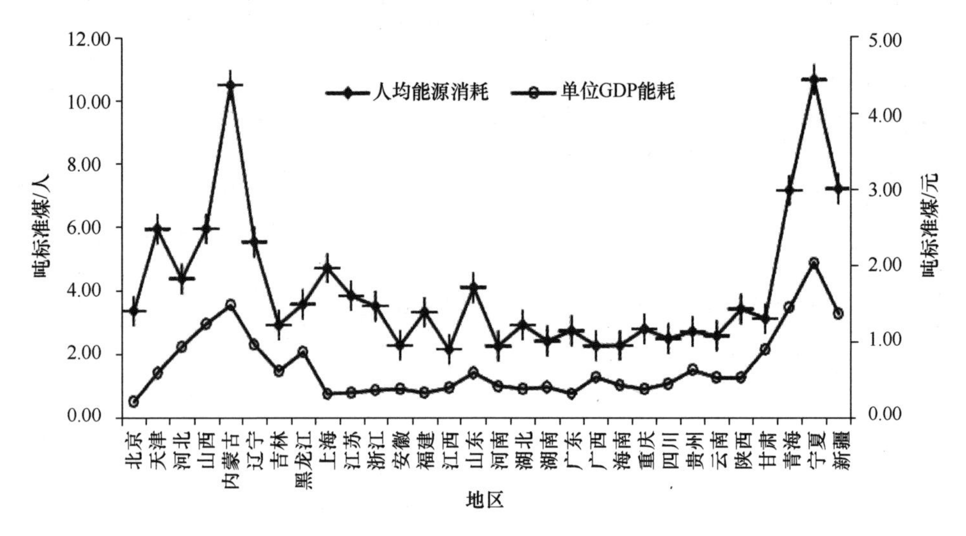


图3.2　2019年我国各地区单位GDP能耗和人均能源消耗

因此，碳足迹的产生从本质上来看源于人类。碳足迹的研究也基本上始于此，并且在不断演化中与其他领域相结合。基于碳足迹的问题开展分析，对碳足迹核算，能有效评价二氧化碳等温室气体的排放；从产业角度出发，梳理碳责任主体问题；通过碳足迹分解，找出影响碳足迹大小的关键因素。以上对当前我国经济的高质量发展、人类社会的可持续发展均具有重要的现实价值。

### 3.1.3　碳足迹的概念

碳是自然界的基本化学元素之一。根据最新的科学研究，今后100年全球变暖的趋向会加剧，对自然系统和社会经济会产生更严重的负面影响，为了人类生存、经济发展、社会进步，采取有效措施减少碳排放量成为世界各国关注的焦点。根据碳不同的流向，可从碳汇和碳源两个方面来描述。碳汇表示的是碳吸收，即把碳量从大气消除的过程，碳源表示的是碳排放，即碳排放到大气的量。

碳足迹（carbon footprint，CF）的概念是在生态足迹的基础上提出的，主要用于核算碳排放量，是度量在整个生命周期的过程中，人类活动对自然资源的压力程度，即对自然资源使用的程度和强度，它直接衡量了自然系统对人类活动中碳排放的响应。21世纪初，West（2002）通过测算农业生产过程中二氧化碳的排放量，展开了碳足迹概念及指标体系的探讨。Hannmond（2007）认为，碳足迹是生态足迹的一部分，可以看作传统能源的生态足迹。碳足迹作为一种评估碳排放量的方法，已经得到国内外研究者的普遍认可。

继生态足迹法之后，出现了很多使用“碳足迹”概念进行温室气体排放计量和评价的工具，但大多都不再使用原始的概念，而将其简化为按等效二氧化碳质量计算或者货币化的碳排放当量，如表3.1所示。

**表3.1　碳足迹的定义**

| 序号 | 文献 | 定义 |
| --- | --- | --- |
| 1 | POST（2006） | 某一产品或过程在全生命周期内所排放的二氧化碳和其他温室气体的总量，后者用每千瓦时所产生的等效二氧化碳（$gCO_2eq/kWh$）来表示 |
| 2 | BP（2007） | 个人每日活动所排放的二氧化碳量 |
| 3 | Energetics（2007） | 个人日常工作所引起的直接与间接二氧化碳量 |
| 4 | ETAP（2007） | 人类活动所造成的温室气体排放对环境的影响，用等效二氧化碳量表示 |
| 5 | Carbon Trust（2007） | 产品从原料生产、制造至最终处理的整个生命周期（不包括使用阶段）的等效二氧化碳量 |
| 6 | Hammond（2007） | 个人或活动所释放的碳重量 |
| 7 | WRI/WBCSD（2007） | 定义为三个层面：第一层面是来自机构自身的直接碳排放；第二层面将边界扩大到为该机构提供能源的部门的直接碳排放；第三层面包括供应链全生命周期的直接和间接碳排放 |
| 8 | Wiedmann（2007） | 碳足迹一方面为某一产品或服务系统在其全生命周期所排放的二氧化碳总量；另一方面为某一活动过程中所直接和间接排放的二氧化碳总量，活动的主体包括个人、组织、政府以及工业部门等 |
| 9 | Global Footprint Network（2007） | 生态足迹的一部分，可看作化石能源的生态足迹 |
| 10 | Grub（2007） | 化石燃料燃烧时所释放的二氧化碳总量 |

“碳”，就是石油、煤炭、木材等由碳元素构成的自然资源。“碳”耗用得越多，导致地球暖化的元凶“二氧化碳”也制造得越多，“碳足迹”就越大；反之，“碳足迹”就越小。

《联合国气候变化框架公约京都议定书》规定了限制排放的6种温室气体，即二氧化碳（$CO_2$）、甲烷（$CH_4$）、氧化亚氮（$N_2O$）、氢氟碳化物（HFCs）、全氟化碳（PFCs）、六氟化硫（$SF_6$）。其中，二氧化碳起主导作用，其含量远超其他温室气体含量。计算碳足迹时采用IPCC发布的GWP（全球变暖潜势值），其中二氧化碳的GWP为1，计量单位为$kgCO_2eq$。

国际上对碳足迹的一种解释为在人类活动过程中排放的温室气体的被吸纳量所占生态生产性土地的面积，碳足迹以“碳面积”为衡量单位，其表征为土地面积单位。世界自然基金会（WWF）在2008年公布的《生命行星报告》中指出，人均碳足迹是1.41公顷。

另一种更普遍的解释是从社会系统的角度出发，将碳足迹定义为人类活动的碳排放量。众多学者对此也有不同的理解和定义。第一种从本质内涵角度出发，认为碳足迹是单一化石燃料燃烧时排放的二氧化碳总量。第二种从广义、狭义角度认为，碳足迹是指人类在日常、经济活动过程中直接和间接排放的二氧化碳总量。而Hammond认为从功能和含义上看，碳足迹应该由个人或活动中释放的碳重量来解释。

鉴于此，碳足迹应以“碳重量”或其他相关词汇作为衡量单位。第三种解释是从生命周期或某一活动过程中直接和间接排放的二氧化碳总量对环境造成影响的方式来定义碳足迹。这个解释是对碳足迹概念的外延，可能是某个区域、某个产品或某个活动的生命周期中广义、狭义的二氧化碳排放量。相对而言，Wiedmann 较为全面地给出了碳足迹的定义，但是这个定义的碳足迹仅指二氧化碳排放量，并没有测量其他温室气体对气候变动的影响。

大量研究表明，其他温室效应气体，虽然排放量比较少，但不能忽视其对气候变化的影响。因此，有部分学者在此基础上把碳足迹的研究对象界定为二氧化碳及其他温室气体的排放量，用二氧化碳等价物来表示。Carbon 把碳足迹作为衡量某一种产品在其生命周期中排放的二氧化碳以及其他温室气体转化的二氧化碳等价物。ETAP 认为碳足迹是通过人类活动中所排放的二氧化碳及其等价物，来衡量人类对地球环境的影响。王薇等将碳足迹测定的范围扩展到了其他的温室气体，通过对某一产品生命周期或活动主体在活动过程中的碳排放总量的测算，并以二氧化碳等价物来表示。柯水发认为碳足迹是产品生命周期的各个阶段的二氧化碳或其他温室效应气体的累积排放量。王晓旭认为碳足迹是对由某种活动或某种产品生命周期内产生并积累的引起直接或间接的二氧化碳排放量的度量。

碳足迹可分为国家碳足迹、个人碳足迹、企业碳足迹、产品碳足迹四个层面。其中，产品碳足迹是应用最广的概念，即研究产品生命周期产生的温室气体排放量。

碳足迹标识是附加在产品上显示产品碳足迹的标识。设计该标识的目的之一是使企业更好地与其消费者进行产品信息上的沟通。此外，一些碳足迹标识还提示消费者应如何更有效地使用、洗涤或者处置产品。

产品碳足迹分析的计算方法有若干种，但至今为止运用较普遍的是英国标准协会、碳信托公司和英国环境、食品与农村事务部联合发布的新标准 PAS2050。基于 PAS2050，全球已有数家企业进行了产品碳足迹分析。

对于企业而言，确定产品碳足迹是减少企业碳排放行为的第一步，有助于企业真正了解产品对气候变化的影响，并由此采取可行的措施减少供应链中的碳排放。此外，碳足迹标识是引导消费者的环保消费者行为的有效措施之一。企业通过碳足迹分析向消费者提供产品碳足迹信息，让消费者对产品生产的环境影响有一个量化认识，继而引导其消费决策。产品碳足迹作用可归纳为以下几方面：

（1）发掘企业节能减排的潜力：公布产品碳足迹显示了企业产品生命周期的温室气体排放，可以帮助企业发现高排放温室气体的生产环节，并通过相应措施进行改进和完善，降低成本，节能减排，并利用分析数据制定企业环保报告。

（2）有效沟通消费者：消费者可以借媒介得到有关碳足迹标识的信息，如通过产品企业和服务提供商的网站、在线销售目录和在线服务、广告、产品手册等。此外，产品碳足迹也可看作企业的差异化产品策略。

（3）提高声誉强化品牌：近期学者研究显示企业应对气候变化的努力最有可能影响其企业声誉。碳足迹标识是企业向其利益相关者展示气候应对信心和努力的有效途径，可以帮助消费者和商业合作伙伴更好地做出商业决定。

企业通过产品碳足迹分析，可以改善内部运营、节能减排、节省成本，还可以作为一项营销策略帮助企业获得竞争优势，此外也是满足市场需求、促进沟通的有效途径。

## 3.2　研究现状

碳足迹是指依据生命周期评价（LCA）的方法，定量化计算产品全寿命周期过程中相关的温室气体排放量。建材产品碳足迹一产品种类规则（CF-PCR）是计算建材产品生命周期碳排放的通用计算标准。针对我国建材产品制定碳足迹计算标准，一方面可以全面、客观地审视建材产品全生命周期过程中的能源与环境问题，为建材企业持续改善工艺、改进产品提供内在支撑；另一方面，碳足迹声明及认证作为一种有效的市场促进机制，可以为推动企业开展节能减排提供积极有效的外部动力，同时对于克服日益严峻的国际贸易壁垒也具有重要作用。

### 3.2.1　碳足迹的相关标准

随着全球气候变化问题引起世界范围的关注，许多国家政府和国际组织在相关机构的支持与倡导下，开展了评估和披露产品生命周期碳排放环境行为的实践，通过对低碳产品的认证，鼓励企业生产低碳产品和提供低碳服务，以促进社会向低碳经济的发展和转型。目前，国际标准化组织（ISO）、国际电工委员会（IEC）、英国等多个国家和国际组织已经正式颁布了碳足迹标准。

碳足迹的评价主要有两种类型：一种是基于终端消耗的碳排放量核算；另一种是基于全生命周期的碳排放量核算。目前在两种不同的方向上，国内外都有着一些比较典型的碳排放核算标准。

1. ISO 系列标准

国际标准化组织环境管理技术委员会（ISO/TC207）为推进 ISO 14000 系列标准对全球气候变化问题的应用，先后成立两个工作组，于 2006 年 3 月发布了 ISO 14064：2006《温室气体排放的量化、检测、报告、审定和核查标准》，以帮助各类组织量化并报告他们的温室气体排放，应对温室气体组织风险。ISO 14064：2006 由三部分组成，即 ISO 14064-1：2006《温室气体-第 1 部分：组织层次上对温室气体排放和清除的量化和报告的规范及指南》、ISO 14064-2：2006《温室气体-第 2 部分：项目层次上对温室气体减排和清除增加的量化、监测和报告的规范及指南》、ISO 14064-3：2006《温室气体-第 3 部分：温室气体声明审定与核查的规范及指南》。其中，该标准包括了一套温室气体（GHG）计算和验证的准则（但没有计算方法）。该标准规定了国际上最佳的温室气体资料和数据管理、汇报和验证模式。

2007 年 4 月，ISO 发布 ISO 14065：2007《温室气体-温室气体审定和核证机构要求》。该标准是一个对使用 ISO 14064 或其他相关标准或技术规范从事温室效应气体用于认可的确认和验证机构的规范及指南。为了增加该标准的适用性，ISO 于 2013 年 4 月发布了该标准的修订版本 ISO 14065：2013。与前一版本相比，ISO 14065：2013 仅针对部分条文的适用性进行了重新诠释或修订，并没有以技术层面的修订为目的。

2007年6月，ISO/TC207成立第7个分委员会SC7（温室气体管理和相关活动分技术委员会），并开始酝酿制定温室气体管理方面的标准。该分委员会先后成立了6个工作组，其中第1工作组（WG1）制定了ISO 14066：2011《温室气体-温室气体核证团队和核证团队的要求》，第2工作组（WG2）制定了ISO/TS14067：2013《温室气体产品碳足迹量化及信息交流的要求和指南》。由于ISO/TS 14067是产品碳足迹的计算标准，所以特别受到业界重视，也因此在国际上较难达成统一意见，只能以“技术规范”的形式正式发布。该标准以生命周期评估（ISO 14006和ISO 14044）为基础做量化：以环境标志和声明（ISO 14020，ISO 14024和ISO 14025）做信息交流；规范性引用文件包括了ISO 14064、ISO 14065、ISO 14066；其框架参考了英国标准PAS 2050：2011；其核心为“第六章碳足迹量化方法”，给出了碳足迹量化的目的和范围、功能单位、系统边界、数据和数据质量、数据时效性、碳足迹的清单分析、生命周期影响评价、生命周期解释等内容的确定方法。

ISO/TS 14067：2013与现有其他碳足迹标准相比有了较多改善。在术语和定义方面，与PAS 2050：2011相比，将一级活动数据及二级数据，进一步分为一级数据、特定场址数据及二级数据三类；产品类别规则细分成产品类别规则及产品碳足迹产品类别规则；土地利用变更划分为直接土地利用变更及非直接土地利用变更两类；信息交流的报告形式依照报告的用途及披露对象改为产品碳足迹研究报告、产品碳足迹对外信息交流报告、产品碳足迹披露报告及产品碳足迹绩效追踪报告四类。

另外，针对以往人们所诟病的产品碳足迹量化结果可靠性不足的缺点，该标准新增了特定场址数据、敏感性分析及不确定性分析的要求来强化。过去标准用户执行产品碳足迹量化时，引用产品类别规则常产生的适用性不足感，也因本标准已正式纳入产品碳足迹产品类别规则的发展及应用要求，而可以有良好的发展。附录D也明确叙述产品碳足迹在何种情况下方能具有比较性，对于产品碳足迹报告的预期使用者而言，无疑也是一大帮助。

2. IEC系列标准

IEC在2009年10月的会议上决定在TC111（电工电子产品与系统的环境标准化技术委员会）中设立“温室气体工作组”（AD HOC Group“GHG”），由TC111主席（Dr. YoshiakiIchikawa，日本）亲自担任召集人，主要负责电工电子产品碳足迹和温室气体排放等相关研究工作。“温室气体工作组”主要负责制定两项标准IEC/TR 62725：2013《电子电气产品和系统温室气体量化方法分析》和IEC/TR 62726《基于项目的电气电子产品温室气体减排》（尚未发布）。IEC/TR 62725：2013是在生命周期思想的基础上，为用户提供电气产品和系统碳足迹量化方法和评价指导的标准。它是在现有方法或代表性国家、国际标准（包括ISO/TS 14067：2013）的基础上，适用于任何类型电子产品的评估标准。IEC/TR 62726的研究，由于现行实际状况是该项目缺少各国支持，相对难以有效开展。

### 3. 温室气体核算体系（GHG Protocol）

温室气体核算体系（GHG Protocol）的目标是为温室气体的核算提供方法和标准。该体系由世界资源研究所（WRI）和世界可持续发展工商理事会（WBCSD）从 1998 年开始合作，在众多世界知名企业的配合下创建的一个权威的、有影响力的温室气体排放核算体系。该体系包括了系列标准《温室气体核算体系：企业核算与报告标准》（企业标准）、《温室气体核算体系：产品核算与报告标准》（产品标准）和《温室气体核算体系：企业价值链（范围三）核算标准》（价值链标准）。其中，《企业标准》于 2001 年 9 月发布第一版，是该体系中最有影响力的标准之一，北美的气候登记处、ISO 14064-1 标准和英国政府颁布的自愿性报告指南都采用了《企业标准》。该标准仿效财务核算标准，根据企业拥有的不同排放源或设施，认定其排放责任。

GHG Protocol 标准范围涵盖京都议定书中的 6 种温室气体，并将排放源分为 3 种不同范围，即直接排放、间接排放和其他间接排放，避免了大范围重复计算的问题，为企业、项目提供温室气体核算的标准化方法，从而降低了核算成本；同时为企业和组织参与自愿性或强制性碳减排机制提供基础数据。

GHG Protocol 的碳足迹范围如图 3.3 所示。

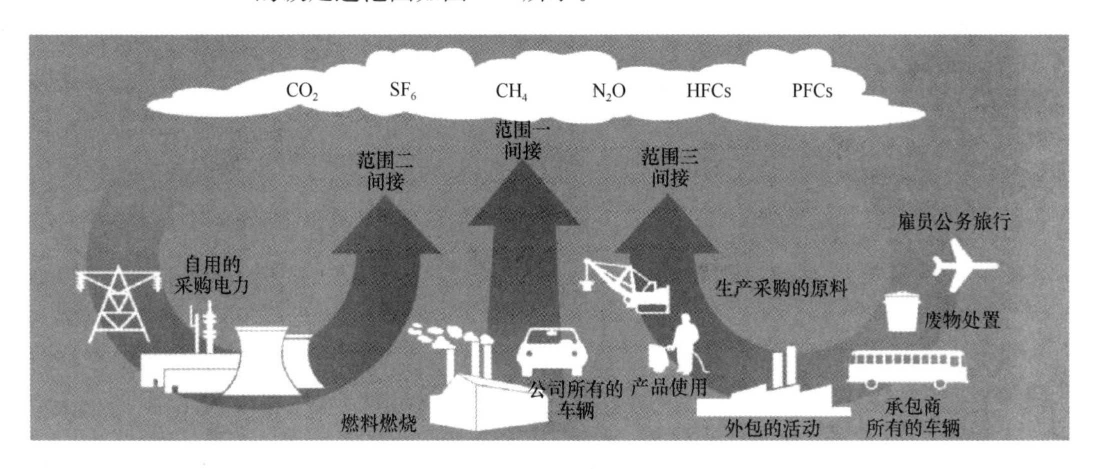


图 3.3　GHG Protocol 的碳足迹范围

### 4. PAS 2050

PAS 2050：2011《商品和服务在生命周期温室气体排放评价规范》由英国标准协会（BSI）、碳信托（carbon trust）基金会和英国环境、食品与农村事务部（DEFRA）于 2008 年 10 月首次发布，并于 2011 年 11 月发布修订版。企业可利用该规范对其产品和服务在整个生命周期内（从原材料的获取，到生产、销售、使用和废弃后的处理）的碳足迹进行评估，从而在应对气候变化方面发挥更大的作用。该规范的宗旨是帮助企业在管理自身生产过程中所形成的温室气体排放量的同时，寻找在产品设计、生产和供应等过程中降低温室气体排放的机会。它将帮助企业降低产品或服务的二氧化碳排放量，最终开发出更少碳足迹的新产品。该规范已经在百事可乐、库尔斯酿酒公司、桑斯伯里连锁超市、大陆服装公司、法国达能公司等多家企业得到应用。

PAS 2050 所采用的评价方法是根据 ISO 14040/14044 标准的评价方法并通过明确规定各种商品和服务在生命周期内的 GHG 排放评价要求而制定，因此在排放边界和排放因子的确定上两者基本一致。规范从企业到企业（B2B）和企业到消费者（B2C）两个角度对如何确定系统边界、该系统边界内的与产品有关的 GHG 排放源、完成分析所需的数据要求以及计算方法做了明确规定。

5. TSQ 0010

2008 年 7 月，日本内阁出台了《建设低碳社会行动计划》，其中明确提出了产品的碳足迹系统项目，即了解产品和服务在整个生命周期中的温室气体排放。政府的目的是使消费者能够清楚地知道产品的碳足迹。该项目由日本经济产业省下属的执行机构负责，项目任务包括温室气体排放的量化、标识、评估工作。2009 年 4 月，日本经济产业省发布了 TSQ 0010《产品碳足迹评估和标示通则》，作为产品碳足迹评估和标示的通用原则。

TSQ 0010 作为日本碳足迹的计算法规规定了碳足迹在五大阶段的计算原则、分配原则和舍弃原则，也规定了如何使用碳标签的基本方法。TSQ 0010 以 ISO 14040 为参考标准，适用于包括服务在内的各类产品，是评估和标示产品碳足迹的总体原则。

### 3.2.2 住宅建筑全生命周期评价

以北京市为例，基于不同时段的生命周期清单数据库，对北京市住宅建筑系统开展碳足迹动态评价，以期揭示能源系统和建材系统变化条件下北京市住宅建筑碳足迹的变化特征，从而寻求降低建筑碳足迹的优化策略。研究遵循 ISO 14040 系列标准，按照生命周期评价的步骤开展研究。在碳足迹的核算上，采用 SimaPro 7.3 软件平台进行计算，碳足迹采用 $kgCO_2eq$ 表征。

研究范围定义为北京市住宅建筑从建材生产、建材运输、建筑建设、使用到最终拆除处置的整个生命周期。重点关注能源消耗、材料消耗和温室气体排放（图 3.4）。功能单位定义为 $100m^2$ 建筑面积/年。依据建设部《住宅建筑规范》（GB 50368—2005）要求，民用住宅建筑设计年限不得低于 50 年，因此本研究设定住宅建筑的使用寿命为 50 年。

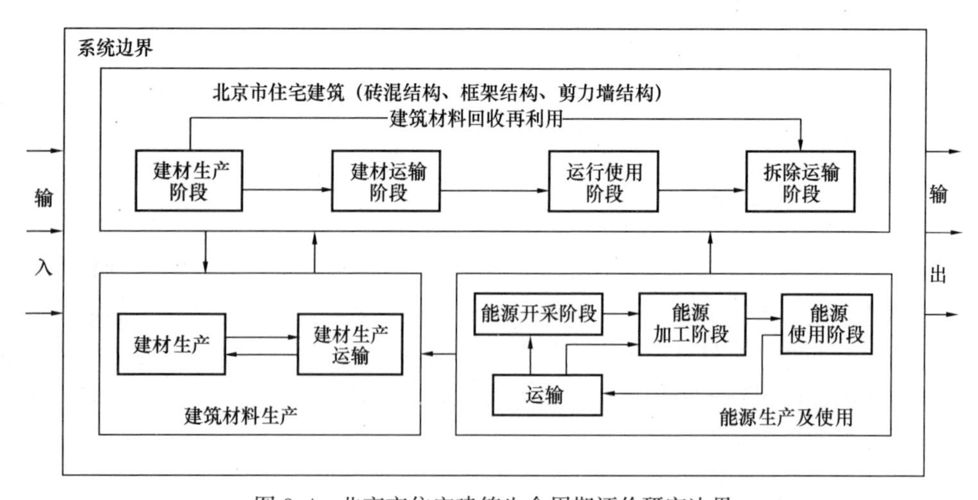


图 3.4 北京市住宅建筑生命周期评价研究边界

### 3.2.3　低碳产品认证模式选择体系的构建

对村镇低碳产品认证模式的选择体系的构建主要从四个方面进行。首先，对常用的产品认证模式类型进行分析，找出其中的特点与共性，作为后续研究的基础。随后，确立低碳产品认证模式的选择流程。最后，就常见的分析方法进行对比，并根据村镇建筑节能材料低碳产品认证模式在选择过程中面临的实际情况确定本文中应用于认证模式选择的决策方法，并建立适用于模式选择的评价指标体系。

产品认证模式选择体系如图3.5所示。

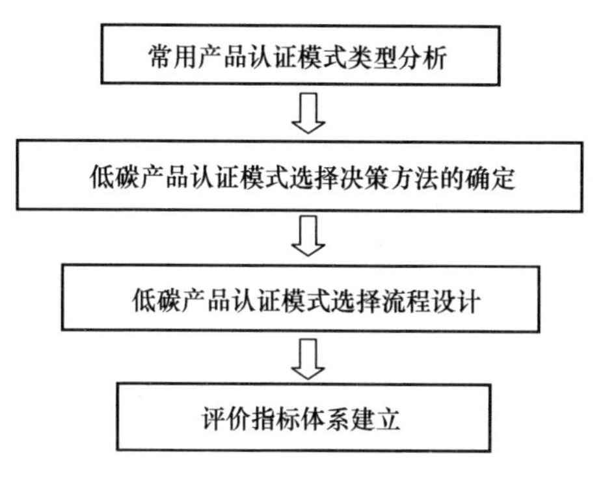


图3.5　产品认证模式选择体系

### 3.2.4　常用产品认证模式类型的分析

在每一项产品认证的体系中都会给出一种认证模式，该模式将在产品认证体系中运行，决定着认证的一个过程。产品认证模式作为产品认证流程中一个重要的方面，直接影响着企业为得到认证所需要的成本，同样影响认证结果的真实性。由于认证成本、时间、技术手段等因素的限制，不能用同一种方法验证所有的产品。常见的方法就是抽样核查和企业产品质量体系的核查，或者是将两者结合在一起。目前国际上公认的常用产品认证模式有八种，见表3.2。

**表3.2　常用产品认证模式**

| 认证形式 | 型式试验 | 质量体系评定 | 认证后监督 | | |
|---|---|---|---|---|---|
| | | | 市场抽样检验 | 工厂抽样检验 | 质量体系复查 |
| 1 | ● | | | | |
| 2 | ● | | ● | | |
| 3 | ● | | | ● | |
| 4 | ● | | ● | ● | |
| 5 | ● | ● | ● | ● | ● |
| 6 | | ● | | | ● |
| 7 | 批量检验 | | | | |
| 8 | 100%检验 | | | | |

认证模式A——型式试验。对产品的样品按照依据细则中规定的方法，对所要认证的内容进行试验。如果能够符合认证内容规范中全部的相关标准或者技术规范，则可得到认证。这种方法虽然简单，但由于仅对样品进行检验，虽具有一定的代表性，但对于成批次生产的产品监督性不大。

认证模式B——型式试验+认证后监督（市场抽样检验）。这种认证模式相对于认证模式A则具有了监督性。这种认证模式在进行出厂前型式试验的基础上，对市场上销售的产品进行随机的抽样检验。确定在市场上销售的产品符合所认证内容的全部标准或者技术规范。这种方法的认证有效性较模式A要好一些。

认证模式C——型式试验+认证后监督（工厂抽样检验）。这种认证模式同样具有监督性，但与模式B不同的是，此种检验方法中样品的抽样来自工厂。在产品生产过程中，随机地对成品认证内容进行检验，增加了认证的有效性，也避免了一些不符合认证标准的产品流入市场。

认证模式D——型式试验+认证后监督（市场和工厂抽样检验），这种认证制度是模式B和模式C的结合，显然具有更好的认证有效性。

认证模式E——型式试验+工厂质量体系评定+认证后监督（质量体系复查+工厂和/或市场抽样），此种认证制度含有前几种模式都没有的组成部分，增加了对产品生产厂质量体系的检查评定，在批准认证后的监督措施中也增加了对生产厂质量体系的复查。

认证模式F——工厂质量体系评定+认证后的质量体系复查，这种认证制度是对生产厂按所要求的技术规范生产产品的质量体系进行检查评定，常称为质量体系认证。

认证模式G——批量检验。按照规定的抽样方案，对某一批产品进行抽样检验，并据此对该批产品是否符合认证标准要求进行判断。

认证模式H——100%检验。对每个产品在出厂前都要依据标准经认可独立的检验机构进行检验。

不同种类的认证模式都有其自身的优缺点，目前我国常用的是认证模式E，这种形式可以全面地监督产品的认证项目是否合格。同时我们也应该看到，认证模式E是人力、财力需求最多的一种模式，没有根据产品的特点和所认证项目的风险性来选择认证模式的话，会造成资源不必要的浪费。这就使我们应该在产品认证模式上，寻求有针对性的选择指导模型。

### 3.2.5 低碳产品认证模式选择决策方法的确定

#### 1. 决策方法的对比

村镇建筑节能材料低碳产品认证模式的选择需要有一个科学的决策方法。这个决策方法必须在现有研究基础的条件下选取、更适宜现有研究阶段。据统计，现有的决策方法有很多，常用的决策方法可以分为定性决策方法、定量决策方法、定性和定量相结合的决策方法。

（1）定性决策方法是指没有相关的历史数据，仅靠评估者的领域内研究经验和通过其他相似项目的逻辑推断结果对待评价项目进行分析决策。使用这种方法要求打分的人员要有较深的专业知识的研究，有较丰富的经验，还要有对不完整数据合理推理的能力。定性决策方法的优点是，不用受到因为数据采集时人为误差造成的结果误差，同时也避免了只靠数据说话的局限性。但这种决策方法也有其缺点，主要是随机因素较多，受到人为主观判断能力的约束，带有个人偏好。常用的方法有头脑风暴法、Delphi法。

头脑风暴法与Delphi法较为相似。首先，在经过充分的调研后将待决策项目的影响因素逐一列出，然后找专家对各因素进行打分，最后根据简单的数据处理整理出专家的意见，给出评价分数。两者主要是打分的方式存在不同，头脑风暴法是组织专家面对面进行交流、研讨，然后打分，显然这种方法在进行的过程中容易受到他人观点的影响。而Delphi法，则是通过邮寄的方法寄出和收回打分问卷，专家独立完成打分，这种方法的个人偏好会体现得更为明显一些。

(2) 定量决策方法是以收集的历史数据或实验所得数据为依据，建立决策评价体系，确立数学模型，然后进行科学的数据分析，从而对待评价项目进行决策分析。这种决策方法的优点是，以客观数据为依据，进行数据的科学分析，最终以量化的方法得出结论。消除了因个人的主观意识带来的片面性，而且近年来随着计算机软件技术的迅速发展，一些数据的处理基本由计算机完成，因此很有说服力。缺点是，有时所决策的内容过于复杂，无法直接量化，所以在数据统计时很难找到确切的数字。常用的方法是数理分析决策法、主成分分析决策法、灰色关联分析决策法。数理分析决策方法最开始应用于经济的决策，后来逐渐被应用到许多交叉学科中。用数学语言（方程、函数）通过数学处理得出想要的结果。这种方法固然有绝对的说服力，但是对于那些数据不好掌握或者是数据间缺乏必然联系的，这种方法显然是不适合的。

主成分分析决策法是一个将所有评价指标消元的过程，广泛应用于经济、管理、环保等领域的决策。主要是对原有的可参考评价指标进行分析，找其中的共性，从而整理出新的指标。新的指标因为带有一些共性，更能深刻地体现出项目的特点。同时，新的指标之间有互斥性，这样就减少了重复的信息，使评价问题变得简洁。这种指标的消元需要遵循的原则是：最小二乘法原则、最大方向变异数据原则、相似性改变最少原则。

灰色关联分析决策法是将组数据进行分析，观察其间关联性的决策法。对于不同系统间的因素，在时间和对象改变时，其变化的趋势相似度量化后被称为“关联度”。这是一种对出现问题后寻找主要因素的常用方法，也是分析问题的一个重要方法。但由于其要求大量的数据，对于本文的问题由于领域内数据较少且收集较困难且不易实现。

(3) 定性和定量相结合的决策方法，是通过定性的分析找出决策项目的影响因素，通过定量分析将所得数据进行处理，最终得出包含数据与评价语言相结合的评价结果。其优点是兼顾了定性和定量的优点，实用性强。缺点是过于麻烦。常用的方法是模糊综合评价法、灰色评价法、层次分析法、神经网络评价法。

模糊综合评价法是指在评价的过程中应用到模糊数学的理论进行决策。模糊综合评价法在其领域内有一定的意义，随着现在评价技术的不断发展，考虑的因素也更全面。当我们面临的问题，在影响因素方面存在一定的不确定性，也就是模糊性，或者在专家考虑判断过程中存在一定的盲点，那么模糊性的存在就是必然的。主要的方法是建立评价体系、确立权重、依照模糊数学的理论构建模型，将待决策的项目通过模型量化，最终得出决策结果。

层次分析法（analytic hierarchy process，AHP）是20世纪70年代初，美国运筹学家匹兹堡大学教授萨蒂为应用于网络系统理论和多目标综合评价，提出的一种层次权重决策分析方法。层次分析法是将待分析的决策问题按目标层、准则标准层直至具体方案的顺序划分成为不同的层次结构，然后求解判断矩阵的特征向量，求得各层次的元素对上一层次某元素的优先权重，并进行一致性检验，最后将符合一致性检验的数据以再加权和的方法进行总权重的排序，其最大者为最优方案。

灰色分析法是由“灰色系统”发展而来。灰色系统理论是由邓聚龙教授于1982年提出，这一理论的提出迅速被国内外学术界认可。灰色系统理论是一种新的信息分析方法，将我们认知的系统分为三个色度，“白色”代表完全认知且明确的系统，“黑色”代表我们不认知且不明确的系统，位于中间的“灰色”则代表了对系统中某些信息认知不完全的系统。从某种角度而言，正如“运动是绝对的，静止是相对的”一样。系统的“灰色”定义是绝对的，而“白色”和“黑色”定义是相对的。“灰色”理论与“模糊”理论之间存在着区别，灰色理论强调系统的不明确性，就是外在表现十分明显，而内在含义却是不明确的。而模糊理论是指内在含义十分明确，但外在表现却不明确的系统。

**2. 决策方法的选择**

村镇建筑节能材料低碳产品认证体系的研究属于刚刚起步阶段，国内可以找到的研究文献很少，大部分为“十一五”后出版。认证模式的选择在我国尚属一个未完全开发的领域，现阶段我国认证模式的选取多是参考国外相关体系，或者是只进行强制认证和自愿认证等大范围的分类。对于就某一种产品认证而去研究其认证模式的选取，可参考的文献不多，相关的直接数据很少，只有一些间接数据可供参考。

多层次灰色评价法是将层次分析法与灰色分析法相结合，这种评价方法更科学。本书所研究的村镇建筑节能材料低碳认证模式的选择，是一个“灰色”地带，评价的指标有一部分是我们分析得来，但由于该领域研究的缺乏，部分评价指标是我们考虑不到的。在这样一个系统中，我们在信息不完整的条件下建模、评价，这正是灰色分析可以做到的。同时，用AHP来确定指标的权重，专家根据自身经验得出的量化数据，再通过白权化处理，将其变为单值化处理，这样就降低了单纯用AHP进行评价时人为因素带来的巨大干扰。因此，在本书的研究方法中选择多层次灰色分析当然是最适合的，因为它所需要的数据少，而且计算过程相对简洁。

### 3.2.6 低碳产品认证选择流程设计

本书在针对某一村镇建筑节能材料低碳产品认证模式进行选择的过程中，主要考虑在原有常见的八种认证模式的基础上选择一种最适宜的产品认证模式，应用于低碳产品认证中。进行选择的时候，我们试图找到一种可以减少计算量的方法。于是在进行常见产品认证模式分析的时候，根据八种模式的组成成分可以将其分为三类。模式A到模式F可以分为一类，称为组合模式。它们都是由型式试验、市场核查、工厂核查、管理体系评定、审核这五种元素中某一些的组成，彼此之间有关联。模式G可以自成一类，批量检验。模式H自成一类，100%检验。通过对八种模式分析可以得出，这三类认证模式彼此间是互斥关系。在认证模式的选择过程中考虑到，对危害性不是十分强烈的非强制性产品进行100%检验显然是不可取的，首先是检验过程中消耗的人力、物力，其次当认证试验涉及对产品的大程度破坏时，就会造成不必要的成本浪费。而批量检验作为一种成本最低的认证模式，它的安全性也是最低，因为它没有一致性的检验，无法保证所收取的样本与后期销售样本的一致性。

我们对村镇建筑节能材料低碳产品认证模式的选择流程为：首先将原有的八种认证模式分为三类，然后通过决策分析确定哪一类胜出。如果是模式G或模式H胜出，由于其只代表一类认证模式，则决策终止。如果组合模式胜出，则就面临下一个问题，在组合模式内的六个模式中选取一个模式作为最适合模式。

如图3.6所示，研究的主要步骤如下：

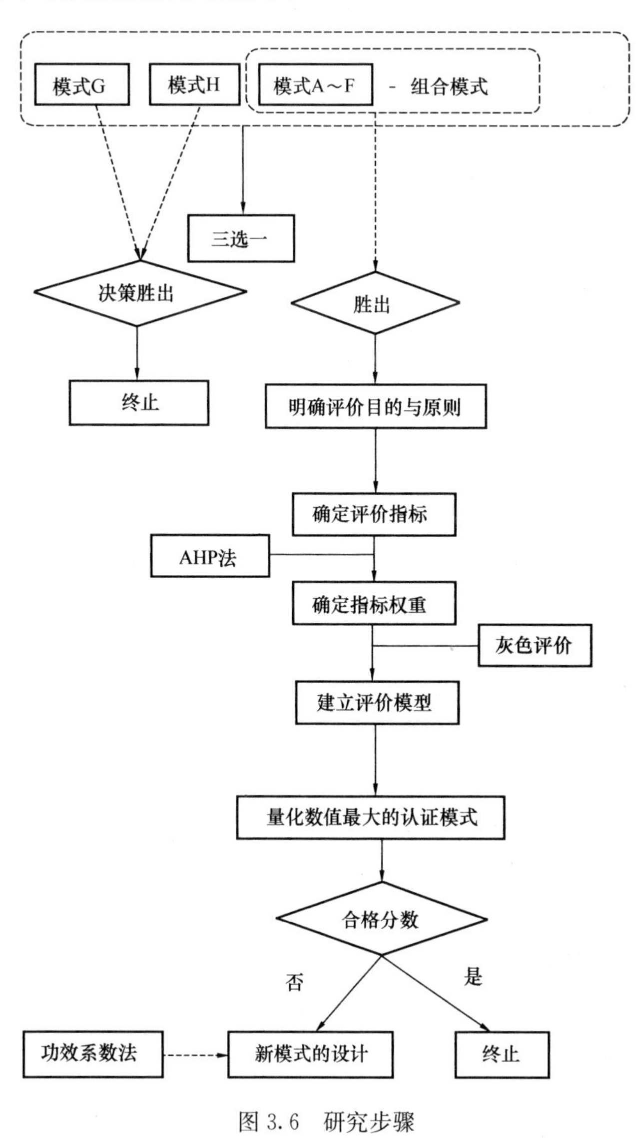


图3.6　研究步骤

（1）进行首选模式（100％检验或批量检验胜出则选择结束，否则进行下一步）。

（2）明确评价的目标和原则。

（3）建立指标评价体系，并根据原则确定评价指标。

（4）确定指标权重。

（5）进行灰色分析，量化各模式评价结果。

（6）选择最适合模式。

### 3.2.7 评价指标体系的建立

如果在首选模式中胜出的是组合模式，则就要进行下一步的决策，本书通过对组合模式中六种模式的评价得出最优选择。指标评价体系的建立是综合评价结果是否科学、合理、真实有用的基础，所以指标评价体系的建立是整个评价过程中最为关键的步骤。这是一个动态的过程，由调研分析确立最初的评价指标到不断优化最终确立体系。一个评价指标建立得是否合理，就要看评价指标设置得是否科学，能否全面地反映所评价项目的真实情况。

**1. 评价指标确定的原则**

在建立指标体系的过程中，应遵循以下原则：

（1）整体关联性

评价指标是评价体系的组成部分，它们之间应该相互关联、相互协调，所有的评价目标在评价趋势上是统一的。

（2）全面性

评价指标的设立是为了可以选出村镇建筑节能材料的低碳产品认证模式。得到的结果应该具备科学性、真实性，所以确定的评价指标应该全面考虑到影响评价结果的每一个因素。评价体系要能全面地体现出待评价对象的整体特点，包括经济方面、技术方面以及针对村镇建材市场特点。要进行充分的调研，力争使评价指标设置得更全面。

（3）目的性

在进行评价指标选取的过程中，要明确我们的目标，选择适合的认证模式，所以指标的指向性要明确，避免一些虽然是低碳产品的特点但却和评价目标没有关系的指标纳入其中。

（4）可操作性

任何评价体系中的指标都要遵守可操作性，因为这个是系统可评价的基础。要求确定的评价指标在现实中可以量化，并便于后期的计算。

（5）具有层次性

没有层次性的评价体系是没有评价意义的。评价体系一定要有层次感，而且是清晰的层次感。每层下属的各个指标之间要有互斥性，尽量避免同一属性层次内指标含义的重复。

**2. 评价指标体系的确定**

在建立评价指标体系的过程中，我们要从产品的生命周期考虑，最终确立的评价指标体系如图 3.7 所示。

**3. 评价指标体系的含义**

（1）评价体系的说明

村镇建筑节能材料低碳认证模式的选择：任何一个模式的评价是从经济性、可操作性、可信度、风险性四个方面综合评价的。可以看出，认证模式的评价体系是一个多因素

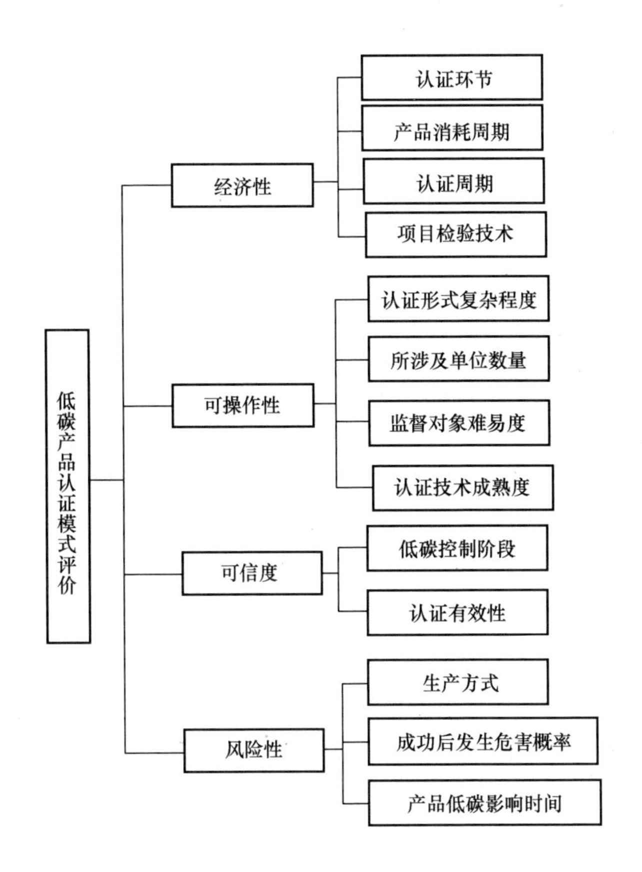


图 3.7　认证模式评价指标体系

共同作用的评价体系。

该体系分为三层，最高层是目标层，就是针对某一种认证模式的评价。第二层是影响认证模式选择的四大因素：经济性、可操作性、可信度、风险性。第二层也是影响认证模式评价的最直接的因素。第三层是第二层的细化，第三层的指标可以影响第二层指标的作用，且第三层指标更容易量化。

（2）评价指标的含义

① 经济性，主要是考虑到应用此认证模式后，企业得到和维持低碳认证所需要支出的成本。这里需要说明的是，我们应当考虑到在村镇这样一个地区，建材市场的环境与城镇有很大的区别。城镇人口由于经济水平以及教育水平所影响的事物认知度，在建材市场更倾向于购买环保的产品。而这一现象相对于村镇而言，就更倾向于经济性。影响这一因素的细分因素包括认证环节、产品消耗周期、认证周期、项目检验技术。认证环节是指认证过程中经历的环节，经历的环节越多，经济性越差。产品消耗周期是指产品从生产到报废被替代的时间，它是个兼顾型的评价指标。因为在认证模式一定的情况下产品的消耗周期短，而对于一个消耗周期一定的产品而言，选哪一种认证模式更经济就不是时间来限制的。兼顾认证后的效果，应该选择更具有经济性的，而经济性也不单纯只用成本的多少来衡量。认证周期是指认证过程需要的时间，需要的时间越多，相对需要的人力物力就越

多，其成本增加得就越多。项目检验技术通常是指认证的技术，譬如有些认证需要试验，有些认证为跟踪监测，还有一些认证为破坏性检验，因此其复杂程度的不同就会导致经济性的不同。

② 可操作性，主要考虑的是应用所选择的认证模式，在其执行阶段的难易程度。在这一影响因素中，我们应该考虑到对于在村镇这样一个市场环境中，销售点分散，销售方式多样，还有部分建材生产厂属于村镇小企业，这些环境因素都影响着可操作性，主要包括认证形式复杂程度、所涉及单位数量、监督对象难易度、认证技术成熟度。认证形式复杂度是指认证全过程中经历的过程复杂度。例如，在低碳认证过程中，仅仅提供生产合格证当然比现场再次进行试验要简单得多。而同样是提供生产合格证，不同产品在检测合格时所进行的操作难易程度也不同。所涉及单位数量，顾名思义就是在认证过程中需要多少个不同的单位来配合完成。当然，所涉及的单位越多，由于需要单位与单位之间的配合，那么可操作性就越差。监督对象难易度是指进行认证时，遇到的困难。可以考虑，村镇进行认证时，越简单的认证模式在操作过程中越容易。而相对第二、第三种模式，由于第三种涉及市场，村镇市场监督十分困难，所以第二种相对第三种更简单。认证技术的成熟度决定了认证模式的可操作性，当认证技术较成熟时，后期的监督也变得具有较高的可操作性。如果认证技术不是很成熟，就前期的型式试验操作起来都有一定的困难，后期的监督就会使认证更加困难。

③ 可信度，是指应用所选择的认证模式进行认证后，对于降低碳排放量是否起到预期效果的真实程度，同时也是社会信任度的一种体现，包括低碳控制阶段、认证有效性。低碳控制阶段，对于一些产品的低碳控制阶段不同，有的控制在生产阶段，有的控制在使用阶段，有的则控制在全寿命周期。在碳排放量控制阶段中，有的产品主要在生产阶段，如砖的烧制；而有的产品在生产和使用时都需要碳排放量的控制，如水泥。认证有效性，认证模式越严格，认证的有效性就越高。

④ 风险性，是指应用此认证模式后，出现低碳排放超标的概率和一旦出现低碳超标的危害程度，包括生产方式、认证后出现危害概率、产品低碳影响时间。生产方式，是指产品生产的方式，有些产品是机器流水生产的，我们只要在认证时检验流水线生产工艺即可。而非流水线生产方式，每一个批量生产都存在不合格的风险。所影响的上层因素是风险性。认证后出现危害概率是指当某一节能建材已经取得低碳认证了，但后来又发生了碳排放量超标的概率。当然，低碳认证模式越严谨，这个概率就越低。产品低碳影响时间是指产品低碳影响时间越长，风险性越大，则相对认证模式就应该越严格。

### 3.2.8 基于 AHP 指标权重的确定

指标权重是在一个评价体系中，各个影响指标的重要程度的体现。指标权重计算方法的选择，直接决定了整个体系评价的合理性和科学性。目前，常用的指标权重计算方法可以分为主观赋权法和客观赋权法，以及组合赋权法。

主观赋权法是专家根据研究所得的经验对指标进行主观判断得到的权重，主要有 Delphi 法、AHP、模糊分析法等。

客观赋权法是根据相关事情的历史数据，从中挖出指标间的关系，进而得出权重，常用的方法有熵权法、主成分分析法、因子分析法等。对于本书所研究的内容，由于村镇建筑节能材料的低碳认证属于未开辟领域，因此没有数据可以参考。加之层次分析法发展到今天，可以说是定量与定性分析的结合体，在一定程度上具有很好的说服力，因此笔者选择 AHP（层次分析法）作为体系指标的计算方法。

### 1. AHP 发展背景

层次分析法（analytic hierarchy process，AHP）是 20 世纪 70 年代初，美国运筹学家匹兹堡大学教授萨蒂为应用于网络系统理论和多目标综合评价，提出的一种层次权重决策分析方法。层次分析法是将待分析的决策问题按目标层、准则标准层直至具体方案的顺序划分成为不同的层次结构，然后求解判断矩阵的特征向量，求得各层次的元素对上一层次某元素的优先权重，并进行一致性检验，最后将符合一致性检验的数据以再加权和的方法进行总权重的排序，其最大者即为最优方案。

1980 年，堪称 AHP 经典之作的《层次分析法》发表，这是萨蒂教授的专著。书中全面论述了层次分析法的原理、应用的范围以及计算所涉及的数学领域的内容。随后，萨蒂教授与他人合作出版了《领导者的决策》《计划的顺序》等书，截至 1986 年，层次分析法理论已全部完善，得到了世界的公认。我国的 AHP 的应用是由美国尼兹赫德教授来华向我国学者介绍的。近年来，层次分析法，作为将人的判断意愿数学化的模型，成为系统工程中一个重要的决策理论。

### 2. 建立层次结构模型

一个合理的评价体系应该具有层次性，而 AHP 作为层次体系权重计算的主要方法在近年来广泛采用（图 3.8）。将村镇低碳认证模式选择系统进行层次划分为目标层、准则层、指标层。位于目标层的是针对于常用八种认证模式中某一种的综合评价；准则层是影响认证模式选择的主要因素，分为经济性、可操作性、可信度、风险性；指标层是对策略层影响因素的具体化。

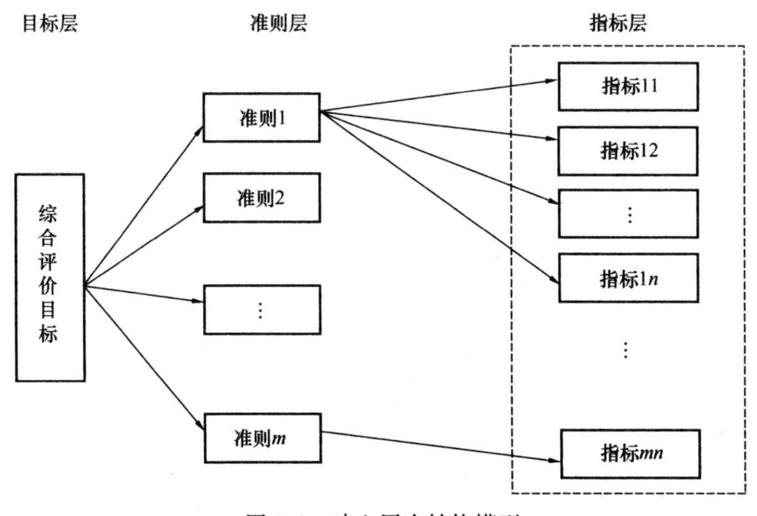


图 3.8　建立层次结构模型

首先，建立村镇建筑节能产品认证模式选择的体系构架。随后对常用产品认证模式进行综述，将现有八种产品认证模式按照组成成分分为三组。对常用决策方法进行分类分析，根据认证模式选择的特点和现状，选择专家打分法、多层次灰色评价法作为村镇建材低碳产品认证模式选择的决策方法。通过专家打分法进行首次模型选择，当组合模式胜出时运用多层次灰色评价法进行二次模式的选择。在二次模式选择的过程中，根据评价体系中评价指标建立的原则，以及认证模式在运用中面临的问题以及影响模式选择的因素建立低碳产品认证模式选择的评价指标体系。对体系进行说明，就体系内的评价指标的含义进行解释说明。选取AHP作为评价指标权重的计算方法，应用层次分析法计算各评价指标的权重。

## 3.3 计算方法和原则

### 3.3.1 测算方法

碳足迹测算按方向来分，大致可以分为自上而下法和自下而上法。自上而下法主要是从宏观角度对区域进行分解，最终测算出碳排放量；而自下而上法是从微观角度对产品的生产、消费等整个生命周期进行碳排放测算，与自上而下法相比，适用性较差。碳足迹测算按使用方法来分，大致可以分为系统测算法和非系统测算法（齐绍洲等，2013）。系统测算法可以分为生命周期法、投入产出法等；非系统测算法分为实测法、质量平衡法和排放因子法。

生命周期评价（life cycle assessment，LCA）是一种用于评价产品或服务相关的环境因素及其整个生命周期环境影响的工具。近年来，LCA在建筑材料评价方面发挥了积极作用。我国《绿色建材评价标识管理办法》和《绿色建材评价技术导则》将建筑材料的生命周期环境影响纳入评价范围，并将环境产品声明（environmental product declaration，EPD）报告、碳足迹报告等计入评分项。

生命周期法可以追溯到20世纪60年代，最初是应用于环境管理的一个工具。生命周期法为了分析产品和服务而产生，根据产品或事物的从生产、使用到消亡这整个生命周期，测算二氧化碳的排放，以及在这整个过程中不同阶段的资源的消耗，是一种微观层面的测算方法。Rotz etal. 利用生命周期法，对不同规模和生产方法的奶牛场进行评估，计算乳制品生产的碳足迹。张陶新等（2011）通过生命周期法分析了中国城市建筑碳排放的现状，同时表明该方法可以较好地测算建筑碳排放量。Fort（et al. C 2018）采用同样的方法，计算了捷克共和国天然石膏和烟气脱硫石膏生产的碳足迹。朱强等（2019）基于生命周期理论，分析并计算了我国有机米从生产到消费及处理整个过程中的碳足迹，并对有机米和非有机米的碳排放量进行了横向对比。田沛佩等（2021）通过生命周期法，利用近10年来我国地市年鉴相关数据，对2008—2017年我国地市尺度的化肥施用碳足迹进行研究，揭示了近10年来我国化肥施用碳足迹的变化过程。

投入产出法（input-output analysis，IOA）以各国或世界银行编制的投入产出表作为依据，计算产品的直接消耗系数、完全消耗系数，以此来测算二氧化碳的直接和间接排放。同时，通过平衡方程，反映初始投入、中间投入、中间产品、总产出等指标之间的关系，是一种自下而上的计算方法。投入产出模型最早是由列昂惕夫在1936年提出的分析方法，通过将各个部门的投入和产出标注在一张交叉式平衡表，得出各个部门之间的投入产出关系。该方法最初是用于研究美国各部门之间的经济关系，并成功预测了美国1950年的钢铁需求量。在20世纪70年代开始应用到了环境和能源研究领域，根据投入产出方法，将其与碳足迹理论和实践联系起来。Milleret al. 通过投入产出分析法，分析了澳大利亚建筑业的碳足迹。国内研究人员利用投入产出法对1997—2016年西北地区居民生活碳足迹进行测算。

实测法（experiment approach）的研究对象是排放源，根据排放气体的流量、速度和浓度，对碳排放总量进行估算。但是实测法实际应用较少，主要被环境检测部门用于森林生态系统、农业等碳排放的测算。质量平衡法（mass-balance approach），又称为物料平衡法，其研究对象为具体的整个工业生产过程，或者是局部生产过程中气体排放等核算。根据质量守恒定律，对企业的生产工艺、生产过程中气体排放量以及相应环境治理的情况计算企业气体排放总量的一种方法，主要应用于具体的企业或行业（齐绍洲等，2013）。

排放因子法又被称为排放系数法或IPCC法，该方法涉及社会生产和生活的各个领域和各个流程，已经成为国际公认和使用较为广泛的一种碳足迹测算方法。根据政府间气候变化专门委员会（IPCC）编写发布的《2006年IPCC国家温室气体清单指南》，碳排放量是排放因子与能源消耗量的乘积，即碳排放量＝排放因子×能源消耗量。IPCC法能够较为方便地获取数据，计算过程相对较为简便，可以较为全面地核算各种化石燃料燃烧而产生的温室气体排放，因此适用于不同尺度的能源碳足迹测算。Mohan通过IPCC法计算了2005—2014年印度住宅、商业、农业和渔业部门的碳足迹。Fu et al.（2020）采用IPCC方法，根据2008—2017年相关数据，核算了云南能源碳足迹的数值，研究发现云南的碳足迹在研究期内呈现先升后降的趋势，意味着云南是碳过剩。尽管IPCC法在区域碳排放核算上优势明显，但是该方法无法从消费角度计算隐含碳排放。

碳足迹测算方法对比分析如表3.3所示。

**表3.3　碳足迹测算方法对比分析**

| 方法类型 | 原理 | 应用范围 | 应用现状 | 优点 | 缺点 |
|---|---|---|---|---|---|
| 排放系统 | 确定碳排放的来源和相关的活动数据，该项活动的碳足迹值可按“碳足迹值等于活动数据乘以相应的碳足迹因子”的计算思路获得 | 宏观或微观计量 | 应用较为广泛，社会认可度高，结果数据准确性高 | 简明清晰，易于理解，有成熟的测算公式 | 研究对象系统发生变化时可能导致测算出现偏差 |
| 物料衡算法 | 基于物质能量守恒定律，通过对生产全过程使用的原材料、消耗的各类能源以及产生的废弃物进行分析研究，定量计算出生产过程中物料使用情况 | 宏观或微观计量 | 学术界认知度不统一，应用较少 | 投入物质与产出物质明确 | 数据获取不易，考虑的因素过多 |

续表

| 方法类型 | 原理 | 应用范围 | 应用现状 | 优点 | 缺点 |
| --- | --- | --- | --- | --- | --- |
| 实测法 | 通过对研究目标进行全方面的监测，测量排放气体或污染物的质量、流量以及浓度等参数，获取最直接的碳足迹数据 | 微观计量 | 应用时间较长，结论准确性最高，但由于数据不易获得，应用较少 | 测算结果准确，测算精度较高 | 数据获取极为困难，测算结果准确性与样品代表性、监测环境、监测设备、监测人员行为等因素有关 |
| 基于过程的清单分析法 | 基于过程分析，划分系统边界范围内的研究对象为一系列的单元活动或过程，分析各单元活动或过程的物质和能量流输入与输出，获得与其相对应的数据清单 | 微观计量 | 学术界认知度不统一，应用较少 | 结果基于单元过程，较为详细 | 系统边界确定具有主观性，清单分析投入时间成本过大 |
| 基于经济投入产出的清单分析法 | 通过绘制投入产出表，建立数学模型的方法对经济活动所涉及的资源、能源产生的碳足迹进行分析和预测，将经济金额与能耗或碳足迹进行折算 | 宏观计量 | 应用与建筑碳足迹测算的案例较少 | 测算结果是对整个研究系统的综合评价 | 不适用于单元过程的评价，测算结果精确与否取决于投入产出表的详细度 |

“碳足迹因子”的概念来源于碳排放系数法中的“碳排放系数”，政府间气候变化专门委员会（IPCC）将碳排放系数定义为：某一种能源燃烧或使用过程中单位能源所产生的碳排放量，根据 IPCC 的假定，一般在能源使用过程中，其碳排放系数是不变的。因此，碳足迹因子是指生产单位产品或完成单位工作所排放的温室气体量，它是计算碳足迹的基础参数。化石燃料碳足迹因子如表 3.4 所示，我国区域电网电力碳足迹因子如表 3.5 所示，我国工程项目人工碳足迹如表 3.6 所示。

**表 3.4　化石燃料碳足迹因子**

| 化石燃料种类 | 标煤 | 原煤 | 原油 | 汽油 | 煤油 | 柴油 | 燃料油 | 天然气 | 液化石油气 |
| --- | --- | --- | --- | --- | --- | --- | --- | --- | --- |
| 碳足迹因子（$kgCO_2eq$/单位） | 2.83 | 1.47 | 3.21 | 3.50 | 3.26 | 3.67 | 3.74 | 2.36 | 3.78 |

**表 3.5　我国区域电网电力碳足迹因子**

| 区域分类 | 华北区域电网 | 华中区域电网 | 华东区域电网 | 东北区域电网 | 西北区域电网 | 南方区域电网 |
| --- | --- | --- | --- | --- | --- | --- |
| 碳足迹因子（$kgCO_2eq$/单位） | 0.9680 | 0.9014 | 0.8460 | 1.1082 | 0.9155 | 0.8367 |

**表 3.6　我国工程项目人工碳足迹**

|  | 施工人员工日 | 碳足迹值/$kgCO_2$ | 机械台班人员工日 | 碳足迹值/$kgCO_2$ |
| --- | --- | --- | --- | --- |
| 分部分项工程 | 88.93 | 587.83 | 19.73 | 130.42 |
| 单价措施项目 | 39 | 257.79 | 13 | 85.93 |

碳足迹因子的数据来源复杂，总体上可分为以下四类：

（1）我国相关部门公布的数据，如国家统计局发布的统计年鉴资料中，给出了常用能源的净发热值、钢材和水泥的综合生产能耗数据等：国家发展改革委公布了区域电网基准线排放因子年度数据，而《省级温室气体清单编制指南》（简称“省级指南”，给出了主要工业产品生产的直接碳足迹因子推荐值；有关建材产品生产能耗限值的国家及行业标准规定了材料生产的用能情况；国务院机关事务管理局发布的《公共机构能源资源消费统计制度》（简称“公共能源统计制度”）对能源热值、氧化率等信息进行了统一规定。

（2）国内研究机构的专项研究结果，如中国工程院和国家环境局的温室气体控制项目、国家科学技术委员会的气候变化项目，以及绿色奥运建筑研究项目。

（3）其他国家及国际相关机构发布的数据，如政府间气候变化专门委员会发布的《国家温室气体清单指南》（IPCC 2006）、IPCC 在线排放因子数据查询系统、Ecoinvent 生命周期数据清单、韩国国家碳排放因子数据库等。

（4）国内外科研单位及相关研究者的研究数据，如英国巴斯大学 Hammond 等整理的 ICE 数据报告、希腊和西班牙相关机构的研究资料等。

鉴于国内外生产技术条件、材料性能指标等方面的差异，本文优先选用国内数据库。

碳排放系数的分析与核算涉及能源、材料和服务三方面，所适用的主要核算方法亦有所区别。

总体来说，能源碳排放的计算方法可大致分为两类，即根据能源消耗量与相应的排放系数确定碳排放总量：或根据标准煤或标准油的当量碳排放系数和折标的能源消耗量计算相应碳排放总量。第二类方法可由能耗总量直接确定碳排放量，但由于当量排放系数的近似性，一般仅用于估算。

对于煤炭、石油、天然气等一次能源，若作为燃料使用，通常以消耗单位能源（以热值、质量或体积表示）的当量二氧化碳作为碳排放系数，并采用现场直接调研或测算分析的方式获得，数据的准确性相对较高。值得注意的是，按现行方法这类能源的碳排放系数主要依据含碳量与碳氧化率确定，并未考虑能源开采过程。此外，对于一次能源的非能源使用，需视具体情况确定是否产生碳排放。而对于核能、风能、水能和太阳能等，能源生产和使用过程均无直接碳排放，实际分析时，应根据系统边界的定义确定是否考虑生产建设、运行维护和后期处置等辅助活动中的碳排放。

对于煤油、汽油、柴油等二次能源，在加工转换和使用过程中均会产生碳排放。相对而言，加工转换过程碳排放较少，按过程分析法计算时，一般仅考虑燃烧过程，相应的碳排放系数核算与化石能源类似。对于电力和热力等二次能源，其使用过程并不直接产生碳排放，但热电厂在生产过程中会由于消耗燃料而产生间接碳排放。因此，电力和热力的碳排放系数通常以生产和供应单位能源（如 kW·h、kJ 等）的碳排放量标定，并需根据相应的一次能源消耗量进行分析。

对于材料生产的碳排放，通常以生产单位材料（质量或体积）的碳排放量作为碳排放系数。材料生产的碳排放系数可采用现场调研、工序过程分析、按能耗估算和投入产出分析等多种方式综合研究。对于建筑原材料生产，如矿石开采等，通常可根据现场调研的能耗数据估算碳排放系数；对于生产工艺复杂的材料（如钢材），可结合现场调研与工序过程分析，通过对能源和化学反应碳排放的综合研究，得出相应的碳排放系数：对缺乏实测数据和生产流程的材料，可通过投入产出法进行估算。此外，对于一些混合材料（如混凝土），其碳排放系数可根据各组成材料的消耗量和相应的碳排放系数，以及混合材料生产与加工过程的额外能耗进行分析。

对于服务引起的碳排放，由于涉及的过程复杂且难以定量描述，通常可采用投入产出法，根据单位经济量的部门碳排放强度估算。

目前，不同研究者对保温材料生命周期内的环境影响进行评价时，因为对功能单位、系统边界、调研数据等选择不同，以及同一种保温材料具有不同密度、比热容、传热系数等材料属性，导致大量的研究结果差异很大。研究表明，保温材料碳足迹因子越小，该方案生命周期各阶段的碳排放量增量越小。

保温材料碳足迹因子的估算不能以个别保温材料厂家的数据为依据，而是以一定量的保温材料厂家的数据统计值为依据。此外，还需要增加保温材料运输过程中的碳足迹。

### 3.3.2 测算分析

（1）功能单位

功能单位是对功能属性的量化描述，应与研究目的和范围一致。在本研究中，不同规模不同类型的建筑，其建筑构件的碳排放量和成本量差异很大，无法进行横向的对比。所以选择任意一个方案为参照方案，其他方案的碳排放量、成本量均与参照方案做差值，即为“增量”。碳排放量增量以“单位构件面积或体积生命周期等效二氧化碳当量增量”为功能单位，即 $kgCO_2eq/m^2$ 或 $kgCO_2eq/m^3$。

（2）环境影响

在建筑保温材料的全生命周期中，其产生的环境影响多种多样，涉及化石能源、矿产资源和众多污染物。本书所提到的环境影响只考虑气候变暖，所指的“二氧化碳量”指的是“二氧化碳当量（$CO_2eq$）”，温室气体包括《京都议定书》中规定的六大类温室气体（$CO_2$、$CH_4$、$N_2O$、HFCs、PFCs、$SF_6$）。根据 IPCC 以 $CO_2$ 气体的全球变暖潜能值（GWP）为基准，其他气体的 GWP 是以 $CO_2$ 为基准，折算为 $CO_2$ 当量来衡量。其折算公式为：

$$Q_{CO_2eq} = \sum_{i=1}^{n}(QGHG_i \times GWP_i) \tag{3-1}$$

式中，$Q_{CO_2eq}$ 为二氧化碳当量，$kgCO_2eq$；$QGHG_i$ 为第 $i$ 种温室气体的质量，kg；$GWP_i$ 为第 $i$ 种温室气体 100 年的全球暖化潜值（GWP），本体系以 IPCC2007 指南中的推荐值为标准。部分温室气体的全球变暖潜能值见表 3.7。

**表 3.7 部分温室气体的全球变暖潜能值**

| 序号 | 工业名称或通用名称 | 化学分子式 | 100 年的 GWP |
|---|---|---|---|
| 1 | 二氧化碳 | $CO_2$ | 1 |
| 2 | 甲烷 | $CH_4$ | 25 |

续表

| 序号 | 工业名称或通用名称 | 化学分子式 | 100年的GWP |
| --- | --- | --- | --- |
| 3 | 氧化亚氮 | $N_2O$ | 298 |
| 4 | 氢氟碳化物 | $CHF_3$ | 14800 |
| 5 | 全氟碳化物 | $CF_4$ | 7390 |
| 6 | 六氟化硫 | $SF_6$ | 22800 |

材料生产碳排放主要来自能源消耗和特定生产过程两方面。其中，能源相关碳排放占总排放量的90%以上，特定生产过程的碳排放主要来自物理或化学反应。

由于各类温室气体造成温室效应的能力存在显著差异，故在量化分析总体效应时，一般采用等效折算的方式按当量计算值进行评估。由于二氧化碳是排放量最高、最为常见的温室气体，因此通常以当量二氧化碳排放量作为温室气体排放量的衡量标准，简称“碳排放”，并表示为“$CO_2$ eq”。温室气体排放量可根据全球变暖潜势值（GWP）和全球温变潜势值（GTP）进行折算，其中GWP与累计辐射强度相关，GTP与特定时间点的温度反应相关。

在建筑生命周期碳排放的研究中，$CO_2$、$CH_4$ 和 $N_2O$ 通常作为研究重点，相应的折算系数可根据IPCCAR5报告确定。在一般的碳排放研究中，通常设定研究基准期为100年，从而相应的折算系数为 $CO_2$ ∶ $CH_4$ ∶ $N_2O$＝1∶28∶265（GWP）或1∶4∶234（GTP），并从排放来源的特殊性、数据统计的可行性与有效性、累计作用效果等多方面考虑，其他温室气体通常被忽略。需要指出的是，除以上六大类外，实际上水蒸气（$H_2O$）和臭氧（$O_3$）亦可产生温室效应，但由于二者的时空分布变化快、难以定量描述，故一般不作为控制项。

（3）碳交换途径

在人类生产活动中，碳交换的途径繁多，但总体上可归纳为以下几方面：

① 化石燃料（如煤炭、石油、天然气）燃烧产生的碳排放；

② 工业生产活动产生的碳排放，如化石能源开采、石灰石煅烧分解等；

③ 农业生产活动产生的碳排放或生物固碳，如谷物种植与氮肥施用、肠道发酵及粪便、活立木储量增长等；

④ 垃圾填埋、堆肥或焚烧过程中产生的碳排放；

⑤ 采用生物质等清洁能源替代传统化石能源而间接实现的减碳；

⑥ 采用二氧化碳捕获与封存技术实现的碳存储。

### 3.3.3 建筑保温材料碳足迹核算

（1）生产环节碳足迹核算

建筑保温材料碳排放核算的基本步骤：

① 确定功能单位；

② 确定核算边界，识别碳排放源；

③ 收集活动数据，选择和获取排放因子数据；

④ 分别计算各阶段产生的碳排放量；

⑤ 汇总计算生产环节或生命周期的碳排放量。

生产环节碳排放核算按式（3-2）进行：

$$GHG_{mamu}=GHG_{mine}+GHG_{ener}+GHG_{tran} \tag{3-2}$$

式中 $GHG_{mamu}$——生产功能单位建筑保温隔热材料的碳排放量化值，$kgCO_2eq$；

$GHG_{mine}$——原材料获取阶段的碳排放总量，$kgCO_2eq$；

$GHG_{ener}$——产品生产阶段的碳排放总量，$kgCO_2eq$；

$GHG_{tran}$——运输阶段的碳排放总量，$kgCO_2eq$。

生命周期碳排放核算按式（3-3）进行：

$$GHG_{mamu}=GHG_{mine}+GHG_{ener}+GHG_{tran}+GHG_{cons}+GHG_{use}+GHG_{aban} \tag{3-3}$$

式中 $GHG_{mamu}$——生产功能单位建筑保温隔热材料的碳排放量化值，$kgCO_2eq$；

$GHG_{mine}$——原材料获取阶段的碳排放总量，$kgCO_2eq$；

$GHG_{ener}$——产品生产阶段的碳排放总量，$kgCO_2eq$；

$GHG_{tran}$——运输阶段的碳排放总量，$kgCO_2eq$；

$GHG_{cons}$——安装和施工阶段的碳排放总量，$kgCO_2eq$；

$GHG_{use}$——使用和维护阶段的碳排放总量，$kgCO_2eq$；

$GHG_{aban}$——废弃和处置阶段的碳排放总量，$kgCO_2eq$。

（2）原材料获取与加工阶段碳足迹核算

原材料获取阶段的活动水平数据收集建筑保温材料产品生产时用原材料的消耗量，此阶段的碳足迹因子为原材料的碳足迹因子，碳足迹值计算按式（3-4）进行：

$$GHG_{mine}=\sum_{i=1}^{n}Q_iF_{GHG,i} \tag{3-4}$$

式中 $GHG_{mine}$——原材料获取的 GHG 排放总量，$kgCO_2eq$；

$Q_i$——第 $i$ 类原材料的消耗量，kg；

$F_{GHG,i}$——第 $i$ 类原材料的碳排放因子，$kgCO_2eq/kg$。

（3）产品生产阶段碳足迹核算

加工生产阶段的碳排放主要是能源消耗引起的温室气体排放，包括能源生产和能源消耗产生的碳排放，此阶段活动水平数据收集电力和化石能源消耗的消耗量，碳足迹值计算按式（3-5）进行：

$$GHG_{ener}=\sum_{i=1}^{n}E_iF_{GHG,i} \tag{3-5}$$

式中 $GHG_{ener}$——能源生产及消耗产生的 GHG 排放总量，$kgCO_2eq$；

$E_i$——第 $i$ 类能源的消耗量，包括化石能源和电力，t 或 $m^3$ 或 kW·h；

$F_{GHG,i}$——第 $i$ 类能源的生产或消耗的碳排放因子，$kgCO_2eq/kg$ 或 $kgCO_2/kW \cdot h$；

化石能源消耗的碳足迹因子宜优先采用式（3-6）计算：

$$E_{燃烧}=\sum_{i=1}^{n}\left(NCV_i\times FC_i\times CC_i\times OF_i\times\frac{44}{12}\right) \tag{3-6}$$

式中 $E_{燃烧}$——燃料燃烧产生的二氧化碳排放，$kgCO_2eq$；

$NCV_i$——第 $i$ 种燃料的平均低位发热量，GJ/t 或 GJ/$10^4$ $Nm^3$；

$FC_i$——第 $i$ 种燃料的净消耗量，t；

$CC_i$——第 $i$ 种燃料的单位热值含碳量，tC/GJ；

$OF_i$——第 $i$ 种燃料的碳氧化率，%。

$NCV_i$ 宜采用企业实际的测量数据，企业实测数据无法获取，可采用相关机构的推荐值，$FC_i$、$CC_i$、$OF_i$ 的默认值可采用相关机构的推荐值。

（4）运输阶段碳足迹值核算

运输过程的碳排放为能源消耗引起的温室气体排放，活动水平数据收集运输时能源的消耗量、运输距离、运输方式和能源消耗种类。运输过程碳排放包括原材料运输、化石能源运输、保温材料产品运输碳足迹核算，按式（3-7）进行计算：

$$GHG_{tran} = \sum_{j=1}^{m}\sum_{i=1}^{n} Q_{i,j} D_{i,j} F_{GHG,j} \tag{3-7}$$

式中　$GHG_{tran}$——各类原材料、能源及产品运输过程产生的二氧化碳排放量，$kgCO_2eq$；

$Q_{i,j}$——第 $j$ 种运输方式的第 $i$ 种材料的总量，kg；

$D_{i,j}$——第 $i$ 种材料第 $j$ 种运输方式的运输距离，km；

$F_{GHG,j}$——不同运输模式的碳排放因子，$kgCO_2eq/t \cdot km$。

（5）安装和施工阶段碳足迹核算

安装和施工阶段的碳排放包括安装用建筑保温材料获取的碳排放、施工场地内运输所用化石燃料消耗的碳排放、安装时电力的消耗产生的碳排放。

此阶段收集安装用材料消耗量、施工场地内运输用机械的能源消耗量和安装时电力的消耗量，碳足迹值核算采用式（3-8）进行计算：

$$GHG_{cons} = \sum_{i=1}^{n} Q_i F_{GHG,i} \tag{3-8}$$

式中　$GHG_{cons}$——原材料获取的 GHG 排放总量，$kgCO_2eq$；

$Q_i$——第 $i$ 类材料或能源的消耗量，kg 或 kW·h；

$F_{GHG,i}$——第 $i$ 类材料或能源的碳排放因子，$kgCO_2eq/kg$ 或 $kgCO_2eq/kW \cdot h$。

（6）使用与维护阶段碳足迹核算

使用阶段的碳排放包括保温隔热材料维护使用过程中能源消耗产生的碳排放和维修更换配件用材料的获取产生的碳排放。维护保养频次以实际维护保养次数统计，当无法统计时按保温隔热材料每年清洁 2 次，配件每 10 年更换一次的频次进行计算。

此阶段收集：清洁时用清洁剂和自来水的用量、电力设备的电力消耗量、燃油设备的化石能源消耗量、电动保温隔热材料用电力消耗量和配件更换时的材料用量。碳足迹因子数据收集清洁剂、自来水、配件更换用材料的碳排放因子。碳足迹值计算按式（3-9）进行计算：

$$GHG_{use} = \sum_{i=1}^{n} Q_i F_{GHG,i} \tag{3-9}$$

式中　$GHG_{use}$ ——使用阶段的 GHG 排放总量，$kgCO_2eq$；

$Q_i$ ——第 $i$ 类材料或能源的消耗量，kg 或 kW·h；

$F_{GHG,i}$ ——第 $i$ 类材料或能源的碳排放因子，$kgCO_2eq/kg$ 或 $kgCO_2eq/kW·h$。

（7）废弃与处置阶段碳足迹核算

废弃阶段的碳排放包含拆除用电力产生的碳排放和运输消耗能源产品的碳排放，活动水平数据收集拆除用电动工具的电力消耗、电梯的电力消耗和运输的能源消耗。

此阶段碳足迹值计算按式（3-10）和式（3-11）进行计算：

$$GHG_{aban} = \sum_{i=1}^{n} Q_i F_{GHG,i} + \sum_{j=1}^{m} \sum_{i=1}^{n} Q_{i,j} D_{i,j} F_{GHG,j} \tag{3-10}$$

$$GHG_{disp} = \sum_{k=1}^{n} Q_k F_{GHG,k} \tag{3-11}$$

式中　$GHG_{aban}$——废弃阶段的 GHG 排放总量，$kgCO_2eq$；

$GHG_{disp}$——处置阶段的 GHG 排放总量，$kgCO_2eq$；

$Q_i$ ——第 $i$ 类能源的消耗量，kg 或 kW·h；

$Q_k$ ——第 $k$ 类保温隔热材料能源的消耗量，kg 或 kW·h；

$Q_{i,j}$ ——第 $j$ 种运输方式的第 $i$ 种材料的总量，kg；

$D_{i,j}$ ——第 $i$ 种材料第 $j$ 种运输方式的运输距离，km；

$F_{GHG,i,j,k}$ ——第 $i$ 类能源或第 $j$ 类运输模式或第 $k$ 类保温隔热材料处置能源的碳排放因子，$kgCO_2eq/kg$ 或 $kgCO_2eq/$ kW·h 或 $kgCO_2eq/t·km$，基于 GB/T 24044 计算得到。

值得注意的是，对于特定的保温材料生产企业来说，每年保温材料的产量很大，其原材料供应商不是一成不变的，每年有多个原材料生产企业或供应商提供给该企业，同样其他原材料的供应商也有好多家。不同生产企业的管理水平不一样，其产品的碳排放水平也不一样，同时运距和运输方式也可能不一样，这给保温材料原材料的碳排放估算带来困难。因此，组成保温材料原材料碳排放因子采用政府发布的碳排放因子，不同的生产厂家或供应商仅考虑供应量和运输距离。对于每种原材料可以取加权平均碳排放量作为该种材料的单位碳排放量。

根据文献，拆除阶段所使用设备的能耗通常可以按施工过程能耗的 90%来进行计算，相应的碳排放量则与该阶段的能耗和单位能耗的碳排放量有关。住宅建筑的拆除阶段平均碳足迹值（以 $CO_2$计）为 4.20$kg/m^2$。

我国的建筑垃圾回收利用程度较低，大部分的垃圾均未进行处理，便被运送至乡村或者采用堆放、填埋的方式进行处理。有文献表明，国内建筑垃圾回收率较高的地区主要集中在香港和台湾地区，上海和北京的回收利用率也不超过 40%。根据以上数据和我国的发展现实情况，我们设定建筑垃圾回收利用率为 40%，得到了填埋量占总量的 60%。据统计数据，废弃保温材料处置阶段的平均碳足迹值（以 $CO_2$ 计）为 0.20$kg/m^2$；保温材料回收利用阶段的平均碳足迹值（以 $CO_2$计）为−210.68$kg/m^2$。

### 3.3.4　不确定性分析

定性分析应解释并记录不确定性原因，不确定性原因应按以下顺序逐一确定。

（1）检查数据是否缺乏完整性。由于排放机理未被识别或该排放测量方法还不存在，无法获取测量结果及其他相关数据。

（2）检查模型简化是否存在系统缺失。模型是真实系统的简化，因而不是很精确。

（3）检查是否缺乏数据。在现有条件下无法获取或者非常难于获取某排放所必需的数据。这种情况常用相似类别的替代数据，以及使用内推法或外推法作为估算的基础。

（4）检查数据是否缺乏代表性。例如已有的排放数据是在发电机组满负荷运行时获得的，而缺少机组启动和负荷变化时的数据。

（5）检查样品的随机误差是否偏差过大。与样本数多少有关，通常可以通过增加样本数来降低这类不确定性。

（6）检查测量误差是否准确，如测量标准和推导资料的不精确等。

（7）检查报告或分类是否有错误，如排放源的定义不完整、不清晰或有错误。

（8）检查数据是否丢失，如低于检测限度的测量数值。

定量分析的基本流程包括确定清单中单个变量的不准确性和将单个变量的不确定性合并为清单的总不确定性。

（1）确定清单中单个变量的不准确性：排放量的估算和不确定性范围可从特定排放源的测量数据中获得；当不能对每个排放源开展类似的工作时，排放数据的不确定性评价可通过经验确定，也可以选择来自公开发布的文件给出的不确定性参考值。

（2）单个变量的不确定性合并为清单的总不确定性应符合下列要求：

当某一估值为 $n$ 个估值之和或之差时，该估值的不确定性采用式（3-12）计算。

$$U=\frac{\sqrt{(U_1\,x_1)^2+(U_2\,x_2)^2+\cdots+(U_n\,x_n)^2}}{x_1+x_2+\cdots+x_n} \tag{3-12}$$

式中　$U$——$n$ 个估值之和或之差的不确定性，%；

$U_n$——某个估值的不确定性，%；

$x_1$，$x_2$，…，$x_n$——$n$ 个相加减的估计值。

当某一估计值为 $n$ 个估计值之积时，该估计值的不确定性应采用式（3-13）计算。

$$U=\sqrt{U_1^2+U_2^2+\cdots+U_n^2} \tag{3-13}$$

式中　$U$——$n$ 个估值之积的不确定性，%；

$U_n$——某个估值的不确定性，%。

## 3.4　发展趋势

国内外产品碳足迹的发展现状、计算方法和标准，提出了将建材产品的碳足迹量化指标纳入绿色建材评价指标体系的方法，并选择了七类典型建材产品进行验证性评价。碳抵消不应代替采取措施减少碳足迹。碳抵消和减少碳足迹应该同时进行。测量该产品的碳足迹不仅可以揭示该产品目前所处的位置，还有助于确定需要改进的地方并跟踪该产品的进度。抵消该产品无法避免的数量使人们能够对碳污染承担全部责任，这是该产品对气候变化的贡献。

中国在《巴黎协定》中承诺到2030年国内单位GDP二氧化碳排放量较2005年下降60%～65%，这意味着中国势必将“低碳”“减排”贯穿于各个行业。当前国家大力发展绿色建材，但目前绿色建材评价技术导则只将“提交碳足迹报告”作为加分项，没有量化指标的要求。研究成果对绿色建筑选材和建材行业转型升级提供重要支撑，对我国建筑产业链的绿色低碳发展具有积极的促进作用。

到目前为止，国内外学者针对区域视角下碳足迹相关问题进行了大量研究，研究方法、研究对象、研究角度和尺度多种多样。朱向梅等（2021）结合碳足迹及碳生态承载力指标测算我国碳足迹广度，并进一步分析其空间关联格局及影响因素。研究表明，我国碳足迹广度总体呈波动上升趋势，人均碳足迹聚集特征明显，城镇化对碳足迹广度有正向影响，但并不显著。郑德凤（2020）进行不同区域不同尺度的研究，借鉴三维生态足迹模型构建了三维碳足迹模型，进行碳足迹广度、碳足迹深度的测算2000—2016年中国30个省（市、自治区）空间关联性分析。

王育宝等（2020）采用MRIO模型测算了中国30省份生产侧和消费侧碳排放等指标，结论表明，各省份生产侧和消费侧碳排放量存在显著差异。石敏俊等计算了中国各省区的碳足迹发现，各省区之间碳足迹和人均碳足迹差异较为显著。Hertwich et al.（2009）分析了世界上73个国家的碳足迹。Brown et al. 分析了2005年美国100个主要大城市地区的客运、货运交通及住宅区能源消费的碳足迹，并分析了各地区的空间分异规律，根据碳足迹的计算结果，进行了情景分析。

陈义忠（2022）基于水碳生态足迹评估长江中游城市群资源环境压力，构建深度神经网络模型预测其未来变化趋势。研究表明，长江中游城市群的资源环境压力大部分源于碳排放压力，其中湖北省资源环境压力最高，江西省压力升级较为明显。涂玮（2021）研究了华东七省份旅游碳排放与旅游碳承载力的关系，发现两者基本处于失调状态，旅游碳排放逐年增加，华东地区旅游生态压力大。

胡登峰（2017）探究了长江经济带碳排放特征发现，2001—2014年长江经济带碳排放总量不断增长，但碳排放增速明显放缓。黄和平（2019）以旅游业碳排放强度作为衡量指标进行长江经济带旅游业碳排放的时空分布特征及其影响因素的研究，结果表明2006—2015年长江经济带旅游业碳排放总量不断增长，碳排放类型和排放强度空间分布不均衡，区域差异呈现先扩大后缩小的态势。宋梅等（2021）通过测算碳压力指数对长江中游城市群碳压力时空演化格局及驱动因素进行研究，研究表明城市间碳压力异质特征显著，碳压力重心总体向东南偏移。

# 第 4 章　减碳策略

## 4.1　概述

我国处于正步入社会主义现代化强国的关键时期，参照其他发达国家的规律，能源消费总量的快速攀升将会使能源供应链承担繁重的压力。改革开放后我国经济社会步入了“快车道”，目前正处于工业化、城市化、现代化快速发展的关键阶段，经济的增长就肯定会伴随着碳排放的增加，终究不能避免能源需求量和消耗量的大幅度增长，因此快速的经济发展和能源的不合理利用使得我国能源供需矛盾日益突出。当前国内外能源供需形势十分紧张，频频出现煤炭、石油等能源供应不足的局面；2021 年以来，在多种因素的叠加影响下，我国国内部分地区电力供应持续出现前所未有之紧张情况，多地发布拉闸限电停产通知，部分地区甚至民生用电都无法得到保障，各地“拉闸限电”造成了巨额的经济损失及人员伤亡。

除了能源供需关系矛盾之外，能源快速消耗所带来的碳排放过高的问题也不容忽视，全球碳排放量正伴随着巨量的能源消耗迅速增长。据《BP 世界能源统计年鉴 2021》统计数据显示，2000—2019 年，全球二氧化碳排放（以下简称碳排放）量增加了 40%，2019 年全球碳排放总量达 343.6 亿吨，创历史新高。根据联合国环境规划署（UNEP）编写的《2020 年排放差距报告》，中国、美国、欧盟（27 国）、英国、印度、俄罗斯和日本是六大温室气体排放国（地区），这些国家（地区）2019 年累计碳排放量占全球的 62%，2010—2019 年的 10 年累计排放量占全球的 62.5%。根据国际能源署（IEA）的 2018 年公布的报告，1971—2018 年，全球人均二氧化碳排放水平整体呈现稳定增长的趋势，增长幅度约 20%。

我国经济社会已经快速发展了几十年，在社会主义各项事业取得重大成就的同时，碳排放量增长也十分迅速，自 20 世纪 60 年代以来，中国碳排放量从 7.81 亿吨增长到 2020 年的 105 亿吨，规模扩大了约 14 倍，我国于 2005 年前后成为全球碳排放第一大国，目前每年的碳排放量超过了美国、欧洲和日本碳排放量的总和，如图 4.1 所示。

2020 年 9 月 22 日，国家主席习近平在第七十五届联合国大会一般性辩论上宣布了我国实现碳达峰碳中和的总体目标。2021 年 9 月 22 日，中共中央、国务院印发了《关于完整准确全面贯彻新发展理念做好碳达峰碳中和工作的意见》（以下简称《意见》），就确保如期实现碳达峰碳中和目标作出全面部署，明确了总体要求，确定了主要目标，部署了重大举措，指明了实施路径和方向。2021 年 10 月 26 日，国务院发布了《2030 年前碳达峰行动方案》（以下简称《行动方案》），在目标、原则、方向等方面与《意见》保持有机衔

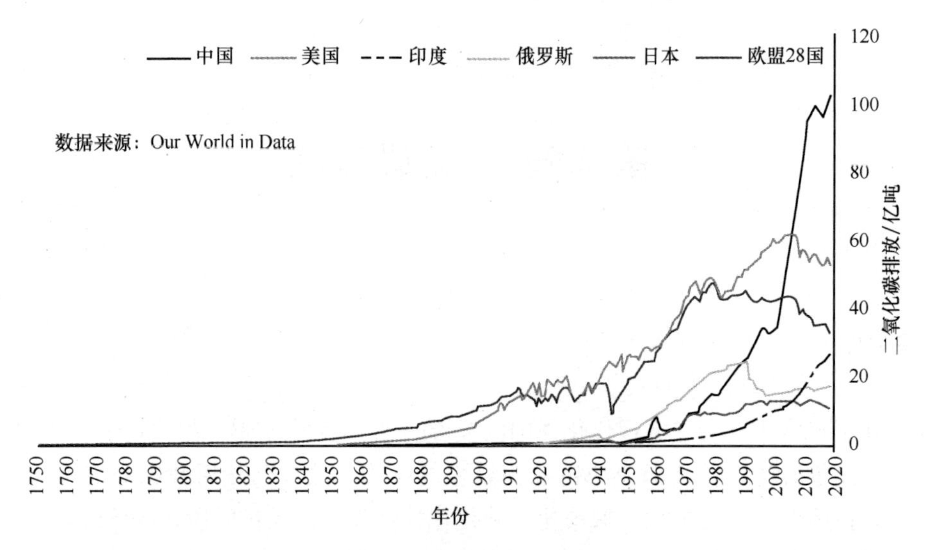


图 4.1　世界主要国家二氧化碳排放量（1750—2020 年）

接的同时，重点聚焦 2030 年前碳达峰目标。

两个重磅文件的相继出台，既是顶层设计，也是举国行动指南。《意见》作为纲领性文件，在碳达峰碳中和"1+$N$"政策体系中发挥统领作用，与《行动方案》共同构成贯穿碳达峰碳中和两个阶段的顶层设计，成为各行业推进"双碳"工作的必然遵循，对确保如期完成碳达峰碳中和这一艰巨任务具有重大意义。

建材行业是国民经济重要的原材料及制品行业，也是典型的资源能源承载型行业，既是"大国基石"也是"碳排放大户"，建材行业能源消费总量约占全国能源消费总量的 7%，生产过程二氧化碳排放位居全国工业领域首位，是我国实现碳达峰碳中和目标的重点行业。实现碳达峰碳中和，绝不是就碳论碳的事，而是多重目标、多重约束的经济社会系统性变革。

作为一场广泛而深刻的经济社会系统性变革，实现碳达峰碳中和不仅涉及经济社会的各领域、全方位，也涉及人民群众生活的各个方面，面临前所未有的困难挑战。围绕发展节能低碳建筑及建材循环利用等方面，此次《意见》和《行动方案》又提出了新的要求，作出了进一步部署，可见其对"双碳"目标实现的重要性。下一步，混凝土与水泥制品行业应全面推动绿色低碳发展，推动材料循环利用，要将绿色低碳作为全行业高质量发展的首要准则。

党的二十大报告强调，推动经济社会发展绿色化、低碳化是实现高质量发展的关键环节。为鼓励地方因地制宜探索绿色低碳发展路径，自 2010 年以来，我国已分三批开展了 81 个低碳城市试点，涵盖了不同地区、不同发展水平、不同资源禀赋和工作基础的城市（区、县）。试点城市围绕编制低碳发展规划、制定促进低碳产业发展的政策、建立温室气体排放数据统计和管理体系、建立控制温室气体排放目标责任制、倡导绿色低碳生活方式和消费模式五个方面扎实落实试点任务，并在低碳发展的模式创新、制度创新、技术创新、工程创新和协同创新五个方面开展大胆探索，试点工作取得积极成效，为地方绿色低碳发展积累了宝贵经验。由此，全社会共同参与的低碳发展格局初步形成。试点城市不断强化低碳发展规划体系、政策体系、财政支持等的引导作用，通过成立由市委、市政府任组长的低碳城市建设相关领导小组、建立联席会议机制，一以贯之践行绿色低碳发展理念，整体部署、系统推进，形成部门合力。试点城市以碳排放权交易制度、碳普惠制度、市场准入制度等为重要切入点开展市场机制创新，激发各类市场主体绿色低碳转型的内生动力和创新活力。试点城市大力开展低碳发展相关宣传教育普及活动，鼓励低碳生活方式和行为，弘扬低碳生活理念，推动全民广泛参与和自觉行动，逐步形成了企业主动减碳、居民自觉低碳的良好社会氛围。

据国网能源研究院《全球能源分析与展望2020》的统计数据，中国能源相关碳排放上升趋势仍然无法遏制。2000—2019年，中国能源相关碳排放从31.0亿吨增至97.4亿吨，年均增长6.2%；占全球的比重从13.3%升至29.3%，2012年以来占比一直保持在28%～30%，且我国碳排放年平均增速大于世界平均水平。《BP世界能源统计年鉴2021》揭示：2019年我国二氧化碳排放量101.7亿吨，占全球总量的28%，排在第二位的美国52.8亿吨，印度26.2亿吨全球第三。到2020年，我国碳排放总量为99亿吨，占全球二氧化碳总排放量的30.93%，占比连续第4年保持增长，2020年全球二氧化碳排放量323亿吨，同比减少6.3%，而中国碳排放量同比增加0.6%，是全球少数增加的几个地区之一，国内外的舆论压力十分巨大。

能源短缺及碳排放问题如果持续性恶化，会严重威胁全体人类的生存和发展，我国由此提出了碳达峰和碳中和的“双碳”目标，即中国二氧化碳排放量力争2030年前达到峰值，力争2060年前实现碳中和。在论述中国减排承诺的意义方面，有学者认为应对全球气候变化既是中国实现社会主义现代化的最大挑战，也是实现绿色工业化、城镇化、农业农村现代化的最大机遇。对化石燃料的过度依赖、工业结构偏重型化、国民经济粗放式增长方式及大范围城市化是阻碍“双碳”目标实现的四个主要因素，“双碳”目标的提出使得中国正进入低碳文明发展阶段，中国的经济结构与能源结构将发生巨大改变。我国要实现减排与防治大气污染双赢，绿色节能及低碳环保相关技术的革新必不可少。

党的十九届五中全会提出，到2035年基本实现社会主义现代化，建成现代化经济体系，与此同时，要率先创新绿色工业化、绿色现代化，即“广泛形成绿色生产生活方式，碳排放达峰后稳中有降，生态环境根本好转，美丽中国建设基本实现”。想实现碳达峰减排的目标，需要各个行业以碳中和这一宏大的远景目标作为导向，按照这个总目标统筹安排，实行绿色改革、绿色发展、绿色创新、绿色工业革命。建筑业作为国民经济的重要支柱产业，它与整个国家经济的发展、人民生活的改善息息相关，更是不能“独善其身”，需要在设计、施工、使用的全过程秉持经济合理、绿色低碳的理念，转变和优化粗犷式的产业结构，大力发展低能耗、低排放的技术和工艺。

目前建筑领域已经成为我国主要碳排放来源，相关数据显示：2018年全国各省市建筑全过程碳排放总量为49.3亿tce，占全国碳排放的比重为51.3%，数据中所称的建筑全过程碳排放主要由建筑运行产生的碳排放、建材生产过程产生的碳排放、建筑施工的碳排放三大方面构成。建筑业作为国民经济的支柱产业，不光会消耗大量的人力、物力和财力，并且在建筑物建造、使用和拆除过程中，资源的消耗及固体废弃物的处理均带来了巨量的温室气体排放。此外，根据近几年中国建筑节能协会发布的统计数据，显示全国建筑行业上下游合计的碳排放量自 2005 年起便不断攀升，其占全国碳排放总量的比重，2018 年全年我国建筑全寿命周期能耗总量是 21.47 亿吨标准煤，占全国能源消费总量的 46.5%（其中建材的生产能耗占 23.8%，施工能耗占 1%，建筑运行能耗占 21.7%）。由于建材生产能耗的降低涉及产业结构优化和转型升级等复杂的因素，更需要关注的是建筑运行阶段的能源消耗和碳排放，此部分占建筑全寿命周期能耗与碳排放比重较大，每年分别维持在 47%和 45%左右，并且在建筑运行能源消耗份额中，电力能耗占比越来越大，呈现线性增长的趋势。由此可见，降低建筑运营碳排放可以有效助推碳达峰和碳中和目标的实现，也是建筑节能领域今后的研究重点。

2021 年 10 月，国务院办公厅先后印发《关于推动城乡建设绿色发展的意见》《关于完整准确全面贯彻新发展理念扎实做好碳达峰碳中和工作的意见》。其中，推动城乡建设绿色发展、大力发展节能低碳建筑、加快优化建筑用能结构成为实现绿色低碳发展与双碳目标的决定性一环。2021 年 10 月，住房城乡建设部批准《建筑节能与可再生能源利用通用规范》（GB 55015—2021）为国家标准，本规范为国家强制性工程建设规范，全部条文必须严格执行，自 2022 年 4 月 1 日起实施。在国内能耗双控、节能减排政策层层加码的大背景下，推动建筑运行节能已然迫在眉睫，绿色可持续、保温节能已然成为建筑科学领域的重要发展方向。实现建筑节能最常采用的途径就是围护结构（内外墙体）保温隔热技术，该项技术旨在通过外墙外保温、外窗节能等方法改善围护结构的保温隔热（降低热量传导），达到夏季隔绝室外热量进入室内、冬季防止室内热量泄出室外的目的，进而减少通过采暖、制冷设备来达到合理舒适室温的能源消耗，最终达到绿色减排的目的。

## 4.2 影响因素分析

### 4.2.1 区域视角下碳足迹的测度与分析

立足区域视角，分别对直接碳足迹水平、考虑碳汇的碳足迹水平以及隐含在价值链中的全碳足迹水平进行测度与分析，主要结论如下：

（1）区域碳足迹集聚模式差异较大，与经济发展水平密切相关

基于排放因子法对 2010—2019 年各地区的碳足迹进行测算，并利用 Moran′s 全局和局部指数对区域碳足迹特征进行分类，探索区域碳足迹的空间相关性，结果发现我国区域碳足迹的集聚状态较为稳定，即不同地区之间的经济发展关系与能源需求关系较为稳定。但从分布状态来看，经济相对落后的地区，其碳足迹集聚模式以 L-L 型为主。具体来说，自身碳足迹水平较低，周边地区的碳足迹水平也相对较低，产业集聚与区域经济集聚效应不明显；经济最为发达地区，一般都呈现 L-H 型或 L-L 型，即自身能源的消耗水平较低，主要通过消耗其他地区的中间产品促进经济发展，故碳足迹效应主要体现在周边地区；其他地区的经济与碳足迹关联度同样较高。因此，从整体上看，在“双碳”目标下，各地区

的经济发展与碳足迹之间的关系具有一定的向好态势，并未出现“高排放低发展”的现象。

（2）中西部地区的碳汇水平较高，而经济发达地区生态赤字问题明显

因大气中的直接碳排放能够通过森林（包括人工林）和草原等吸收，故碳足迹的测算还需考虑地区的碳吸附能力。为此，将碳汇纳入碳足迹测算框架，对我国 2010—2019 年的区域碳足迹进行了再测算，结果发现内蒙古、黑龙江、四川、云南和新疆等地区所能提供足够的自然资本流量上限较高，具有较高的碳汇水平。为实现碳中和，对于周边高能耗产业，可通过技术转移等方式迁至上述地区。相对地，上海、天津、北京等地区的绝对碳吸附能力较弱，故在“双碳”目标下，产业结构转型升级、能源效率优化提升对上述地区的发展尤为重要。从生态赤字角度来看，上海、天津、江苏、山东和北京等经济发达地区的碳足迹深度较大，表明上述地区因经济增长产生的碳足迹超过了其自然生态能承受的范围。相对地，内蒙古、黑龙江、云南、青海、四川、广西、新疆等地区则在碳生态平衡上具有明显的优势。

（3）我国区域碳足迹呈现出“凸型”特征和“同向”特征

为全面衡量不同区域的碳转移问题，构建了多区域投入产出模型，并从价值链角度开展了区域碳足迹分析，结果发现我国区域碳足迹呈现出“凸型”特征和“同向”特征。“凸型”特征指碳足迹呈现上（包括华北地区和东北地区）下（西南地区和西北地区）的碳足迹较低，中间（华东地区和中南地区）的碳足迹较高。“同向”特征指对于一个地区，其若消耗了较多其他地区的产品（调入的碳足迹较多），生产的供其他地区使用的中间产品也较多，继而呈现出较高的碳调出水平；从净碳排放角度，华北地区可划分为净碳输入稳态型和净碳输入稳态型，华东地区则为净碳输出稳态型和净碳输入波动型，而中南地区的碳足迹分为净碳输入稳态型和净碳输出波动型。东北地区和西北地区的碳足迹刚好相反，分别呈现出为净碳输入稳态型和净碳输出波动型；从碳排放强度角度，2017 年各地区完全排放强度的均值为 0.49，高于直接排放强度，这说明若按直接排放的碳足迹对地区的碳责任进行核算，显然会从整体上出现低估的情况。

### 4.2.2　产业视角下碳足迹的测度与分析

从产业视角对碳足迹进行分析能更好展现不同产业间的关系，厘清不同产业间的碳责任问题，为“碳达峰、碳中和”目标下的产业结构调整与转型升级提供依据。

（1）我国碳足迹的主要来源产业较为集中，不同部门的碳足迹感应力系数差异明显

利用投入产出关系，构建我国产业的碳足迹测算模型，并基于影响力系数和感应力系数，对产业视角下的碳足迹问题开展分析，结果发现：黑色金属冶炼及压延加工业、化学原料及化学制品制造业、煤炭开采及洗选业、石油煤炭及其他燃料加工业、电力热力燃气及水的生产/供应业等五大产业的碳足迹水平最高，占全行业碳足迹总量的 79.05%，构成了我国碳足迹的主要来源产业；碳足迹影响力系数大的部门主要集中在电力、热力、燃气及水的生产/供应业，石油、煤炭及其他燃料加工业和黑色金属冶炼及压延加工业等重工业部门，在生产过程中需要消耗的其他产业的产品需求最大、碳吸附能力最强；不同部

门的碳足迹感应力系数差异明显。特别是，石油煤炭及其他燃料加工业的碳足迹感应力系数高达 13.149，而且电力、热力、燃气及水的生产和供应业的系数也高达 13.078，故在进行碳足迹核算时，需要将提供给其他产业的中间产品的碳足迹予以剔除。

(2) 重工业是碳足迹的主要排放来源，不同产业消耗碳的模式差异较大

考虑不同产业的转移关系以及工业产品生产过程中生命周期，对传统的碳足迹测算模型进行了改进，提出了 EIO-LCA 模型，分析不同产业的碳足迹，结果发现：从整体上看，碳排放量高的产业仍然偏重于重工业。特别是，石油煤炭及其他燃料加工业，电力热力燃气及水生产/供应业和有色金属冶炼及压延加工业等产业的碳足迹最高，占全行业碳足迹总量的 52.43%；根据产业碳足迹网络节点分布，电力热力燃气及水生产/供应业和包含信息技术服务、货币金融和其他金融服务等的其他行业在产业中最为重要。石油、煤炭及其他燃料加工业，电力、热力、燃气及水生产和供应业，有色金属冶炼及压延加工业化学，原料及化学制品制造业，黑色金属冶炼及压延加工业等产业是我国对外提供中间产品的主要产业部门。其他行业，建筑业，交通运输、仓储和邮政业，居民生活相关行业、批发/零售业、住宿/餐饮业是中间产品的主要消耗部门。其他行业，交通运输、仓储和邮政业和农、林、牧、渔业与其他产业的连接相对最为紧密，是全产业中相对关键的部门；根据产业碳足迹网络的社团分析结果，45 个产业部门可分为“碳结果”社区、“多重碳作用”社区、“碳原因”社区和“碳中介”社区。不同社区消耗碳的模式不同，在碳排放中承担的责任有明显差异。

(3) 碳足迹的调入调出在产业间的特征与区域间的特征具有相似性

碳足迹的责任核算需要综合考虑产业价值链通过构建多区域投入产出表，分析工业、建筑业等六大产业的碳足迹转移情况，并利用 QAP 回归分析碳足迹的影响因素，结果发现：工业部门是碳足迹的主要来源部门，碳足迹总量达 65.48 亿吨，占全行业碳足迹总量的 76.54%，而其他部门的碳足迹水平较低。因此，在“碳达峰”战略目标下，努力实现工业部门降能提效是根本；从区域角度看，河北是最主要的碳足迹调出地区，主要目的地偏向于长三角、京津冀等经济发达地区。在其他地区，经济相对不发达的地区以碳足迹调出为主。因此，我国产业间差异与地区差异具有相似性，欠发达地区为发达地区提供中间产品的趋势仍会保持一定时期，碳足迹的责任核算需要综合考虑产业价值链；地区间的价值流动是碳足迹转移的最主要媒介，能源强度和环境规制强度也是导致碳足迹转移的主要因素。另外，发达地区对环境规制强度要求较高，使得高能耗高排放产业一般集聚于欠发达地区。因此，对于欠发达地区，产业结构的调整不仅取决于自身的经济模式，同样需要关注其在整个产业链中的位置。

### 4.2.3 碳标识是引导绿色消费、绿色生产的重要方式

从消费端来看，低碳消费是实现降碳目标中的关键一环，它关乎低碳产品的市场和销售。截至目前，我国绿色消费以政府为主导，企业和消费者的低碳环保观念较弱，这与消费者和商家缺乏相应指标辨别建材的碳排放量有关，碳标识则是其中的重要工具，是消费者了解产品碳排放的重要信息来源。从生产端来看，碳标识体系下，企业在碳核算的过程

中能够清晰地了解到各个环节的碳排放，从而也能了解各个环节减少碳排放的潜力大小，推动企业改进技术，优化生产，降低碳排放。从消费端来看，碳标识体系的建立，居民低碳消费意识的养成，在国际贸易中获得竞争优势，将使企业有利可图，故推动企业技术创新，降低碳标识上的碳排放数值。

碳标识也称碳标签，是以减少温室气体排放为目标，用数据标签的方式在产品包装上展示产品从设计、生产、使用到废弃的全生命周期的碳排放量，是一种便于消费者辨认和挑选的碳信息披露方式。与之息息相关的是另一个概念——碳足迹，碳标识是碳足迹的评价量，是反映这一评价的认证方式。碳足迹分为产品碳足迹和企业碳足迹两方面的含义，从概念衡量的范围来看，产品碳足迹是更广义的，包含生产、消费、处置各阶段，而企业碳足迹仅包含生产阶段。碳标识的核算需要一定的标准，目前主要使用的核算标准为PAS 2050和ISO标准。PAS 2050是2008年由英国发布的世界上第一个碳排放核算标准，为之后各国确定碳排放核算标准提供了参考和借鉴；ISO标准是指由国际标准化组织（International Organization for Standardization）制定的碳核算标准，根据应用行业等要求推出了ISO 14044、ISO 14040、ISO 14064、ISO 14067等核算标准。PAS 2050标准具有协商性质，而ISO是国际标准，相对而言，PAS 2050的权威程度和法律效力低于ISO系列标准。除此之外，也有国家或第三方核算机构形成自己的核算标准，如日本TSQ 0010核算标准、法国BPX30-323核算标准等。

绿色建材是指生产方式是清洁的，资源投入是节约的，环境影响是绿色环保的，具有节约资源、保护环境、健康消费等特征的建材产品。“绿色建材”的概念首次提出是在1988年第一届国际材料科学研究会上，随着国际标准化组织（ISO）提出对环境调和制品（ECP）制定统一标准，以及促进对绿色建材的认证和标识工作，日本、欧美等发达国家在绿色建材上取得了快速发展。

碳标识对推动绿色建材的发展可以从以下三个方面来阐述。首先，在消费端，帅传敏、张钰坤（2013）和Peng Wu等（2015）分别从消费者和碳标识使用的标准两个角度分析，研究表明，通过碳标识披露产品排放温室气体的结果，将消费者购买习惯转变为倾向于低碳产品，消费观转变为低碳型，由此来触发向使用绿色建材过渡的行为，推动绿色建材的生产发展，但这需要适当的政策引导和宣传等多方合力达到最好的效果。其次，在贸易端，自从2007年英国推出第一个碳标签以来，其他主要发达国家也相继推出，形成了发达国家制定碳标签的“游戏规则”的局面，而这也对发展中国家出口贸易形成了一种新型壁垒，许多企业由于技术或碳标签的成本问题望而却步。在这种碳标识大趋势下，我国尽快建立碳标识体系，有利于国内企业的技术转型升级，推动建材行业由高耗能、高污染向绿色低碳转型。最后，在生产端从企业生产的角度，计算企业碳足迹的过程也是企业了解产品生产过程中每个环节碳排放的过程，可以知道哪些流程拥有碳减排的潜力，由此影响企业做出相关的决策，并推动企业进行技术创新，实现建材的绿色化转型。

目前的研究文献中，关于碳标识的研究多集中于其含义、国外经验对我国的借鉴意义及核算标准的探讨，关于绿色建材的研究多集中于对其评价和认证标准，而研究建材行业碳标识体系的较少，因此本书从建材行业碳标识体系的作用机制出发，分析我国建材行业建立碳标识体系的现状和阻力，提出相应的政策意见，弥补相关理论研究的不足。

### 4.2.4 碳标识助推绿色建材使用的机制分析

碳标识助推绿色建材使用的机制，可以从主体的角度出发，将其机制分为统筹系统、运行系统以及保障和动力系统，三个系统在其中的作用分别为政策支持、规范引领和资金助力。

（1）统筹系统——政策支持

政府扮演着建设碳标识体系的掌舵人的角色，负责统筹多方，制定该体系的方案。根据外部性原理，企业很难会愿意主动增加成本制作碳标识，由此必须要有政府的推动，一方面政府必须设立完善相关机构，包括碳核算机构等，为实施碳标识政策提供相应的基础设施和技术支持；另一方面政府需要出台相关政策，给予相应的财政补贴等，来鼓励企业进行技术创新，降低碳排放，申请碳标识；还应加大宣传力度，在社会层面引导居民和房地产企业等建材消费端形成低碳消费理念，相信碳标识，由此建材企业才能更加积极主动地降低碳排放，申请碳标识。

（2）运行系统——规范引领

运行系统主要由碳标识授权评价机构和行业协会两大主体构成，其中碳标识授权评价机构由政府批准授权，负责对建材企业的碳排放量进行核算；行业协会是政府和建材企业之间沟通的桥梁，同时也是建材行业碳标识授权评价机构的推荐者和碳标识的发放者。

碳标识授权评价机构作为核算碳排放的机构，需要做好以下 5 项工作：

① 基线调查。基线调查好比楼宇的桩柱，好的基线调查有利于预测和评价工程项目的影响。碳核算数据库应做好基线调查，建立统一的碳排放数据库并将其不断丰富，构建统一的碳核算标准体系，加强其权威性和可靠性。

② 建立和完善碳减排核算方法。这是碳核算机构最主要的工作之一，既要借鉴国内外的经验方法，又要结合本地以及建材行业的特征，建立并不断完善碳减排核算方法，出具相关报告。

③ 建立和完善碳减排分级评估体系，并出具相关报告。除了要对碳减排进行核算，还要做好分级评估工作，由此便于企业在比较中不断改善，努力成为较优层级，也便于购买者明确产品的层级，获悉其与需求的匹配。

④ 完善碳减排标识贴标制度。核算和分级之后，要发放碳标识，而贴标制度也是需要明确的，要将碳标识贴于产品显而易见的地方，且公司官网等也要进行公示。

⑤ 做好碳标识防伪工作。发放碳标识之后，为了避免一些不法分子伪造碳标识，造成市场混乱的情况，碳核算机构也应提前完善碳标识防伪体系，例如可以采用区块链技术，让伪造之人寸步难行。

（3）保障和动力系统——资金助力

金融机构可以为建材厂降低碳排放提供金融支持，碳排放交易平台则通过碳交易的形式，让排放较少的企业获取一定的受益，二者都为促进企业降低碳排放、进行技术创新提供了动力和资金渠道。同时，碳核算机构的认证标准体系也需要与金融机构识别企业低碳转型的标准进行对接，由此企业也更容易获得金融支持。建材碳标识将建材的生态价值得以量化，从而为实现建材行业的碳汇交易提供了方法学基础和数据保障。

我国建材行业的碳标识制度尚处于初步阶段，社会大众对碳标识重要性的认识尚且不足，房地产商以及其他消费者挑选产品时对其是否有碳标识以及碳标识数值概念关注度不高，碳标识不足以成为我国建材消费领域的竞争力之一，故宣传推广及其权威性有待提高。

### 4.2.5　碳足迹的分解与影响因素分析

围绕“碳中和、碳达峰”目标，分别从区域和产业角度对碳足迹进行分解，探索碳足迹的影响因素。得出的主要结论如下：

（1）经济发展和高能耗产业是碳足迹水平上升的最主要原因

从产业角度考虑高能耗产业对碳足迹的影响，对传统的 Kaya 恒等式进行改进，分别从绝对贡献和相对效应角度对碳足迹的影响因素进行了分解，结果发现人口规模对碳足迹的影响呈下降趋势。特别是，在人口规模增长率逐渐下降的趋势下，人的社会活动产生的二氧化碳排放不会成为碳足迹水平上升的主要原因；经济发展是全社会碳足迹水平提升的最主要原因，高能耗产业是影响全社会碳足迹水平的核心产业，这主要是因为高能耗产业是其他产业生产资料的提供方也是全社会能源的主要消费来源；能源强度趋势向好，但高能耗产业的能源消费问题突出，其不管从全社会能源消费占比的角度，还是从高能耗产业碳足迹的变化趋势及占比角度，改善均不明显。

（2）不同产业的影响因素差异明显，高能耗产业对化石燃料的消费是碳足迹水平的重要影响因素

综合考虑能源消费类型（特别是化石燃料的消费）、碳汇等因素，提出基于碳足迹生态压力的分解框架，探索碳足迹的影响因素，结果发现不同产业之间的影响因素存在差异，通过构造碳足迹的生态压力指标进行分类与分解，更具现实意义；经济发展是造成碳足迹生态压力的最主要原因，而产业结构与人口规模对生态压力的作用尚未显现；能源强度效应对碳足迹的生态压力基本呈现显著的负向效应；高能耗产业消费的化石燃料会明显提升碳足迹水平，且趋势呈逐渐增长，而化石燃料的结构效应是减少碳足迹生态压力的有效手段；对于中等能耗产业和低能耗产业消费的化石燃料，其碳足迹效应值与结构效应值大小相当、方向相反，且波动趋势相对稳定。

（3）经济效应是碳足迹水平的最主要影响因素，规模效率是经济效应的主要来源

为进一步探索经济发展水平对碳足迹的影响，提出了 A-PDA 分解模型，探讨经济发展过程中的规模效率与技术效率，结果发现我国区域碳足迹差异显著，经济增长对能源依赖明显。特别是，江苏、内蒙古、广东和新疆增加的碳足迹增幅最大，均超过了 1 亿吨，但经济发展水平也呈快速增长的态势；从影响因素分解结果来看，经济效应是碳足迹水平的最主要影响因素，人口规模的影响相对较小，其他因素呈现出明显的地区差异性；规模效率是经济发展效应的主要来源，但不同地区因经济发展状态呈现不同的碳足迹状态。其中，经济发达地区主要依靠其他地区提供的中间产品进行再生产，使得其经济发展水平的

碳足迹效应相对偏低，而经济发展相对较弱的地区，规模效率对碳足迹效应的影响较为显著。

### 4.2.6 碳足迹总量约束下的优化配置问题

在“碳达峰、碳中和”框架下，将碳足迹总量约束转化为电力总量约束，分从宏观（区域）角度和微观（企业）角度探索电力的优化配置问题。

（1）电力增幅基本呈现出“东中西”依次递减的特征，且不同地区的效率变化原因也存在差异。以“碳达峰”战略为研究目标，将其转化为碳足迹总量约束问题。在碳足迹总量约束下，不同地区的投入产出效率存在明显差异。

① 投入产出的变化幅度差异很大，呈现出“经济越发达、燃料减少幅度越大”的现象；

② 发电量的增幅在不同燃料下存在差异，但从地区上看基本呈现出“东中西”依次递减的特征；

③ 通过投入减少与产出增加对比，不同地区差异明显，由此导致不同地区的发展潜力差异显著；

④ 从分解结果来看，对于东部地区和西部地区，纯效率变化和规模效率变化是提升发电效率的正向因素，而对于西部地区，纯技术效率的提升是发电效率改善的首要原因。

（2）在产业链端，上游企业在投入产出效率上更具优势，优化配置后电力份额增加明显。

（3）产业电力在优化配置前后变化明显，但若加入考虑产业链完整性条件，配置结果出现了一定的差异。

## 4.3 敏感性分析

敏感性分析是研究与分析一个系统（或模型）的状态或输出变化对系统参数或周围条件变化的敏感程度的方法。在最优化方法中经常利用敏感性分析来研究原始数据不准确或发生变化时最优解的稳定性。通过敏感性分析还可以决定哪些参数对系统或模型有较大的影响。因此，敏感性分析几乎在所有的运筹学方法中以及在对各种方案进行评价时都是很重要的。

在对建筑保温材料减碳策略进行敏感性分析后，可以看出在现有的影响因素下，哪些策略对建筑保温材料碳排放的影响大。在本书中，将建筑保温材料碳足迹减少的百分比定为敏感性分析的考核指标，敏感性分析公式如下：

$$\varepsilon_i = (\mathrm{LCC} - \mathrm{LCC}'_i)/\mathrm{LCC}) \times 100\%$$

式中　$\varepsilon_i$——第 $i$ 种减碳策略的敏感度系数，%；

LCC——建筑保温材料全生命周期二氧化碳排放量，$\mathrm{kgCO_2eq/m^2}$；

$\mathrm{LCC}'_i$——第 $i$ 种碳减排策略使用后的建筑保温材料全生命周期二氧化碳排放量，$\mathrm{kgCO_2eq/m^2}$。

在该式中，如果$\varepsilon_i>0$，说明该策略有二氧化碳减排效果；如果$\varepsilon_i<0$，说明该策略会增加二氧化碳排放。也就是说，$|\varepsilon_i|$越大，说明敏感度越高，建筑保温材料全生命周期碳排放量受该策略的影响越大。

根据上述原理，对建筑保温材料有共性的减碳策略进行敏感性分析，以考察减碳策略对建筑保温材料全生命周期碳排放的有效性。

### 1. 使用绿色建材

绿色建材，又称生态建材、环保建材和健康建材，指健康型、环保型、安全型的建筑材料，在国际上也称为“健康建材”或“环保建材”，绿色建材不是指单独的建材产品，而是对建材“健康、环保、安全”品性的评价。在本书中，绿色建材特指对环境负荷小的用于建筑保温材料生产的原材料，主要包括了可再循环材料、可再利用建材和以废弃物为原料生产的建材。

有研究表明，使用绿色建材可以减少全生命周期碳排放量169.9kg$CO_2$eq/$m^2$，敏感度系数约为4.25%。

### 2. 使用本地化建材

使用本地化建材是减少运输过程资源和能源消耗、降低二氧化碳排放的重要手段之一。在保温材料生产过程中，应该鼓励使用当地生产的原材料，提高就地取材制成的建筑保温材料所占的比例。

原材料运输距离每增加100km，建筑生命周期碳排放量将增加26.9kg$CO_2$eq/$m^2$，敏感度系数达到了－0.67%。如果原材料采购距离都在500km以上，则会增加碳排放120.3kg$CO_2$eq/$m^2$，敏感度系数约为－3.00%。

### 3. 使用可再生能源

可再生能源是指在自然界中可以不断再生并有规律地得到补充或重复利用的能源，如太阳能、风能、水能、生物质能、潮汐能等。

在建筑保温材料生产过程中，使用可再生能源可以减少碳排放平均208.2kg$CO_2$eq/$m^2$，敏感度系数约为5.21%。

### 4. 使用非传统水源

非传统水源包括了再生水和雨水等，是代替市政供水或地下供水的水源。非传统水源加工运输过程中所产生的碳排放要大大低于市政供水。如果生产建筑保温材料能够通过使用再生水或雨水达到《绿色建筑评价标准》所规定的30%非传统水源利用率，则可以减少碳排放22.1kg$CO_2$eq/$m^2$，敏感度系数约为0.55%。

### 5. 增加废弃物的回收比例

目前我国的建筑材料废弃物回收比例尚不足10%，而发达国家的比例超过60%，甚至高达80%。若我国建筑废弃物的回收比例能接近发达国家的平均水平，则可以减少碳排放41.2kg$CO_2$eq/$m^2$，敏感度系数约为1.03%。

## 4.4 减碳原则及方法

### 4.4.1 建筑保温材料减碳原则

系统性的保温材料碳减排策略主要通过以下三个途径获取：

（1）通过文献调研，总结学术论文中出现的建筑保温材料减碳策略；

（2）根据国内外建筑节能减排标准规范的相关指标寻找保温材料的减碳排策略；

（3）通过专家访谈，整理建筑保温材料的减碳策略。

在以上三个减碳策略来源的基础上，按照以下几个原则进行筛选和提炼，形成建筑保温材料减碳策略体系。

（1）数据可得性原则。在策略的选择过程中，有些策略虽然很有意义，但实际上在现有条件下无法获取；或者即便能获取，时间和经济成本却很高；或者在现有条件下无法为该策略的有效性评价提供客观的参照数据。在这种情况下，暂时不将这样的策略纳入减碳策略中。

（2）系统性原则。即希望所整理的策略体系是一个相对完备的整体，以便在现阶段尽量全面、准确地反映建筑保温材料的碳排放水平。

（3）有效性原则。即剔除无关或无效信息，把握住建筑保温材料碳减排的主要策略。

（4）多准则决策规则。建筑保温材料碳减排是比较复杂的过程，从本质上来说，属于多准则决策的范畴，所以，减排策略的选取应当遵循多准则决策的规则，避免重复。

对建筑保温材料，一是从量的角度，需要降低保温材料的用量；二是从质的角度，需要用先进的新技术来推动保温材料的进步与发展。对低碳保温材料，应从生产、应用到全生命周期过程的碳排放进行考量。

第一，直接减碳技术，即在建筑保温材料生产过程中直接碳减排放。

第二，间接减碳技术，优化保温材料配制技术，提升保温材料的耐久性，延长其使用寿命。

第三，碳汇技术，将保温材料中的二氧化碳汇集分存再加以利用。

第四，坚持生产循环是闭合循环。

第五，缩短原材料及产品运输距离。

### 4.4.2 建筑保温材料全生命周期减碳策略

#### 1）生产阶段

（1）在选择保温材料时，应该尽可能选择回收利用率高、可再生的建材，合理利用资源和环境，最大限度地提高资源的利用效益，减少新的资源开采需求，降低对环境的负荷。

（2）在选择保温材料时，应该尽可能选择碳足迹因子数值小的低加工度建材，相比于高加工度的建材更为环保，实现环境的良性发展。

（3）提高建筑保温材料生产能力与技术。引用先进的生产技术和科学的管理方法，淘汰落后的生产能力和生产线，对于降低生产碳排放和生产损耗率具有重要意义。

（4）延长建筑保温材料的使用寿命。有些建材的使用寿命比较短，对它们进行更换不仅会因为更新的材料消耗造成了碳排放，而且更新过程中材料的运输以及更新过程中的施工都会产生新的碳排放。

**2）工厂化生产阶段**

（1）通过建筑保温产品标准化、模数化设计，提高部品的系列化和通用化，保证其安全性的同时也要保证其经济适用性；将相关部品的相关尺寸和数量进行优化，通过采用数量较少的标准件实现最大程度的多样化需求。

（2）材料的损耗系数对工厂化生产阶段的碳足迹也有着较大的影响，因此，应择优选择建材，深入考虑对建材的加工管控，降低材料损耗并减少建筑材料的浪费。

（3）建筑保温产品的生产需要用到大量的机械设备，因此，合理地使用机械设备，提高机械设备的利用率对降低碳足迹也是至关重要的。

**3）运输阶段**

运输阶段的碳足迹主要来自运输车辆，因此，在选择构件厂时，可以选择距离施工现场较近的厂家，采用合理的运输方式，提高运输的效率，既可减少运输阶段的碳足迹，还可促进当地经济发展。

运输方式、运输工具、运输距离及建材设备的种类和数量都会对建材运输碳排放产生很大影响，因此可以从以下四个方面来控制碳排放量。

（1）尽量选取离施工地点近的原料点，使用本地建材。

使用本地化建材，尽可能选择当地生产或富有的材料，减少运输距离，从而减少运输过程中的碳排放。在建筑的建造中应该鼓励使用当地生产的建材，提高当地原材料在生产过程中用到的比例。

（2）调整货车运力结构。

在货运装备方面，尽量选用自重轻、承载量大、能耗低、污染小的环保型、节约型运输车辆，优先发展运输效率高、能耗低的重型货车和特种专用货车，并辅之以数量适当的轻型货车，形成中长途运输以重型货车和特种专用货车为主，短途运输尤其是市内配送以轻型货车为主的格局。

（3）运输公司加强车辆维护管理。

运输公司定期对车辆进行保养，车体内部传动结构的摩擦虽然量小，但是依然会带来额外的能量消耗，同时也会对车体造成一定的影响，缩短车辆的使用寿命。因此选择合适的润滑剂、减磨剂对于减少车辆各种零件损耗、减少噪声和废气污染都有一定的成效。

**4）建筑保温材料施工阶段**

施工阶段减排策略除了调整货车运力结构、运输公司加强车辆维护管理外，建议采用绿色施工。

营建工法分类依据即湿式工法与干式工法的差异，湿式工法的现场产生废弃物与污染较多，同时湿式工法现场使用的施工机具种类多且能耗大，碳排放量占施工机具碳排放量的16%。而以现场焊接、组装等干式接合的干式施工法，施工过程中使用高粉尘污染的建材远较湿式工法少，用水量也相当少，不易产生营建污染，有助于工地现场碳排放减量，是探讨营建阶段$CO_2$排放减量对策的重点。

5）拆除阶段

（1）以拆解的方式代替拆毁。

使用建筑拆毁方式拆除主体结构时，常在建筑物底层选择合适的打击点，使建筑物向一定方向整体倒塌。这种粗放式的建筑拆毁使大部分废旧材料破碎、混合，变为很难回收、只能填埋的建筑垃圾。

而建筑拆解则是尽可能以小型机械将构件从主体结构中分离。拆解步骤按照“由内至外，由上至下”的顺序进行，如“室内装饰材料→门窗、暖气、管线→屋顶防水、保温层→屋顶结构→隔墙与承重墙或柱→楼板，逐层向下直至基础”。

在技术、设备层面上，拆解与拆毁两种方式大致相同，但在废旧建材的循环利用率上，差别很大。根据相关研究，拆毁方式下钢铁的回收利用率仅为70%，而水泥、碎石、砖瓦等材料的利用率更低，拆毁方式使这些材料混合为渣土而无法回收，砖瓦的再利用率仅10%，远远低于拆解方式下的建材回收率。建筑保温材料也可以利用此种方式进行拆解。

（2）优化拆除方案和方法。

在拆除过程中，设备的台班消耗量与拆除阶段的碳排放量有很大的关系。拆除时应优化拆除方案和方法，安排合理科学的施工组织设计，在保证能按照要求拆除的情况下，最大限度地减少内燃空气压缩机、手持式风镐和履带式液压破碎机的使用时间。

废弃建材的运输距离和单位运输碳排放是碳减排的两个关键性因素，减少废旧建筑保温材料运输所产生的碳排放就是要确定合理的运输距离和运输工具。

（3）选择耗油少的运输工具。

对于运输阶段而言，运输汽车所消耗的能源是产生的碳排放的主要来源。因此在运输过程中选择功能相似、耗油较少的运输工具是减少运输过程碳排放总量的有效途径。

（4）减少废弃物运输次数。

通过拆除现场对垃圾的处理可以减少废弃物的运输次数，首先是对拆除后的材料进行分类，然后利用自动回收分类机、移动式混凝土破碎筛分等先进技术和机器对部分材料进行就地处理、就地回收、就地使用，最后装载清运和处理其余的废弃建材。这样可以大大提高废弃物利用效率，并减少多次运输造成的运输碳排放。

（5）提高废旧建材回收利用率。

根据相关研究，仅通过改变拆除方式来提高建材回收率带来的碳减排就达到$41kgCO_2eq/m^2$，因此提高废旧建材的再利用有极大的减排空间。

同时考虑选择替代材料也可减少此部分建材的碳排放量。例如保温材料的替换，传统保温材料EPS板的碳排放因子为$5640kgCO_2e/t$，如采用农作物秸秆制作的保温材料，将大幅度降低此部分的碳排放量。

因此，在选择材料时应优先选用可循环、可再生的材料，对建筑拆解下来的废旧材料再利用，可产生大量的碳减量，降低建筑全生命周期的碳排放量，同时节能环保，适应社会的可持续发展。

保温材料的使用寿命也是一项重要指标项，保温材料更换也会产生一定的碳排放，因此，综合导热系数及使用寿命两个因素对保温材料进行选择。图 4.2 为各类保温材料导热系数与使用寿命对比分析图。

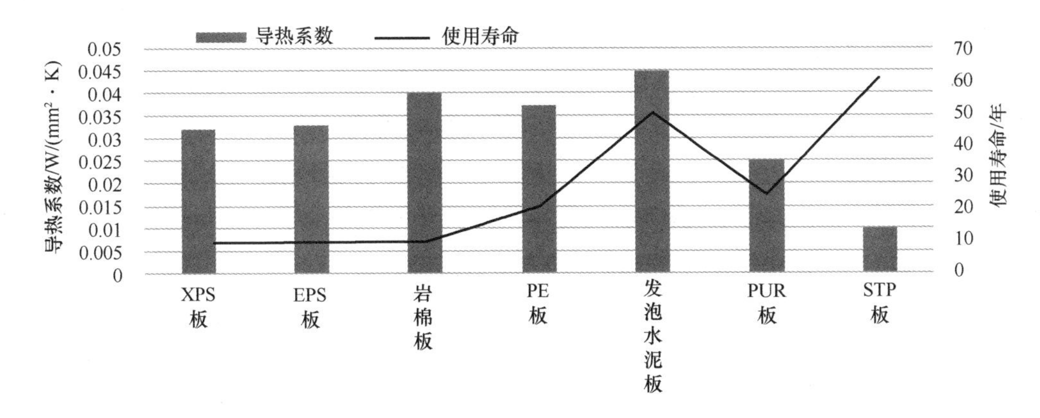


图 4.2　各类保温材料导热系数与使用寿命对比分析

总结来说，拆除清理阶段的碳排放主要有三部分：机械台班施工、废旧建材运输以及废旧建材回收利用。其中，建材拆解及废旧建材运输约占建筑全生命周期碳排放的 1.5%，而废旧建材的回收利用可占建筑全生命周期碳排放的 30%以上。

所以，对于拆解阶段的减碳策略优先考虑废旧建材的回收利用，即对于拆除下来的保温材料或产品进行利用、再循环利用、再生利用等。其次是优化拆除方式，在拆解过程考虑拆除建材的灵活使用从而延长建筑使用寿命。

建材再循环利用指这类型的材料最大的特征可进行无害化的自行解体，从自然中来，最后回归自然，包括了原生材料和二次加工材料。原生材料包括草、竹、原木、生土、石、稻草等天然材料，取自自然，使用后又可回归自然状态；二次加工材料主要指的是纸、竹胶合板等需要由原材料加工而成的材料。既包括了传统的建筑材料，也有非传统的材料在建筑上的利用。

建材再生利用即指材料受到损坏但经加工处理后可作为原料循环再利用的过程。如生活垃圾和建筑废弃物的利用，通过物理或化学的方法解体，做成其他建筑部品。再利用物品与再生物品的区别在于：再利用物品只是用过的，但未受大的损伤，加工量极少；再生物品则是先把废弃物品还原成原材料，再用其做成新产品，需要较多的能量输入。有机保温材料可以再利用，无机保温材料和复合保温材料可以再生循环利用，建筑保温材料更科学的循环利用还需要进行进一步研究。

### 4.4.3　建筑保温材料层使用厚度减碳策略

依据行业标准《严寒和寒冷地区居住建筑节能设计标准》（JGJ 26—2018）中对于寒冷地区的外墙传热系数的规定如表 4.1 所示。

**表 4.1 寒冷地区建筑外墙传热系数规定限值**

| 传热系数 $K$ [W/(m² · K)] | | |
|---|---|---|
| | ≤3 层 | ≤4 层 |
| 寒冷 A 区（2A） | 0.35 | 0.45 |
| 寒冷 B 区（2B） | 0.35 | 0.45 |

根据表 4.1 可看出寒冷地区的外墙传热系数分别为 0.35W/(m² · K)和 0.45 W/(m² · K)，由于大量城市住宅为多层及高层建筑，故在此以传热系数为 0.45 W/(m² · K)案例，分别对 EPS 板、硬泡聚氨酯板、岩棉板、玻璃纤维芯材板四类保温材料进行模拟计算。

设置原型外墙构造为 20mm 水泥砂浆＋300mm 钢筋混凝土墙＋20mm 水泥砂浆，根据四类保温材料，提出四类墙体构造方式，每一类仅改变保温材料的厚度，得出不同保温材料、不同保温厚度设计策略下建筑的年均碳排放强度（表 4.2）。

**表 4.2 不同墙体构造的年均碳排放强度**

| 保温材料 | 编号 | 外墙构造 | 传热系数 $K$ [W/(m² · K)] | 年均总碳排放强度 | 采暖年均碳排放强度 |
|---|---|---|---|---|---|
| 原型 | A | 20mm 水泥砂浆＋300mm 钢筋混凝土墙＋20mm 水泥砂浆 | 2.596 | 136.12 | 120.97 |
| XPS 板 | B-1 | 20mm 水泥砂浆＋300mm 钢筋混凝土墙＋20mm 水泥砂浆＋50mmXPS 板＋20mm 水泥砂浆 | 0.520 | 95.6 | 83.75 |
| | B-2 | 20mm 水泥砂浆＋300mm 钢筋混凝土墙＋20mm 水泥砂浆＋60mmXPS 板＋20mm 水泥砂浆 | 0.449 | 93.64 | 81.93 |
| | B-3 | 20mm 水泥砂浆＋300mm 钢筋混凝土墙＋20mm 水泥砂浆＋70mmXPS 板＋20mm 水泥砂浆 | 0.396 | 92.07 | 80.52 |
| | B-4 | 20mm 水泥砂浆＋300mm 钢筋混凝土墙＋20mm 水泥砂浆＋80mmXPS 板＋20mm 水泥砂浆 | 0.353 | 90.85 | 79.38 |
| | B-5 | 20mm 水泥砂浆＋300mm 钢筋混凝土墙＋20mm 水泥砂浆＋90mmXPS 板＋20mm 水泥砂浆 | 0.319 | 89.85 | 78.44 |
| | B-6 | 20mm 水泥砂浆＋300mm 钢筋混凝土墙＋20mm 水泥砂浆＋100mmXPS 板＋20mm 水泥砂浆 | 0.291 | 89.03 | 77.67 |
| | B-7 | 20mm 水泥砂浆＋300mm 钢筋混凝土墙＋20mm 水泥砂浆＋110mmXPS 板＋20mm 水泥砂浆 | 0.267 | 88.27 | 77.00 |
| | B-8 | 20mm 水泥砂浆＋300mm 钢筋混凝土墙＋20mm 水泥砂浆＋120mmXPS 板＋20mm 水泥砂浆 | 0.247 | 87.67 | 76.44 |

续表

| 保温材料 | 编号 | 外墙构造 | 传热系数 $K$ [W/(m$^2$ · K)] | 年均总碳排放强度 | 采暖年均碳排放强度 |
|---|---|---|---|---|---|
| 硬泡聚氨酯板 | C-1 | 20mm 水泥砂浆＋300mm 钢筋混凝土墙＋20mm 水泥砂浆＋50mm 硬泡聚氨酯板＋20mm 水泥砂浆 | 0.482 | 91.03 | 79.55 |
| | C-2 | 20mm 水泥砂浆＋300mm 钢筋混凝土墙＋20mm 水泥砂浆＋60mm 硬泡聚氨酯板＋20mm 水泥砂浆 | 0.416 | 89.50 | 78.12 |
| | C-3 | 20mm 水泥砂浆＋300mm 钢筋混凝土墙＋20mm 水泥砂浆＋70mm 硬泡聚氨酯板＋20mm 水泥砂浆 | 0.356 | 88.29 | 77.02 |
| | C-4 | 20mm 水泥砂浆＋300mm 钢筋混凝土墙＋20mm 水泥砂浆＋80mm 硬泡聚氨酯板＋20mm 水泥砂浆 | 0.325 | 87.38 | 76.17 |
| | C-5 | 20mm 水泥砂浆＋300mm 钢筋混凝土墙＋20mm 水泥砂浆＋90mm 硬泡聚氨酯板＋20mm 水泥砂浆 | 0.294 | 86.63 | 75.47 |
| | C-6 | 20mm 水泥砂浆＋300mm 钢筋混凝土墙＋20mm 水泥砂浆＋100mm 硬泡聚氨酯板＋20mm 水泥砂浆 | 0.267 | 85.98 | 74.90 |
| | C-7 | 20mm 水泥砂浆＋300mm 钢筋混凝土墙＋20mm 水泥砂浆＋110mm 硬泡聚氨酯板＋20mm 水泥砂浆 | 0.246 | 85.53 | 74.48 |
| | C-8 | 20mm 水泥砂浆＋300mm 钢筋混凝土墙＋20mm 水泥砂浆＋120mm 硬泡聚氨酯板＋20mm 水泥砂浆 | 0.227 | 85.05 | 74.02 |
| 岩棉板 | D-1 | 20mm 水泥砂浆＋300mm 钢筋混凝土墙＋20mm 水泥砂浆＋50mm 岩棉板＋20mm 水泥砂浆 | 0.604 | 97.49 | 85.43 |
| | D-2 | 20mm 水泥砂浆＋300mm 钢筋混凝土墙＋20mm 水泥砂浆＋60mm 岩棉板＋20mm 水泥砂浆 | 0.524 | 92.01 | 80.46 |
| | D-3 | 20mm 水泥砂浆＋300mm 钢筋混凝土墙＋20mm 水泥砂浆＋70mm 岩棉板＋20mm 水泥砂浆 | 0.464 | 90.61 | 79.15 |
| | D-4 | 20mm 水泥砂浆＋300mm 钢筋混凝土墙＋20mm 水泥砂浆＋80mm 岩棉板＋20mm 水泥砂浆 | 0.416 | 89.50 | 78.12 |

续表

| 保温材料 | 编号 | 外墙构造 | 传热系数 K [W/($m^2$·K)] | 年均总碳排放强度 | 采暖年均碳排放强度 |
|---|---|---|---|---|---|
| 岩棉板 | D-5 | 20mm 水泥砂浆＋300mm 钢筋混凝土墙＋20mm 水泥砂浆＋90mm 岩棉板＋20mm 水泥砂浆 | 0.376 | 88.57 | 77.28 |
| | D-6 | 20mm 水泥砂浆＋300mm 钢筋混凝土墙＋20mm 水泥砂浆＋100mm 岩棉板＋20mm 水泥砂浆 | 0.344 | 87.81 | 76.57 |
| | D-7 | 20mm 水泥砂浆＋300mm 钢筋混凝土墙＋20mm 水泥砂浆＋110mm 岩棉板＋20mm 水泥砂浆 | 0.317 | 87.18 | 75.98 |
| | D-8 | 20mm 水泥砂浆＋300mm 钢筋混凝土墙＋20mm 水泥砂浆＋120mm 岩棉板＋20mm 水泥砂浆 | 0.294 | 86.6 | 75.48 |
| 玻璃纤维芯材板 | E-1 | 20mm 水泥砂浆＋300mm 钢筋混凝土墙＋20mm 水泥砂浆＋10mm 玻璃纤维芯材板＋20mm 水泥砂浆 | 0.711 | 96.04 | 84.16 |
| | E-2 | 20mm 水泥砂浆＋300mm 钢筋混凝土墙＋20mm 水泥砂浆＋15mm 玻璃纤维芯材板＋20mm 水泥砂浆 | 0.524 | 92.01 | 80.46 |
| | E-3 | 20mm 水泥砂浆＋300mm 钢筋混凝土墙＋20mm 水泥砂浆＋20mm 玻璃纤维芯材板＋20mm 水泥砂浆 | 0.416 | 89.50 | 78.12 |
| | E-4 | 20mm 水泥砂浆＋300mm 钢筋混凝土墙＋20mm 水泥砂浆＋25mm 玻璃纤维芯材板＋20mm 水泥砂浆 | 0.344 | 87.81 | 76.57 |
| | E-5 | 20mm 水泥砂浆＋300mm 钢筋混凝土墙＋20mm 水泥砂浆＋30mm 玻璃纤维芯材板＋20mm 水泥砂浆 | 0.294 | 86.65 | 75.48 |
| | E-6 | 20mm 水泥砂浆＋300mm 钢筋混凝土墙＋20mm 水泥砂浆＋35mm 玻璃纤维芯材板＋20mm 水泥砂浆 | 0.256 | 85.72 | 74.65 |

加大保温层厚度可以降低采暖能耗，从而减少建筑全生命周期碳排放，但保温层的厚度与节能效率并不是一次函数关系。通过对以上数据进行分析，不管外墙的保温隔热材料选用的是哪一类，随着保温层厚度的变化，整墙的传热系数逐渐降低。在一定区间内，随着保温层厚度的增加，围护结构的热工性能提高明显，当保温层达到一定厚度后，随着保温层厚度的增加，保温隔热性能也很难有相应明显提升，即保温层存在一个经济厚度。因

此，在选择保温材料时，应综合各方面因素考虑。以挤塑聚苯板为例，当厚度从 30mm 增加到 50mm 时，传热系数的下降是非常明显的，当厚度在 70mm 左右时，增厚约 15mm 就能降低 0.1W/($m^2$·K)。而当厚度到 150mm 以后，再想降低 0.1W/($m^2$·K)的传热指标其厚度就得再增加 110mm。

保温板厚度与碳排放也存在耦合关系，当保温板厚度增加时，物化阶段的碳排放会增加，但是使用阶段碳排放会降低。根据表 4.2 测算数据可以看出同一类保温材料，仅改变其厚度，即传热系数时，随着传热系数的降低，建筑采暖及总能耗也随之降低。表中所列出的保温墙体中对建筑整体的节能贡献率最小为 29%，此时墙体保温采用的是 50mm 的岩棉板（D-1）；最大为 38.8%，采用的是 120mm 的聚氨酯板（C-8）。当保温层达到一定厚度时，每增加 10mm，其节能贡献率增加缓慢，对建筑供暖能耗的影响降低。

在选择建筑外墙保温材料时，通常应考虑以下因素：导热系数、水分敏感性、抗压强度、安装方便、耐久性、耐压缩、湿气、分解等降解、成本效益的可替换性、毒性、易燃性、环境影响和可持续性。

从技术的角度主要考虑以下几个方面：保温性能、尺寸稳定性、吸水性能、质量可靠性、施工便捷性等。

### 4.4.4　减碳策略政策建议

（1）政策规制方面

构建财政协同联动机制，导向资源集约与环境保护。财政作为国家进行宏观调控的主要抓手与财力保障，可通过充分、有效、灵活运用财政支出与税收政策的变动来影响和调节资源优化配置，确立正向引导与负面约束相结合的财政政策协同联动机制，调节资源的集约与节约利用，提高建筑物的能源利用效率，极力形成人与自然和谐相处的良好局面，促进资源集约型、环境友好型社会的形成与可持续发展。考虑到建筑生产的流动性，中央财政更多应该从宏观上给予生产端的财政支持，而地方财政更多地从消费端给予支持，具体可表现为激励性、约束性的财政政策。

激励性的财政政策。通过激励性的财政政策对低碳产业链条进行财政补贴和税收优惠。生产端的激励政策包括中央政府对低碳环保技术研发、改进、创新、应用的财政扶持，对低碳、环保企业实行所得税、流转税与财产税的系统性税收优惠政策以及对低碳产品与服务消费进行财政补贴与税收优惠，加快推进建筑能效标识的建立与推广应用工作，提高建筑节能设计标准，对超过节能标准或具有高能效标识的建筑实行分级税收优惠政策，确立资源集约与环境保护的正向引导机制。由前文分析可以知道，消费者对绿色建筑的偏好很大程度上受到绿色或低碳建筑的价格影响，如果能降低其购买成本，则会有更多的消费者倾向使用或购买绿色建筑、低碳产品。考虑到消费后的税收受益方为地方政府，因此，地方政府应从消费端的激励政策入手。可以从对购买使用节能低碳产品、低碳绿色建筑的业主和消费者给予信贷方面的支持、能源价格方面的优惠政策来吸引消费者，或者从能源税的角度采用梯级差别税率，鼓励消费端群体对低碳节能建筑的需求。

约束性的财政政策。该政策主要针对生产端企业进行，可以采用属地原则由地方政府执行。通过全面取消对高耗能、高污染产业的财政支持与税收优惠，扩大资源税征收范围，扩展、提高从价计征的适用范围与税率水平，加大其资源税征收力度，加快排污制度费改税改革，强化其环境税负担。同时，强化对高碳产品与服务消费的消费税调节力度，并建立最严厉的环境违法处罚与监督机制，完善能耗限额制度，对超限额排放的建筑提高税费或者采取其他补偿措施，确立资源集约与环境保护的负面约束机制，与激励性的财政政策共同使用，对建筑的节能减排形成倒逼机制。

整体上进行总量规划，严格控制能效标准落实。首先，中央政府和地方政府应从国家整体规划和地方规划两个层级明确建筑总量、低碳建筑或绿色建筑总量的规划，明确城市发展定位，合理规划建筑规模。根据全国不同区域的房地产库存量采取差异化的政策，进行有序的引导。合理控制新建建筑的开发量（供给侧），从土地源头入手，有效控制商品房供给增量；将建筑总量规模纳入城市规划中，并对不同地区的建筑能源消耗类型进行规划。针对一二线城市，盘活城市闲置和低效用地，执行差别化信贷政策，推进区域协同发展战略：特大城市应加快疏解部分城市功能，带动周边中小城市发展；针对三四线城市，进一步落实户籍制度改革，大力培育住房需求新主体，引导、加快农民工市民化进程。同时，对于发展乏力、人口流入缓慢甚至净流出的小城市，需要寻找经济增长点，激发城市活力，同时根据环境特点，通过建设特色城区/小镇、宜居家园等进一步化解库存量。

其次，注重建筑能效提升，严格控制建筑能耗总量。中央政府可以通过不断提高建筑节能强制性标准，完善新建建筑节能技术体系，以实现绿色建筑集中连片为目标，规模化推进绿色建筑及绿色生态城区建设。地方政府可以制定本地区的推荐性标准。对于具备条件的城市新区、功能园区，推行超低能耗建筑，开展绿色生态城区（街区、社区）建设；加强绿色建筑全过程的运营管理与监督，确保绿色建筑技术发挥实际效果。三四线城市应积极学习、了解绿色建筑技术、教育资源与地产项目的融合、智慧社区、医养结合机构养老、科技体验型商业等新兴业态领域，分析各自城市特点，找准发展方向，逐步构建“多元”的发展模式。

最后，深化供给侧改革，促进能源结构优化。中央政府需要从整体上对建筑领域能源结构进行布局和调整，进一步扩大分布式可再生能源应用规模，让可再生能源建筑应用产业迈入良性发展的快速轨道；大力发展、规范建筑市场，从加快相关技术标准制定和修订、加大从业人员的培训力度、提高建筑装备水平等多方面，加强基础能力建设，提高建筑产品质量管理，由市场机制推动、行政机制引导，促进可再生能源建筑分布式利用从单体建筑工程应用向区域建筑规模化应用发展；积极推进冬季清洁取暖工作，从供给侧和消费侧两端切入，电、气结合，清洁能源、可再生能源与传统化石能源相结合，提高清洁能源的替代率，改善能源结构，提高建筑能效。

（2）市场规制方面

推进绿色技术产业化发展，创造并引导市场新需求。发展高端技术产业。根据“十三五”供给侧改革提出的“去产能、去库存、去杠杆、降成本、补短板”的五大结构性改革任务，推动绿色建材产业化发展，扩大有效供给，改变产业结构，创造并引导市场新需求主要有三个方面措施。首先是必须改变供给与需求之间的矛盾，开发新需求，向高端发展，扩大有效供给；其次是加大淘汰落后产能和低效产能的力度；最后是加强正当的行业自律和必要的区域协调治理，稳定并合理回升产品价格。在现有基础上围绕非金属矿及制品业、建材节能环保材料、新型建材高端装备制造业等新兴产业引向高端、高层次、高附加值发展，进一步引导绿色标志、制定绿色标准和标识的推进，坚决淘汰落后产能，优化结构。创新提升一批国家和行业标准，结合产品认证和绿色标识的制定要建立低效产能评价体系，同时实施差别电价、水价、环保税收、碳交易等经济杠杆，从多方面限制低效产能生产、减少低端产能占比，进而促进产业结构优化。

实施差异化碳税政策，完善碳交易运作机制。房地产行业的碳排放所引起的环境污染问题不容小觑。碳税的开征导致了均衡房屋交易量的减少，即能在一定程度上促进房地产行业，减少碳排放。不过，中国目前还不适合全面实施统一碳税政策，可以先实施差异化碳税的试点工作，而且碳税的水平不宜过高，为以后的全面实施碳税政策积累经验。利用碳税收入的资金建立国家专项基金，用于对改善能源效率、研究节能技术和开发低碳排放技术、新能源等项目的扶持，支持植树造林等项目和加强气候变化的国际交流和合作。目前，中国在建筑节能领域碳排放权交易机制方面的定价和税收的制定还是空白，运用机制设计原理，分析既有的机制比较是否符合中国建筑业的实际情况，设计出适用于中国相关行业的碳排放权交易机制，使经济活动的参与者在交易中得到经济和环境的双重回报。

采取区域性去库存政策，依据地区特点差别化调控。受中国不同地区经济发展水平等诸多因素的影响，住房供求结构的地域性差异较为明显。从这个意义上说，由于供需匹配程度不一，不同地区的住房库存量存在较大差异。对于东部发达城市尤其是一线城市，要继续从限购、增加首付比例以及提高购房融资成本等方面入手，遏制房价快速上涨的势头；针对中西部城市特别是三四线城市，因其面临较大的去库存压力，应该适当减少住房土地供应量、新开工面积、降低首付比例。通过调整住房公积金等金融政策，完善住房按揭贷款利息抵扣个人所得税政策，降低购房融资成本，以此缓解住房供需之间的矛盾。通过区域性的房地产调控政策，与供给侧改革的战略规划相契合，发挥其杠杆作用。

采用税率浮动调整策略，引导房地产商向低碳社区低碳城市转型。从循环经济的角度看，低碳社区的节能效果要远超过于单一低碳建筑的节能效果。在当前房地产开发竞争比较激烈的今天，需要通过将绿色开发由单一房产转为社区和城市的低碳开发建设。可以对整体低碳社区和将目前发生的对低碳社区和低碳城市的建设投入实施差额浮动税率，同时对其他生产企业或服务企业也可以通过类似的策略，鼓励其实现地区的低碳循环经济的整体投入。

(3) 公共规制方面

需加快建筑工业化进程，促进生产方式转型升级。全产业链上的企业结合“十三五”规划发展战略与新常态下行业发展趋势和一体化、低碳化、工业化、信息化的理念，加快推进自身的改革和发展，以现代化的制造、运输、安装和科学管理的大工业的生产方式，来代替传统建筑业中分散的、低水平的、低效率的手工业生产方式，促进生产方式转型升级。以“绿色、创新、低碳、可持续”为指导思想，全面参与“实施绿色建筑行动和产业化建设”“能效领跑者”计划，提升行业整体绿色低碳水平。

做好宣传教育培训工作，提升产业工人的技术水平。当前，中国处在建筑工业化与城镇化互动发展的进程中，一方面城镇化快速发展、建设规模不断扩大，为建筑工业化大发展提供了良好的物质基础和市场条件；另一方面工厂化、工业化对产业工人也提出了更高的要求，农民工向产业工人转型将是未来中国经济新的增长点或动力源。建筑施工企业大量的农民工需要向产业工人和技术工人转型同样会遇到路径依赖的问题。这就需要行业协会或科研单位加大对农民工的培训，将节能技术进行大力推广。打破路径依赖和行业间壁垒，共同推进全产业链上的低碳发展。

推进建筑能效标识落地机制，鼓励消费者绿色低碳行为。对建筑能效标识进行大力推广，进一步明确建筑能效标识的法律地位，通过立法明确建筑能效标识的法律地位，明确建筑能效标识权威性，使建筑能效标识制度的性质、程序、监督管理办法、罚则等规范化；将建筑能效标识认证分为强制性与自愿性，对于能耗较大、范围较广的建筑实施强制性的测评能效标识；对于鼓励性且技术先进行列的建筑，采用自愿性的测评标识。对于不同类别及不同级别的节能建筑给予不同级别的激励政策。

结合不同地区的消费水平，除有效引导房地产开发企业进行差别性的开发外，还需要地方政府、行业协会、房地产开发企业、咨询中介机构、生产企业等大力配合，对广大的消费者进行宣传和引导，打破其路径依赖和从众心理，对购买或租用具有能效标识的建筑给予不同级别的能源使用价格优惠，进行初期引导；通过能效信息披露机制，进一步引导公众对能效标识的认可，让绿色消费、低碳行为真正走入千家万户，让消费者低碳行为成为未来的习惯性路径。同时，对建筑能效评价流程标准化，政府对有关评估机构的设立、评估程序的制定、评估专家的认证、评估成本的核算、评估价格的确定等一系列的问题进行标准化管理，进一步完善建筑能效标准体系，将能效标识认证由设计向运行倾斜，建立完善的运行阶段评价指标体系，对申请设计标识认证的建筑启动强制及激励性的运行标识认证，利用第三方认证体系，建立建筑运行阶段能效动态评价机制，对不符合标准的建筑进行整改督导或能效标识撤销，对评估机构的认证过程实行全过程监管。

2050中国能源和碳排放报告指出，节能就是减排。

用社会贴现率评价节能减排新技术。实际上，节能和减排是两个不同的概念，但有着高度的重叠。节能的含义是，节约可耗竭的能源，不可耗竭的能源不在此例；但节约前者的一种选择就是更多地使用不可耗竭的能源。巧合的是，可耗竭的能源主要是化石能源，煤炭和石油等，就是高碳能源；不可耗竭的能源，如太阳能，风能、潮汐能等是无碳能源。不可耗竭的性质，就是永远不会使用完。这使这种能源获得一种独特的经济性质，从跨越代际的眼光看，从零或接近零的贴现率的角度看，它的净现值远远大于可耗竭能源。

假定每年花费1单位长期变动成本，可以获得2单位效用的可耗竭能源（也是高碳能源）和不可耗竭能源（也是无碳或低碳能源），即两种能源的净收益都是1。然而为了开发新能源要花费100单位的固定成本。

假定贴现率为4%，即使获取不可耗竭能源的技术一旦被开发，就可以永远享受这种能源，其净现值也仅为25单位，低于技术开发费的100单位，所以新技术在经济上不可行。但由于传统能源的技术已经存在，无须开发，所以在经济上可行。

如果零贴现率，情况就不一样了。假定可耗竭资源可开发 300 年，而不可耗竭资源可以永远享用，它们的净现值分别为：

$$\text{可耗竭能源的净现值}=1\times300=300$$

$$\text{不可耗竭能源的净现值}=1\times\infty-100=\infty$$

当然，当代人很难考虑那么长远。在本例中，只要时间的视野超过 400 年，开发新的不可耗竭能源就是值得的，即

$$\text{不可耗竭能源的净现值}=1\times(T-100)>1\times300=\text{可耗竭能源的净现值}$$

式中，$T>400$ 年。

只是由于市场中的人一般只能持有正贴现率的视角，所以无法自动进行上述的新能源开发的投资。但从社会的角度看，就可以选择零或接近零的“社会贴现率”。在现实中，政府就是社会的代表。只要政府看到新的不可耗竭能源的开发从长远看是有效率的，就可以在当下拿出一笔钱来支持这一开发。在本例中，只要这笔钱大于 75 单位，即从贴现率为 4%的角度看，新能源开发的净现值大于零，市场中就有人进行投资。也可以由政府花 100 单位将新能源技术全部买断，在以后的长时期中逐步收回（图 4.3）。

所以，从社会贴现率的角度看，政府对不可耗竭的低碳或无碳的新能源的支持，根本

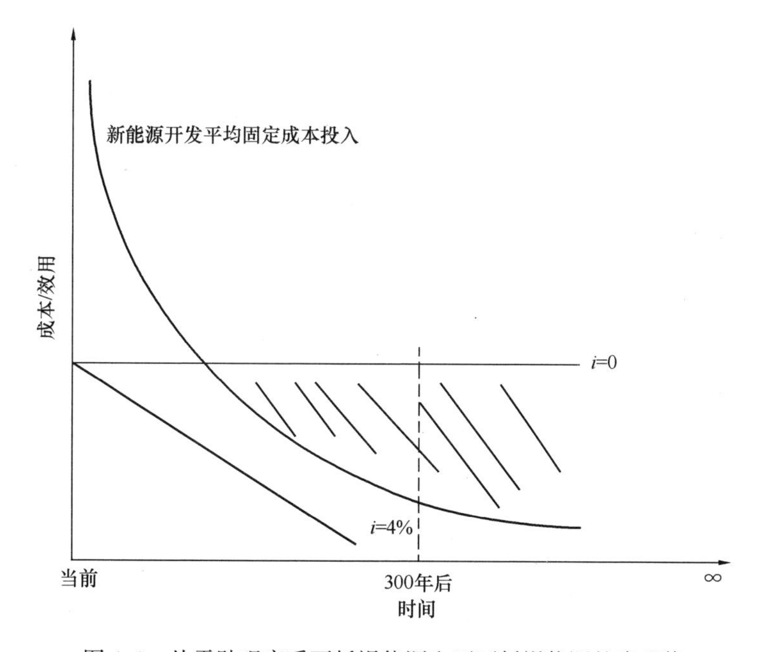


图 4.3　从零贴现率看可耗竭能源和不可耗竭能源的净现值

注：两种能源，即可耗竭能源和不可耗竭能源。两者的净收益（收益减去长期变动成本）相同，但不可耗竭能源需要一笔巨大投入进行开发。如果贴现率为正（比如 4%），不可耗竭能源的开发的净现值低于开发的成本，在经济上不可行。如图中“新能源开发平均固定成本投入”曲线在任何一点都大于贴现率等于 4%时的净现值曲线。然而如果贴现率为零，则不可耗竭能源开发很快会达到盈亏平衡（如图中“新能源开发平均固定成本投入”与贴现率等于零的净现值曲线相交），并且由于不可耗竭能源可以永远使用，而可耗竭能源终会使完（比如 300 年），所以从长远看，前者的净现值远远大于后者的净现值（图中阴影部分代表在零贴现率条件下，不可耗竭能源的净现值，它是开放的，一直向右延伸，所以可以无穷大；而灰色部分代表可耗竭能源的净现值，它是有限的）。

不违背效率原则；从长期和整个社会的利益出发，这反而是更有效率的事情。

**表 4.3 能源间的碳排放替代系数** （单位：t/tce）

| 项目 | 能源 | $CO_2$ 排放系数 | 被替代能源 | | | |
|---|---|---|---|---|---|---|
| | | | 煤炭 | 石油 | 天然气 | 水电、核电 |
| 替代能源 | 煤炭 | 2.745 | 0 | 0.599 | 1.116 | 2.745 |
| | 石油 | 2.146 | −0.599 | 0 | 0.517 | 2.146 |
| | 天然气 | 1.629 | −1.116 | −0.517 | 0 | 1.629 |
| | 水电、核电 | 0 | −2.745 | −2.146 | −1.629 | 0 |

如果这一措施在较长一段时间后奏效，如在 2020 年开始起作用，使得“其他能源”中的新能源占能源消费的比重每年增加 1 个百分点，煤炭、石油和天然气的比重按 2005 年比例共缩小 1%，按照表 4.3 中的能源间的碳排放替代系数，每年可降低碳排放强度约 2.57%，结果如图 4.4 所示。

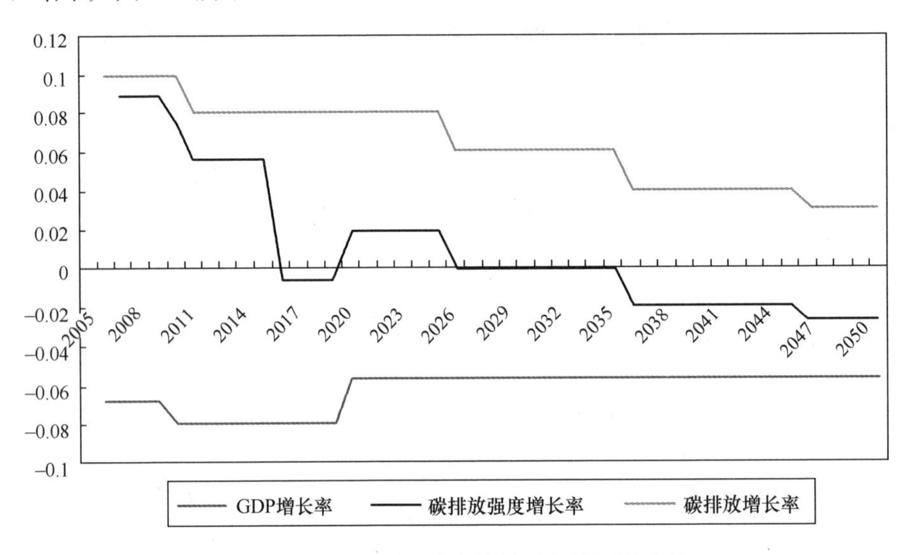


图 4.4 从社会贴现率角度补贴新能源导致的碳排放增长率（2005—2050 年）

从 2028 年开始，我国的碳排放就会出现零增长，到 2036 年，则会开始出现持续的负增长；到 2050 年，我国的二氧化碳排放总量约为 84 亿 t，为 2005 年的 1.58 倍，平均增长率为 1%。实际上，如果将前面征收能源税和环境税的效果算进来，二氧化碳排放总量应在 80 亿 t 以下。重要的是，由于二氧化碳排放已经呈现持续的负增长趋势，2050 年以后我国的二氧化碳排放量会不可逆转地减少到很少的水平见图 4.5。

如果我国社会能采取这样一个战略性的节能减排措施，也许会在根本上改变世界力量对比的格局。

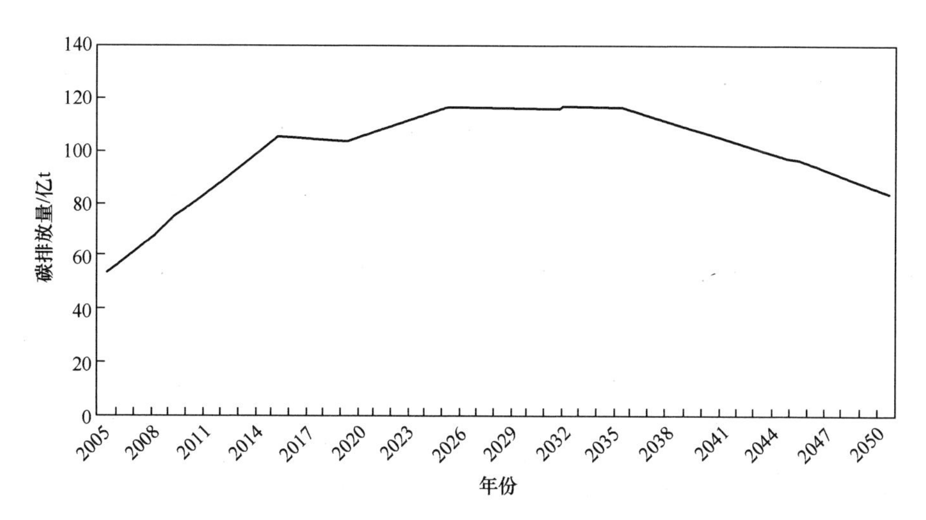


图 4.5　从社会贴现率角度补贴新能源导致的碳排放总量（2005—2050 年）

# 第二篇　无机保温材料

# 第 5 章　岩棉板

## 5.1　概述

岩棉是一种耐高温的防火保温材料，它是以天然岩石玄武岩、辉绿岩、安山岩等为基本原料，以工业矿渣如高炉矿渣、磷矿渣等为辅助原料，经过高温熔融、纤维化而制成的一种无机质纤维。目前，岩棉已经作为基础性建材应用于建筑领域，岩棉制品在建筑中的应用主要应符合国家标准《建筑外墙外保温用岩棉制品》（GB 25975—2010）、《建筑用岩棉、矿渣棉绝热制品》（GB/T 19686—2010）。其中，岩棉又可分为岩棉板和岩棉条。岩棉板是喷吹岩棉纤维时加入适量热固性树脂胶黏剂及憎水剂，经压制、固化、切割制成的板状制品，岩棉板切割后经 90°翻转使用的条状制品称为岩棉条。

建筑用岩棉制品一般具备以下特点：

（1）优秀的防火（燃烧性能 A1 级）；

（2）较好的保温、吸声功能（岩棉板导热系数一般小于 0.041 $W/m^2 \cdot K$）；

（3）透气性强；

（4）较低的吸水性；

（5）优异的尺寸稳定性；

（6）良好的化学稳定性。

岩棉薄抹灰外墙外保温系统最早成功地应用于欧洲，至今已有 30 余年的发展历程。岩棉外保温系统以其高透气性、高防火性能、高隔声吸声性能得到广泛的应用，是目前市场份额仅次于 EPS 薄抹灰外墙外保温系统的外保温系统，累积建筑面积已超过 10 亿 $m^2$。以建筑防火要求最高的德国为例，其规定高度 22m 以上的建筑必须使用防火 A 级的外保温系统，因此岩棉外保温系统在德国的应用非常成熟。

近年来，我国在外墙外保温工程中对外保温系统防火性能充分关注和高度重视。2009 年公安部出台的《民用建筑外保温系统及外墙装饰防火暂行规定》（公通字〔2009〕46 号）中第二条规定，民用建筑外保温材料采用燃烧性能为 A 级的材料。2011 年 3 月，公安部又发布了《关于进一步明确民用建筑外保温材料消防监督管理有关要求的通知》（公消〔2011〕65 号），该文件继原有 46 号文对外墙外保温用保温材料的燃烧等级提出了更高、更严的要求。在这种情况下，岩棉因其不燃的防火性能备受关注，岩棉在外墙外保温系统中的用量急剧增加。《建筑防火设计规范（2018 年版）》（GB 50016—2014）进一步明确了 A 级保温材料的使用范围。在使用 A 级保温材料组成的外墙外保温系统中，岩棉薄抹灰外墙外保温系统是一种应用最为广泛的外保温制造技术。从 2007—2009 年对北京市

43 个约 125.6 万平方米新建居住建筑在施工程的外保温情况调研结果来看，这一时期仅 EPS 板和 XPS 板的使用就占了 97%的份额，而包括岩棉在内的其他材料仅占 3%左右。而到了 2013 年，根据北京市节能检查对 600 万平方米新建居住和公共建筑在施工中进行的调研，该年岩棉在居住建筑外保温中的用量已上升到 15.3%。2013 年至今，由于岩棉外保温系统兼具优异的防火性能和良好的保温性能，其在建筑外保温系统中所占的比例还在继续飞速提升，已经发展成为我国外保温系统的核心系统形式之一。

岩棉薄抹灰外墙外保温系统是以岩棉为主要保温材料，置于建筑物外墙外侧，与基层墙体采用机械锚固和粘接方式固定的外保温系统。岩棉薄抹灰外墙外保温系统一般由岩棉保温层、固定保温层的胶黏剂和锚栓、抹面层和饰面层共同构成的防护层等组成，还包括必要时采用的护角、托架等配件。其中以岩棉板为保温层的简称岩棉板外保温系统，以岩棉条为保温层的简称岩棉条外保温系统。岩棉外保温系统包括岩棉板外保温系统和岩棉条外保温系统两种。它们的区别在于，岩棉板是由熔融火成岩喷吹的纤维一层层堆积，通过施加黏结剂固化成形而制成的制品，其纤维层平行于板的表面，尽管技术的使用改变了岩棉板内纤维层的平面结构，使之形成波浪状的立体二维结构，靠纤维层间的钩连作用提高了岩棉板的拉伸强度，但总体来说岩棉板的拉伸强度是纤维层之间的黏结强度。岩棉条是将岩棉板按一定的间距切割后翻转 90°，使用岩棉条内纤维层的方向垂直于岩棉条的表面，其拉伸强度是纤维自身的强度。因此岩棉条的强度远高于岩棉板的强度，通常岩棉条的强度是岩棉板强度的 10 倍以上。对应于岩棉板和岩棉条这样两种纤维层方向不同、强度不同的保温材料，就有两种不同的外墙外保温系统的构造做法。

## 5.2 产品生产及性能

岩棉是以天然岩石（玄武岩、辉绿岩、安山岩）为基本原料，经熔化、纤维化而制成的一种无机纤维。矿渣棉是以工业矿渣（高炉矿渣、磷矿渣、粉煤灰）为主要原料，经熔化、纤维化而制成的一种无机纤维。酸度系数是一个表征岩棉熔体高温黏度、成纤性能、易溶性和耐水性的重要的综合性参数，计算公式为：

$$M_K = [W(SiO_2) + W(Al_2O_3)]/[W(CaO) + W(MgO)]$$

岩棉板是在岩棉纤维中加入适量黏结剂、防尘剂、憎水剂等外加剂，经过压制热固化制成的岩棉制品。根据其生产工艺，分为沉降法、摆锤法和三维法岩棉板。将玄武棉岩高温熔体甩拉成 4～7$\mu$m 的非连续性纤维，再在岩棉纤维中加入一定量的黏结剂、防尘剂、憎水剂，经过沉降、固化、切割等工艺，根据不同用途制成不同密度的系列产品。岩棉保温板产品适用于工业设备、建筑、船舶的绝热、隔声等领域。岩棉板不仅导热系数低、透气性好、燃烧性能级别高，而且无毒、无害、无污染、无放射性，属绿色环保新型节能建材，与其他无机保温材料相比，岩棉板具有以下特征：

（1）岩棉板的基本特点是具有良好的隔热性能。平行纤维岩棉板导热系数≤0.040W/(m·K)，在无机保温材料中相对较低，在超低能耗建筑工程中仍有应用价值。

（2）岩棉板具有优异的隔声和吸声性能。主要是由于岩棉制品的多孔结构，可以有效防止声音的传播。

(3) 岩棉板具有优异的防火性能。岩棉板能够达到燃烧性能 A (A1) 级的技术要求，并且岩棉板材在火灾中不会蔓延，收缩和变形相对较小，也不会产生有毒有害烟气和燃烧滴落物。由于其良好的防火性能，也可以与其他难燃型保温隔热材料一起使用，其中岩棉条主要用于防火隔离带。

(4) 岩棉板使用寿命长。岩棉制品的热稳定性与化学稳定性高，耐老化，无腐蚀性，透气性、憎水性良好。

岩棉板虽然有许多优点，但也具有一定的局限性，主要表现在以下几个方面：压缩强度和垂直于板面方向的抗拉强度相对 XPS 板较低；在湿热条件下尺寸不稳定；体积密度较大，垂直纤维岩棉板密度一般大于 100kg/m$^3$，平行纤维岩棉板的体积密度普遍在 120kg/m$^3$ 左右，因此施工难度大，运输成本相对较高。

岩棉板或岩棉条外保温系统基本构造从施工工艺流程的角度看可归纳为两类。根据建筑物的不同情况，岩棉板或岩棉条外保温系统可选择采用锚栓锚固岩棉板或岩棉条、或锚栓锚固玻纤网布的不同构造。两者的主要区别是：前者只用一层玻纤网布，锚栓锚固在岩棉板或岩棉条上；后者锚栓锚固在底层玻纤网布上，锚招上面可在抹中层砂浆后再压第二层玻纤网布和面层抹面砂浆（双网构造），也可直接用抹面砂浆找平（单网构造）。因此，岩棉外保温系统的施工流程可以概括为图 5.1。

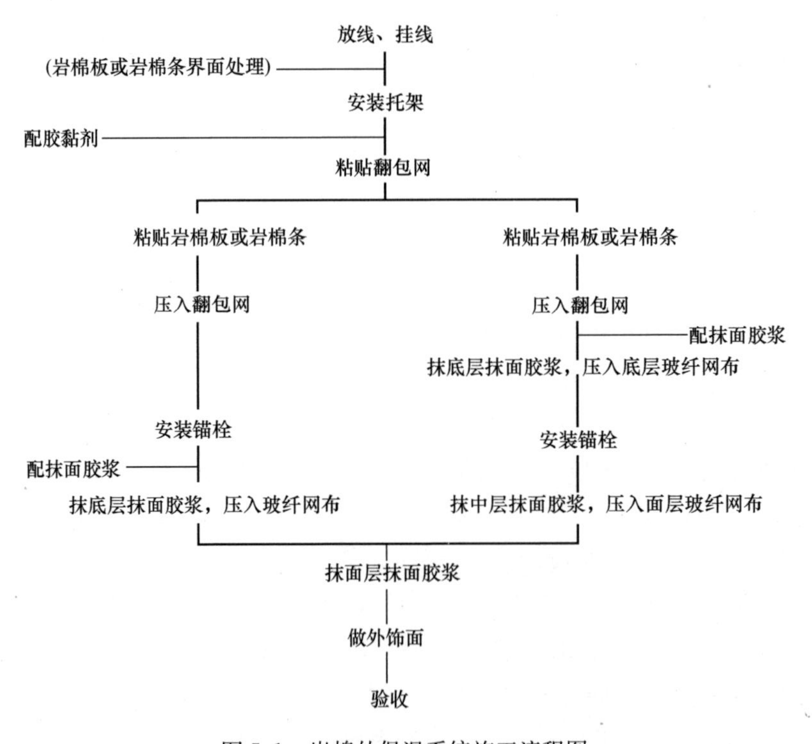


图 5.1　岩棉外保温系统施工流程图

岩棉薄抹灰外墙外保温系统作为薄抹灰系统的一种重要类型，与 EPS 薄抹灰外墙外保温系统为典型代表的传统薄抹灰外保温系统最大差别，就在于保温材料自身的性能差异。为了进一步体现两类系统的差异性和岩棉自身的特殊性，本研究选取岩棉板与EPS板进行初步的比对分析。

从材料的基本属性来看，岩棉是一种无机纤维保温材料，EPS为有机保温材料，两者在化学成分上就有着本质的不同。在材料的微观结构方面，岩棉的无机纤维间有大量开放的空隙，而EPS则为密实的板材、闭孔率90%以上。在密度方面，建筑用岩棉板的密度范围多为（120～160）$kg/m^3$，而EPS的密度范围一般在（18～25）$kg/m^3$，两者相差了一个数量级。

从材料的导热特性来看，岩棉的导热系数和EPS的导热系数相差不大。从国家标准《民用建筑热工设计规范》（GB 50176—2016）的导热系数设计取值上看，岩棉板的导热系数为0.040W/(m·K)，岩棉带为0.045W/(m·K)，而EPS为0.039W/(m·K)，二者比较接近。但是，从材料的湿特性来看，两者的差异显著。EPS的蒸汽渗透系数一般约为$0.85\times10^{-11}$kg/（m·s·Pa)，而岩棉的蒸汽渗透系数一般约为$7.0\times10^{-11}$ kg/(m·s·Pa)，岩棉蒸汽渗透系数较EPS高了一个数量级，其透气性显著好于EPS，是一种典型的透气性保温材料。其他湿物理性质的差异，还有待进一步测试获得。

从材料力学特性来看，岩棉和EPS的差异也非常显著。如岩棉板的垂直板面方向的抗拉强度一般为10kPa，岩棉的压缩强度一般为40kPa，而EPS的压缩强度一般能达到120kPa，岩棉仅为EPS的1/3。

从防火性能来看，岩棉属于耐高温的燃烧性能等级A1级的不燃性保温材料，而EPS属于燃烧性能等级B2级的普通可燃性保温材料。从构造角度分析，岩棉薄抹灰系统在构造层次方面即在构造层的顺序方面与EPS系统基本一致，从外至内为抹面层、保温层、粘接层和基层墙体，其配套组成材料也并无差异。但两种系统在保温材料的固定方式和饰面做法还是存在着一定的差别，如EPS薄抹灰外墙外保温系统基本以粘贴为主，锚固为辅，粘贴率一般为40%～60%；而岩棉薄抹灰外墙外保温系统则强调粘锚结合，粘贴率鼓励满粘（至少不低于60% ）。饰面上，一般岩棉薄抹灰外墙外保温系统不采用瓷砖饰面，而EPS则无此限制。

显而易见，岩棉作为无机纤维材料和以EPS为代表的有机保温板材在材料的基本属性、热湿物性、力学性能、防火性能等方面，均存在着显著的差异，岩棉薄抹灰外墙外保温系统和有机保温板薄抹灰外墙外保温系统也存在着一定的不同。

国家标准《建筑外墙外保温用岩棉制品》（GB/T 25975—2018）规定了薄抹灰外墙外保温系统用岩棉板和岩棉条的分类和性能要求等。以岩棉板为例，要求导热系数（平均温度25℃）≤0.040W/(m·K)，纤维平均直径≤6.0μm，垂直于表面的抗拉强度≥7.5kPa，压缩强度（厚度≥50mm）≥20kPa，尺寸稳定性≤1.0%，体积吸水率（全浸）≤5%，憎水率≥98.0%，酸度系数≥1.8。岩棉作为当下国际上公认的理想保温材料，其主要优点在于燃烧等级非常高，属于A级不燃材料，且绿色无公害、抗风化、隔声效果优良。但由于岩棉容重较大、垂直表面抗拉强度较低、吸水性较强，加大了建筑施工的复杂性和成本，使得岩棉的进一步扩大应用受到限制。

## 5.3 碳足迹分析

### 5.3.1 岩棉生产工艺

岩棉按生产工艺可分为沉降法、摆锤法和三维法 3 种。采用摆锤法生产工艺(图 5.2)时，将玄武岩等原料按比例混合，在冲天炉或其他窑炉内辅助纯氧熔融（温度 2000℃以下）。熔体在离心机中高速甩丝，并在高压风机作用下骤冷成纤。成纤过程中在纤维表面喷洒黏结剂（酚醛树脂），通过摆锤使岩棉均匀分布在网带上，然后送至固化炉中使黏结剂固化，形成岩棉板（温度 180～220℃），冷却切割包装、产品运输。

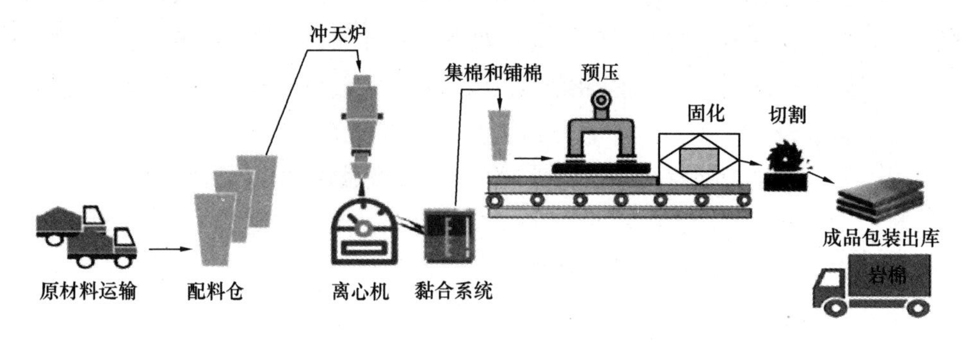


图 5.2 岩棉板生产工艺流程

### 5.3.2 功能单位与系统边界

基于生命周期评价方法量化典型岩棉产品的生命周期环境影响，分析造成不同企业产品环境负荷差异性的主要原因。

选取生产 1kg 岩棉板作为功能单位。系统边界选取从“摇篮到大门”，即从矿石开采到岩棉产品产出，具体包括玄武岩、白云石、树脂等原材料（含利废原料）获取，焦炭、天然气、电力等能源生产，原燃料运输及岩棉板生产等过程，如图 5.3 所示。

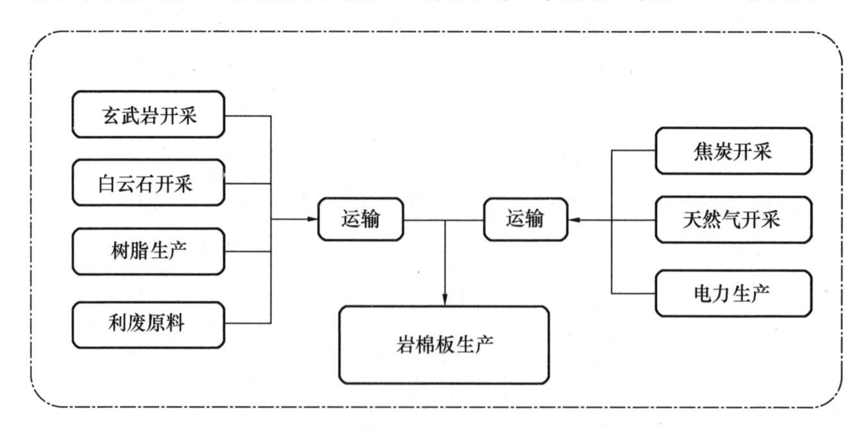


图 5.3 岩棉板生命周期评价的系统边界

### 5.3.3　清单数据收集

岩棉板生产过程的现场数据来源于对我国 4 家典型岩棉板生产企业的实地调研，包括原材料（玄武岩、白云石、矿渣、树脂、水）消耗数据、能源（焦炭、天然气、电力）消耗数据、污染物直接排放数据及运输数据（运输方式及运距）等，其中，$NO_x$、$SO_2$、PM 排放数据来源于企业在线监测系统，其他污染物排放数据根据企业生产用化石能源的消耗量、低位发热量与排放因子（取自 IPCC、EEA 与 EPA 报告）估算。经数据确认与数据填补，得到 4 家企业生产过程的输入输出清单，如表 5.1 所示。

**表 5.1　单位岩棉板产品的输入输出清单**

| 项目 | 名称 | 单位 | 企业 A | 企业 B | 企业 C | 企业 D |
|---|---|---|---|---|---|---|
| 资源能源输入 | 玄武岩 | kg/kg | 8.47E-01 | 6.70E-01 | 9.14E-01 | 8.19E-01 |
| | 白云石 | kg/kg | 3.40E-01 | 2.25E-01 | 1.45E-01 | 2.39E-01 |
| | 矿渣 | kg/kg | 1.81E-01 | 3.67E-01 | 2.76E-02 | 2.81E-01 |
| | 树脂 | kg/kg | 1.26E-01 | 1.19E-01 | 1.29E-01 | 1.10E-01 |
| | 水 | $m^3$/kg | 1.92E-03 | 2.78E-04 | 2.82E-03 | 1.75E-03 |
| | 焦炭 | kg/kg | 2.48E-01 | 2.59E-01 | 2.20E-01 | 2.58E-01 |
| | 天然气 | $m^3$/kg | 3.05E-02 | 5.07E-02 | 2.30E-02 | 3.23E-02 |
| | 电力 | kW·h/kg | 3.49E-01 | 2.98E-01 | 3.58E-01 | 3.59E-01 |
| 污染物排放 | $CO_2$ | kg/kg | 8.24E-01 | 9.03E-01 | 7.18E-01 | 8.56E-01 |
| | $CH_4$ | kg/kg | 8.36E-06 | 9.57E-06 | 7.13E-06 | 8.59E-06 |
| | $N_2O$ | kg/kg | 1.08E-05 | 1.15E-05 | 9.45E-06 | 1.11E-05 |
| | $NO_x$ | kg/kg | 3.87E-04 | 2.02E-04 | 3.90E-04 | 2.88E-04 |
| | CO | kg/kg | 6.61E-03 | 6.93E-03 | 5.84E-03 | 6.87E-03 |
| | NMVOC | kg/kg | 6.55E-04 | 7.02E-04 | 5.75E-04 | 6.81E-04 |
| | $SO_2$ | kg/kg | 2.03E-04 | 5.20E-05 | 1.00E-04 | 1.15E-04 |
| | PM | kg/kg | 4.22E-05 | 4.88E-05 | 1.81E-05 | 1.08E-04 |
| | Pb | kg/kg | 9.45E-07 | 9.87E-07 | 8.36E-07 | 9.83E-07 |
| | Cd | kg/kg | 1.27E-08 | 1.33E-08 | 1.12E-08 | 1.32E-08 |
| | Hg | kg/kg | 5.64E-08 | 5.93E-08 | 4.98E-08 | 5.86E-08 |
| | As | kg/kg | 2.83E-08 | 2.97E-08 | 2.50E-08 | 2.95E-08 |
| | Cr | kg/kg | 9.53E-08 | 9.95E-08 | 8.43E-08 | 9.91E-08 |
| | Cu | kg/kg | 9.17E-08 | 1.29E-07 | 1.09E-07 | 1.28E-07 |
| | Ni | kg/kg | 1.28E-08 | 9.58E-08 | S11E-08 | 9.54E-08 |
| | Se | kg/kg | 1.23E-07 | 1.34E-08 | 1.13E-08 | 1.33E-08 |
| | Zn | kg/kg | 1.41E-06 | 1.47E-06 | 1.25E-06 | 1.47E-06 |
| 原燃料运输量 | | tkm | 4.81E-01 | 6.56E-01 | 3.84E-01 | 5.69E-01 |

背景数据指企业运营边界外与产品生产相关的原材料获取、运输及能源生产等过程的

资源、能源消耗与污染物排放数据。其中，电力、天然气等能源生产与原燃料运输背景数据取自北京工业大学 Sino-center 数据库，原料生产背景数据来自 Ecoinvent 数据库。

研究选择 ReCiPe2016midpoint 方法体系，综合考虑国内政策关注的重点，兼顾我国清单数据的可获得性、特征化模型的适用性等多重因素，选取全球变暖、颗粒物形成、化石能源耗竭、矿产资源耗竭、人体毒性、陆地生态系统酸化 6 项环境影响指标，如表 5.2 所示。

**表 5.2　岩棉板生命周期评价的环境影响类型及单位**

| 环境影响类型 | 单位 | 物质 |
|---|---|---|
| 全球变暖 | kg$CO_2$eq | $CO_2$、$N_2O$、$CH_4$ 等 |
| 颗粒物形成 | kgPM2.5eq | PM、$N_2O$、$NO_x$、$SO_2$ 等 |
| 化石能源耗竭 | kg oil eq | 焦炭、天然气等 |
| 矿产资源耗竭 | kg Cu eq | 玄武岩、白云岩等 |
| 人体毒性 | kg 1，4-DBC eq | Pb、Cu、Ni、Hg、Cr 等 |
| 陆地生态系统酸化 | Kg $SO_2$ eq | $NO_x$、$SO_2$、$CH_4$ 等 |

### 5.3.4　环境影响贡献分析

基于选择的方法体系对功能单位岩棉板进行生命周期评价，分析 4 家典型企业生产岩棉板生命周期各过程对 6 类环境影响指标的贡献潜力，如图 5.4 所示。结果显示，岩棉板

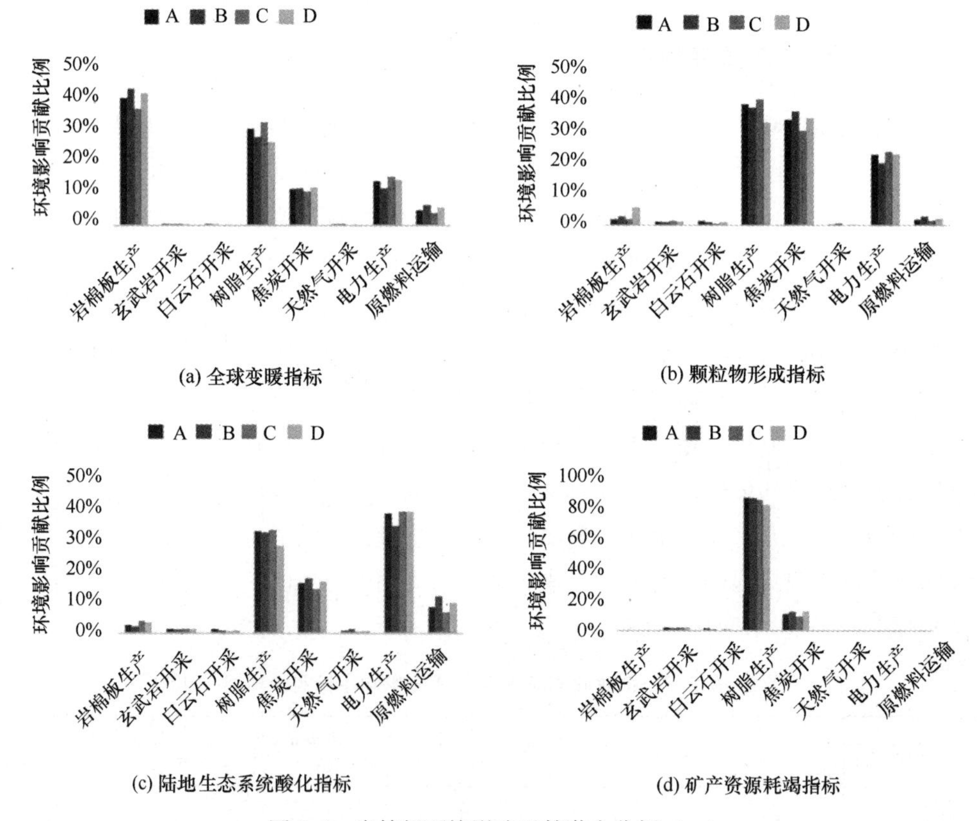


图 5.4　岩棉板环境影响贡献潜力分析（一）

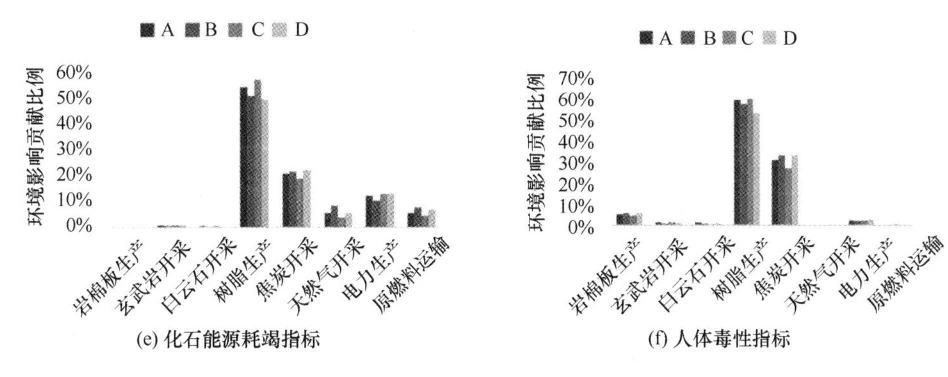


图5.4　岩棉板环境影响贡献潜力分析（二）

生产过程对全球变暖环境影响贡献最大，占其生命周期的40%左右，主要由生产过程中焦炭、天然气等燃料燃烧直接排放 $CO_2$ 造成，使用燃料替代技术、提高能源燃烧效率是降低岩棉板产品碳足迹的有效途径。原材料生产过程是矿产资源耗竭、化石能源耗竭及人体毒性环境影响的主要来源，分别占产品生命周期的80%、50%与60%以上，主要来自岩棉板生产所需玄武岩、白云石开采过程及使用的黏结剂树脂等石油化工辅料的生产过程。能源生产过程对颗粒物形成及陆地生态系统酸化环境影响的贡献最大，均占产品生命周期的50%以上，主要由于焦炭和天然气开采及电力生产过程造成。此外，原燃料运输对各环境影响贡献占比不大，但不能忽略其造成的环境影响。

## 5.3.5　产品环境负荷差异性分析

基于生命周期影响评价结果，进一步对比各企业岩棉板产品的各类环境影响指标，分析造成企业间差异性的原因，如表5.3所示。结果显示，各企业生产功能单位岩棉板的6类环境影响指标存在一定差异，其中，全球变暖、化石能源耗竭、颗粒物形成、陆地生态系统酸化、人体毒性、矿产资源耗竭指标的最大值与最小值差异性分别为6.9%、4.5%、5.3%、6.0%、3.8%和11.2%。结合表5.1分析，焦炭/天然气的开采及燃烧过程是全球变暖与化石能源耗竭环境影响的主要驱动因素，造成企业间差异性的主要原因为各企业能效水平不同（单位产品焦炭与天然气用量不同）。我国当前电力结构以煤电为主，电耗上升会使二氧化硫、氮氧化物、固体颗粒物等间接排放增加，电耗的使用量是颗粒物形成与陆地生态系统酸化环境影响的主要驱动因素，造成企业间差异性的主要原因为各企业用电耗强度不同。矿石开采及上游化工制品树脂生产造成大量的资源耗竭及污染物排放，是人体毒性与矿产资源耗竭的主要驱动因素，造成企业间差异性的主要原因为各企业生产岩棉板投入的玄武岩/树脂原材料不同。

**表5.3　企业间岩棉板生产环境影响指标对比**

| 影响类别 | 单位 | 环境影响指标值 | | | |
|---|---|---|---|---|---|
| | | 企业A | 企业B | 企业C | 企业D |
| 全球变暖 | kg $CO_2$eq | 2.12E+00 | 2.17E+00 | 2.02E+00 | 2.14E+00 |

续表

| 影响类别 | 单位 | 环境影响指标值 | | | |
|---|---|---|---|---|---|
| | | 企业 A | 企业 B | 企业 C | 企业 D |
| 化石能源耗竭 | kg oil eq | 5.94E-01 | 5.97E-01 | 5.79E-01 | 5.70E-01 |
| 颗粒物形成 | kg PM2.5eq | 2.56E-03 | 2.48E-03 | 2.52E-03 | 2.62E-03 |
| 陆地生态系统酸化 | kg $SO_2$ eq | 6.43E-03 | 6.13E-03 | 6.50E-03 | 6.52E-03 |
| 人体毒性 | kg 1，4-DBC eq | 2.35E+01 | 2.29E+01 | 2.37E+01 | 2.28E+01 |
| 矿产资源耗竭 | kg Cu eq | 1.46E-03 | 1.39E-03 | 1.52E-03 | 1.35E-03 |

## 5.4 减碳策略

环境影响贡献分析结果显示，岩棉板生产过程对全球变暖环境影响指标贡献最大，占产品生命周期的40%左右；原材料生产过程对矿产资源耗竭、化石能源耗竭及人体毒性环境影响指标贡献最大，分别占产品生命周期的80%、50%与60%以上；能源生产过程是造成颗粒物形成及陆地生态系统酸化环境影响指标的主要来源均占产品生命周期的50%以上。

产品环境负荷差异性分析结果显示，造成不同企业岩棉板全球变暖和化石能源耗竭环境影响指标差异性的主要原因为焦炭与天然气的消耗强度；造成颗粒物形成和陆地生态系统酸化环境指标差异性的主要因素为单位产品的电耗量；造成矿产资源耗竭和人体毒性环境指标差异性的主因为玄武岩/树脂资源的用量。

通过对各企业生产岩棉板的环境影响分析，调整原材料结构（降低玄武岩/树脂用量），提高化石燃料（焦炭/天然气）使用效率，是降低岩棉产品环境负荷的有效途径。此外，鼓励企业合理利用固废资源、优化原料运输半径等措施。

对于特定的企业而言，选择距离原材料及能源产地近的地点办厂或实行“退城入园”的方法，对于改善企业岩棉板的生命周期环境负荷也具有积极意义。

# 第6章　泡沫混凝土制品

## 6.1　概述

### 6.1.1　泡沫混凝土简介

泡沫混凝土又称作发泡混凝土。它最为显著的特点是在混凝土内形成封闭的气泡孔，使混凝土的密度减小同时具有保温、隔热和耐火的特点。首先利用发泡剂制备泡沫，再将泡沫加入到搅拌好的混凝土浆体中，通过机械搅拌等方法使泡沫和混凝土浆体均匀融合，即泡沫混凝土拌和物。通过“搅拌”可使混凝土的微粒吸附到泡沫的表面上，泡沫的气泡相互隔开，使微粒均匀分散于整个体系中，增大混凝土浆体的体积，此时泡沫料浆的微粒和水同时支撑气泡的稳定。一般来讲，泡沫混凝土浆体中孔径分布越小越均匀，泡沫混凝土成型后强度越高。在自然养护下，泡沫混凝土浆体发生水化反应，生成一种胶凝物质使其成为一定强度的多孔建材。由于泡沫是外加的，习惯上也称之为外发泡。

### 6.1.2　泡沫混凝土特点

（1）密度小

泡沫混凝土通用密度等级为300～700kg/$m^3$，是普通混凝土的10%～20%。将泡沫混凝土应用在建筑物的非承重墙、楼层、浇筑砂浆等建筑结构方面，可降低建筑物总重的25%左右，有些甚至降低40%左右。在结构构件方面，使用泡沫混凝土可以提高建筑构件的承载能力，最大限度地节约建筑材料和工程费用。

（2）保温隔热性能优异

由于大量封闭的气孔内空气无法流动，使热交换难以在其中进行，故而泡沫混凝土具有很好的保温隔热性能，且气孔越多，气孔分布越均匀，不连通，保温隔热性能就越好。通常，导热系数低于0.14W/(m·K）的材料称为保温材料，泡沫混凝土干密度低于500kg/$m^3$时，导热系数低于0.09W/(m·K)，可见泡沫混凝土是一种绝佳的保温隔热材料。

（3）良好的吸声隔声效果

由于泡沫混凝土里面存在着巨大的密封气孔，使它具备优良的吸声特性，因此泡沫混凝土还能够用于室内外壁面的吸声，从而有效地减少噪声危害。泡沫混凝土是新兴的多孔吸声材料，其基本吸声系数为0.914，远大于一般吸声材料的基本吸声系数，可见泡沫混凝土吸声特性优良。

（4）良好的抗震性能

为了降低建筑物的自重，降低地基的荷载，提高抗震能力，现在普遍使用泡沫混凝土作为建筑材料。泡沫混凝土由于具备较低弹性模量，能够吸收和分散冲击作用，大锤虽然能够轻易砸破普通钢筋，却又无法直接对泡沫混凝土产生破坏，故其具有优异的抗震性能，是一种优良的抗震材料。

（5）对电磁辐射抵抗能力强

泡沫混凝土是一种良好的电磁屏蔽材料，可吸收和消除电磁波。作为电磁屏蔽材料的主要产品为防辐射板，在电磁辐射较大的军事或民用建筑中使用较多，欧美发达国家的需求量很大。

（6）良好的耐火性能

泡沫混凝土作为一种无机材料，从原材料到成品，均不可燃烧。故火灾发生时，泡沫混凝土不会燃烧脱落，更不会加剧火势蔓延，应用于建筑物上，可显著提高其防火性能。上海教师公寓大火、河南鲁山老年公寓火灾、沈阳皇朝万鑫大厦火灾等都是因为外墙保温材料失去阻燃性，甚至起到了助燃的作用才导致悲剧发生。使用泡沫混凝土，将大大减少或避免悲剧的发生。

（7）良好的环保性能

水泥和泡沫剂是制备泡沫混凝土的基本材料，其中水泥是完全无害的，而发泡剂大多呈中性，以表面活性剂居多，其生物降解率很高，即使高温也不会产生苯、甲醛等有毒气体。同时泡沫混凝土制备也可以添加工业产生的废液，降低成本的同时减少了环境污染。

（8）便于施工

泡沫混凝土的施工仅需水泥发泡机和泡沫混凝土输送泵以及输送管道，便可将其泵送垂直高度达到200m、水平距离达到600m，工作量也可达到每天200～300$m^3$。

### 6.1.3 泡沫混凝土研究现状

近年来，泡沫混凝土的研究取得了飞快的发展，为了能够得到性能各异的优秀泡沫混凝土产品，研究者们对泡沫混凝土各方面都做了大量而广泛的研究。马志君等在810℃，利用$Ca(OH)_2$和$NaHSO_4$水解牛蹄角4～6小时，合成一种蛋白质型发泡剂母液，以该母液与SDBS、K12和明胶复配后效果尤其显著，发泡倍数可达44.8，虽然发泡性能良好，但其并未用于混凝土的制备，所以制备出泡沫混凝土性能也未知。李文博对植物型、动物型和复合型发泡剂进行了对比，综合考虑发泡能力、泡沫稳定性以及成本、材料来源等问题确定了复合型发泡剂的优势。王翠花以牛蹄角粉为原料，通过添加氢氧化钙和亚硫酸氢钠对蛋白质水解改性制备了一种蛋白型发泡剂，该发泡剂发泡性能良好，且成本较低，同时还研究了三乙醇胺、烷基苯磺酸钠等添加剂对发泡剂发泡能力的改性作用。宋博文等研究了在高寒地区利用化学发泡剂双氧水制备轻质泡沫混凝土的相关问题，其中高锰酸钾的最佳掺量为1.2%，同时还研究泡沫混凝土配合比设计和其中各掺量的定量控制，以双氧水作为发泡剂制备泡沫混凝土的富余系数最适参数应为12.5～13.2。张启同样研究了在寒冷地区，以植物型和复合型发泡剂进行超轻泡沫混凝土的配制，研究了较低温度下泡沫混凝土的成型影响因素及其规律，得出温度对起泡剂的影响要多于对稳泡剂的影响，最主要的影响为水泥的水化和硬化时间的增加，同时研究了浆体流动性、水胶比、减水剂、掺合料、促凝剂等对混凝土导热系数、孔隙率、抗冻性和孔结构的影响。石行波等[2a]将表面活性剂与矿物材料相结合进行发泡，该方法产生的泡沫多且泡沫稳定性好，具有一定的创新性。余红发等对比了日本的Escort K发泡剂和青海3%型发泡剂的生产工艺、泡沫性能和用于混凝土制备中的效果，结果表明，青海3%型发泡剂的蛋白质含量低于日本的Escort K发泡剂，但性能仍能达到日本的企业标准，各项指标均优于日本产品，制成的泡沫混凝土力学性能优异。

## 6.2　产品生产及性能

### 6.2.1　泡沫混凝土板生产

泡沫混凝土是通过发泡系统将发泡剂用机械方式充分发泡，并将泡沫与水泥浆和其他外掺材料按一定比例充分均匀混合，然后经过泵送系统进行现浇施工，经自然养护所形成的一种含有大量封闭气孔的轻型填筑材料。

泡沫混凝土是气泡和水泥砂浆混合形成的，工程中常用的制作方法是先发泡后混合。将发泡液稀释后鼓入空气，经过发泡装置后形成泡沫，成型后的泡沫与砂浆混合搅拌均匀后形成泡沫混凝土。这样的制作过程便于控制气泡数量，保证气泡分布的均匀性。

泡沫混凝土在房建、公路、桥梁等领域有广泛的应用，在地基处理、边坡处理、洞口填充、隔热隔声等方面有明显优势。

自从国家建材行业标准《泡沫混凝土墙板、屋面板》（JC/T 2475—2018）发布实施以来，泡沫混凝土板材制品有了标准规范依据，极大地促进了产品的推广和应用。我国建筑物中墙板的用量远低于发达国家，随着国家对装配式建筑的大力推广，泡沫混凝土墙板屋面板的用量将迎来巨大的发展机遇。目前行业内先进企业已能大量生产满足国家建材行业标准指标要求的墙板屋面板，部分企业能生产更加质优价廉的产品，如以化学发泡方式生产的隔墙板，600kg/m$^3$的密度等级强度即可达到5MPa，导热系数低于0.13W/(m·K)。同时用化学发泡生产隔墙板时可以加入一定量的石粉、炉渣、沙子、建筑垃圾等作为集料，降低成本的同时也能有益于提高强度和防开裂性能。化学发泡生产墙板，市场价成墙每平方米在100元左右，市场空间较大。物理发泡方式生产的墙板屋面板也可达到标准指标要求，且物理发泡生产方式较为简易，设备需求少，易于推广。今年行业内有多条新的墙板生产线投入运行，包括物理发泡和化学发泡两种生产方式。泡沫混凝土板材常见的开裂问题已在实际生产中得到有效解决，长期放置于室外的泡沫混凝土墙板无明显裂纹出现。

泡沫混凝土砌块生产技术不断改进，先进企业在量产砌块强度性能达到并超越加气混凝土的基础上仍然不断寻求更高质量水平和性价比，以期在市场竞争力上能与加气块分庭抗礼。某企业采用蒸压养护技术生产的泡沫混凝土砌块，工业化产能条件下700kg/m$^3$等级的砌块产品强度能稳定在7.5MPa，且抗干燥收缩性能及抗裂性能大幅度提高，干燥收缩值可达到 0.7mm/m 以下。

### 6.2.2 泡沫混凝土稳定性

泡沫混凝土的定义中提到，泡沫混凝土材料是一种含有大量的、微小的、独立的、均匀分布气泡的轻质混凝土材料。首先，泡沫混凝土的气泡孔径是微小且均匀的，故在孔径分布的范围上区间要求较窄；其次，泡沫混凝土的气泡是独立的，同时要求兼具较好的封闭性。

从泡沫混凝土的实体结构和试件出发，无论是在现场还是在工厂浇注成型，在实体结构和试件的纵向截面上，孔结构应同样具有微小、独立、均匀分布的特点。此外，在实体结构和试件中，泡沫混凝土出现塌陷和沉降的现象，这是因为泡沫在与浆体混合以及浆体凝结过程中破裂的结果，同样反映出泡沫在浆体中的不稳定。

从泡沫剂与泡沫混凝土稳定性关系出发，相关研究表明，泡沫剂独立存在时具有较好的稳定性，即能对泡沫混凝土的孔结构稳定起到最佳的效果；若泡沫单独存在时非常稳定，反而不利于泡沫混凝土浆体中泡沫的稳定。由泡沫在浆体中的反应机理可知，泡沫混凝土所要求的泡沫剂必须是在独立存在具有较稳定的状态，同时也必须满足在混合浆体中是最佳的泡沫稳定状态。对泡沫混凝土的浆体而言，除了泡沫混凝土硬化后的孔结构是具有微小、均匀、封闭的特点外，在施工方面也要便于施工，即具有较好的流动性。

因而，泡沫混凝土稳定性定义为：泡沫混凝土在竖向保持具有细小、均匀、封闭的孔结构且浇筑表面而无沉降或沉降较小状态的性质。

### 6.2.3 泡沫剂与混凝土浆体适应性

为对比自制泡沫剂性能，选取市面常见的两种泡沫剂：LG-2258 型和 QW-100 型泡沫剂。以三种泡沫剂制备出泡沫并掺入水泥浆体，测试两者之间的适应性，试验结果如图 6.1所示。

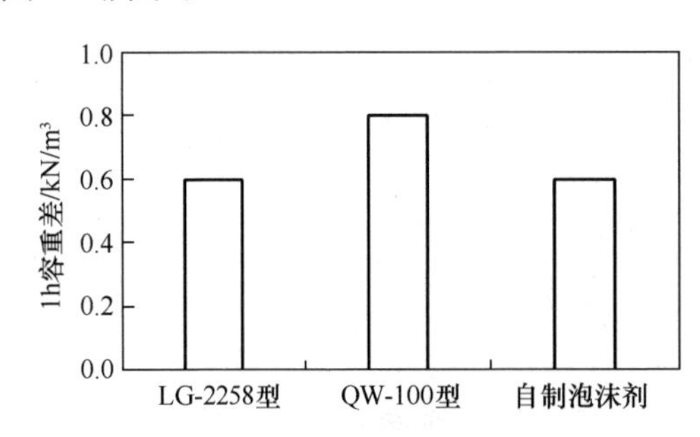


图 6.1　泡沫剂种类对泡沫混凝土适应性影响

由图 6.1 可以看出，三种泡沫剂的 1h 容重差均大于 0.5kN/m³，相容性一般。LG-2258 型泡沫剂与自制泡沫剂容重差一致均为 0.6kN/m³，QW-100 型泡沫剂为 0.8kN/m³。分析原因，由 QW-100 型泡沫剂所制备的泡沫在加入水泥浆体内时，由于部分泡沫还未被水泥浆体完全覆盖，随着停留时间的延长，凝聚集成块的泡沫逐步破碎从而在浆液内形成中空区域，从而引起了塌陷，随之也会有自由水从泡沫中溢出，从而使 1h 容重差变大。自制泡沫剂的容重差略大于 0.5kN/m³，但泡沫与水泥浆体相容时，未发生大规模破裂，说明自制泡沫剂性能较好。

### 6.2.4 泡沫剂对泡沫混凝土工作性的影响

泡沫混凝土的工作性可通过流动度测量，其流动度为 160～200mm。良好的流动性能够确保泡沫混凝土具备优异的可泵性和施工后自密实性能，也可以反映出泡沫剂性能是否优良。由三种泡沫剂制备的泡沫混凝土流动度试验结果见图 6.2。

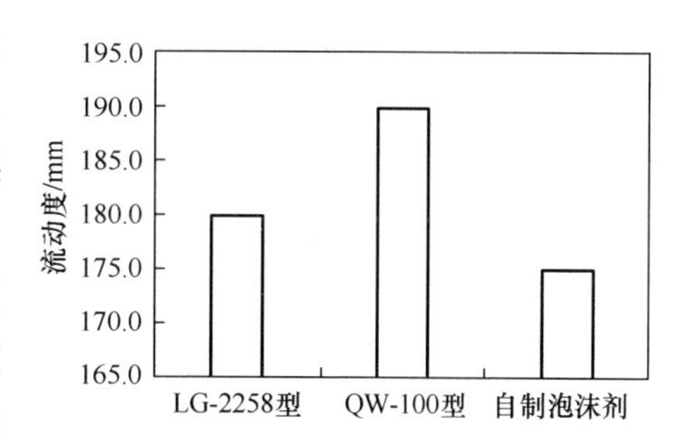

图 6.2　不同泡沫剂对泡沫混凝土流动性影响

从图 6.2 中可以看出，QW-100 型泡沫剂制备泡沫混凝土流动度最大，为 190mm，但也在规定范围内。LG-2258 型泡沫剂泡沫混凝土流动度为 180mm，自制泡沫剂泡沫混凝土为 175mm。QW-100 型泡沫剂所生产的泡沫混凝土流动度较大，但可能由于 QW-100 型泡沫剂所生产的泡沫和浆体相容性较差，两者接触时，泡沫大规模破裂，会引入部分泡沫内部的水，使泡沫混凝土流动度变大。

### 6.2.5　泡沫剂对泡沫混凝土力学性能影响

为了探究自制泡沫剂性能，选用 LG-2258 型泡沫剂和 QW-100 型泡沫剂进行对比。由三种泡沫剂所制备的泡沫混凝土力学性能试验结果如图 6.3、图 6.4 所示。

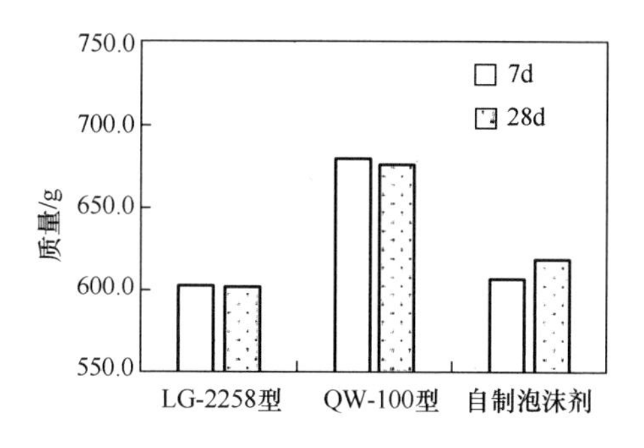

图 6.3　泡沫剂种类对泡沫混凝土性能影响

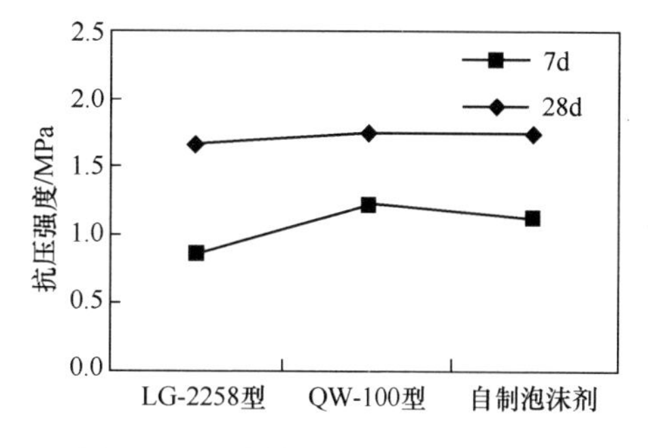

图 6.4　泡沫剂种类对抗压强度影响

由图 6.3 和图 6.4 可知，自制泡沫剂制备的泡沫混凝土在相同容重下单位容重的抗压强度比对照组要高。QW-100 型泡沫剂在制备泡沫混凝土时与水泥浆体相容性较差，导致实际容重比设计容重略大，故抗压强度相较其他两种泡沫剂制备的泡沫混凝土略大。自制泡沫剂早期强度较高，如龄期为 7d 的抗压强度为 1.128MPa 略高于 LG-2258 型泡沫剂的 7d 抗压强度 0.861MPa，略低于 QW-100 型泡沫剂的 7d 抗压强度 1.223MPa。后期强度虽然增长幅度较小，但在相同密度下单位密度的抗压强度高于对照组。自制泡沫剂早期强度增长快，同时又不损失产品后期强度，是一种性能较好的泡沫剂。

泡沫混凝土密度越高，孔隙率就越小，泡沫混凝土密实度提高，而单位容积的水化硅酸钙提高，材料孔隙率也会降低，因此泡沫混凝土抗压强度也就随之增加。相对于低容重的泡沫混凝土来说，孔结构尺寸、孔径大小等因素对泡沫混凝土强度的影响明显减弱了。对高容重泡沫混凝土，良好的颗粒级配、合适的水胶比对其强度的影响更加显著。尽管如此，自制泡沫剂制备的泡沫混凝土力学性能较强，充分说明自制泡沫剂性能较优异。

### 6.2.6 泡沫剂对泡沫混凝土抗冻性能的影响

泡沫混凝土由于其内部复杂的构造而导致抗冻性能表现复杂，水泥本身的毛细孔或是人工添加的小气泡，都会影响泡沫混凝土的抗冻性能，水泥也是决定泡沫混凝土抗冻性能的主要原因。通过三种泡沫剂制备泡沫混凝土，测试经冻融循环后质量损失与强度损失，最终探究不同泡沫剂对泡沫混凝土的抗冻性能的影响，试验结果如表 6.1 所示。冻融前后试件如图 6.5、图 6.6 所示。

图 6.5 冻融循环前试件

图 6.6 冻融循环后试件

**表 6.1 泡沫混凝土抗冻性能试验数据**

| 泡沫剂种类 | 冻融循环前 | | 冻融循环后 | | 质量损失率/% | 强度损失率/% |
|---|---|---|---|---|---|---|
| | 28d 质量/g | 28d 强度/MPa | 28d 质量/g | 28d 强度/MPa | | |
| LG-2258 型 | 616.00 | 1.649 | 787.20 | 1.424 | −27.8 | 14.3 |
| QW-100 型 | 678.00 | 1.754 | 839.10 | 1.577 | −23.8 | 11.2 |
| 自制泡沫剂 | 607.10 | 1.742 | 766.20 | 1.488 | −26.2 | 12.5 |

从图 6.5、图 6.6 中可发现，试件经冻融循环后表层并未出现剥落掉角的迹象。由表 6.1可知泡沫混凝土冻融循环后的质量不减反增，但 QW-100 型泡沫剂比 LG-2258 型泡沫剂和自制泡沫剂的密度大，试件质量增加较小。分析其成因：（1）泡沫混凝土的饱水养护时间均为 72h，而由三种泡沫剂所制成的泡沫混凝土，达到浸水饱和所需要时间是不相同的，且密度越大所需要时间也越长。因浸水 72h 后密度较大的试件尚未充分饱和，在冻融循环阶段中，由于试件的不断吸收，而使得试件质量逐渐提高。（2）在冻融循环过程中，试件体内水分结冰形成膨胀压力，当超出孔壁硬度时，将会破坏内层孔壁，使得内层闭合孔变为连通孔，闭孔率变小，开孔率提高，进而使得吸水率提高，宏观体现为试件质量增长。（3）以 LG-2258 型泡沫剂所生产的泡沫混凝土试件质量增长较为突出，QW-100 型泡沫剂制备的泡沫混凝土增幅最小。泡沫混凝土的密度越小，内部结构空隙也越大，在浸水 72h 过程中的饱水度越高，同时内在可冻水含量越大，因此在冻融循环中所形成的冻胀压强也越

高。密度越小，内部结构气孔壁的硬度就越低，使内部结构气孔壁在冻胀压力的影响下很早就出现质量损伤，从而造成内部结构开孔率增大，吸水率上升，从宏观体现出试件质量提高。在冻融循环的垂直变形里面还存在着水分，因此质量损失率不能真实反映其质量损失。

三种泡沫剂制备的泡沫混凝土强度损失率不同，最大为 14.3%，最小为 11.2%。自制泡沫剂介于两者之间，为 12.5%。分析原因，LG-2258 型泡沫剂与自制泡沫剂气孔大小均匀，但整体密度较小，单位容积中的泡沫数量越大，代表单位孔壁材料质量越小，当采用冻融循环实验时，水的渗流和溶出作用对孔壁材料的损伤面积越大，强度损失也越大；QW-100 型泡沫剂与水泥相容性较差，制备的泡沫混凝土试件实际容重与设计容重相差较大，但质量损失率小。分析原因，泡沫混凝土的孔隙率随着密度的提高而降低。密度越大，泡沫混凝土构造越紧密，内孔壁越厚，孔壁硬度越高，内部可冻水结冰后形成的冻胀压力越难引起孔壁的损坏。另外，由于孔隙率较低，因此进入泡沫混凝土的外界水越少，总吸水率小，因此强度的降低也越小。

## 6.2.7　泡沫剂对泡沫混凝土干缩性能的影响

泡沫混凝土的收缩和一般混凝土收缩原理相同，主要是水泥胶凝料在凝固硬化过程中产生各种化学反应，潮湿和高温等因素引起宏观体积的紧缩。干燥收缩是泡沫混凝土宏观体积结构产生变化的最主要因素，也是导致结构中产生裂纹的最主要因素。因此，深入研究泡沫混凝土的干燥收缩机理，才能对其耐久性有更深入的了解。将三种泡沫剂制备成泡沫混凝土，达到养护龄期后，测试其干缩和质量变化，如图 6.7 和图 6.8 所示。

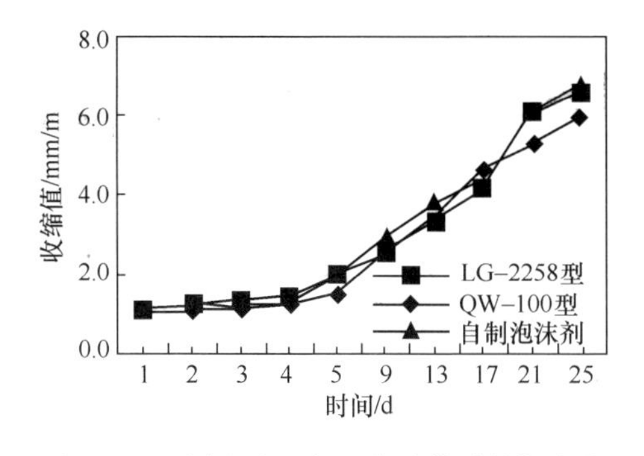

图 6.7　不同泡沫混凝土收缩值随龄期变化

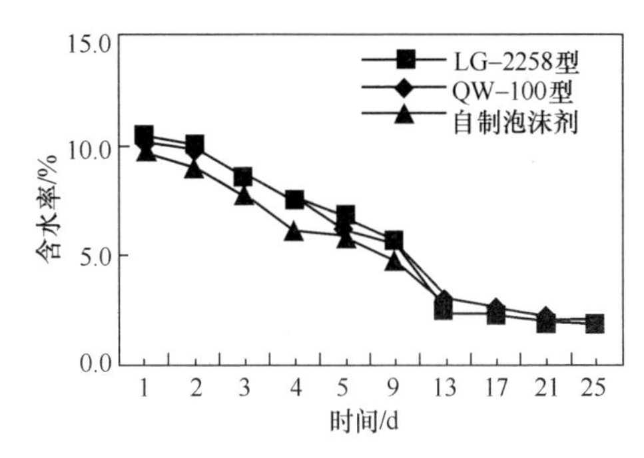


图 6.8　不同泡沫混凝土含水率随龄期变化

从图 6.7 中可知：随着龄期增加，泡沫混凝土的干燥收缩值也逐渐提高。在混凝土硬化早期收缩速度大且收缩速度较快，而后期收缩较小且收缩速度慢。由三种泡沫剂所制成的泡沫混凝土，在 3d 的收缩值分别达到了各自最后收缩值的 30.2%、25.7%、29.2%，在 13d 的收缩值分别达到了各自最后收缩值的 51.4%、58.6%、56.6%。分析其成因，在早期混凝土的硬化过程中，由于泡沫混凝土内部含水量高，水分散失较多，因而收缩量大且收缩速度也较快。

从图 6.8 可知：(1) 三种泡沫剂制成的泡沫混凝土测量试件的含水率伴随龄期的延长而减少，且早期减少速率较高，后期含水率降幅逐步减少，含水率趋于稳定。三种泡沫剂制备的泡沫混凝土在3d的含水率分别为6.7%、6.0%、5.7%。(2) QW-100型与其余两种泡沫剂制备的泡沫混凝土含水率相差较大，主要是因为泡沫适应性较差，在水泥浆体中大量破泡，孔壁材料的支撑力增强，进而影响试件内的孔结构，防止游离水侵蚀能力提高，含水率减小。(3) 试件在前3d含水量较高，含水量随龄期范围的变化则比较明显，3d后含水量逐渐下降，含水率随龄期范围的变化则不明显。

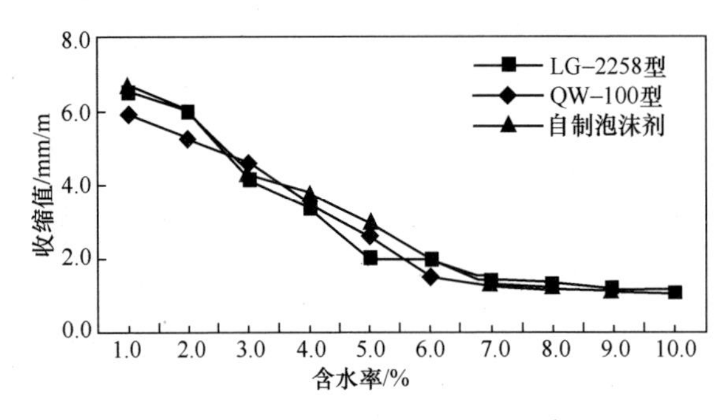

图6.9　泡沫混凝土收缩值随含水率变化

泡沫混凝土收缩值随含水率变化如图6.9所示。

从图6.9可发现，各组垂直变形的收缩值随着含水量的减少出现阶段性不同：第一阶段，垂直变形含水量很高，含水量的损失主要来源于相对大的孔隙，这种孔不会造成垂直变形明显的减少，甚至略微扩张；第二阶段，当试件含水量不足5.0%时，试件收缩开始迅速增加；第三阶段，达到28d龄期试件收缩值增加减慢而稳定下来。

泡沫混凝土宏观上主要由孔壁材料和纳米级泡沫孔所构成。孔壁材料中存在着大量纳米级的微观毛细孔洞，同时在微观空隙中也存在着自由水。当试件浸入3d以后，宏观孔和微观孔隙都吸水饱和。将试件放在(43±2)℃的环境以后，泡沫孔隙内的水分就已开始挥发，同时泡沫孔隙的尺寸逐渐增大，无毛细孔效应，也因此表现出了早期无收缩现象。当毛细孔中的水分挥发，由于孔隙水液面下降，凹液面的曲率也逐步扩大，在水中的表面张力的负面影响下形成收缩应力，宏观上体现为试件的压缩变形，含水量越低，毛细管压力就越大，而收缩越强烈，则单位质量含水率降低对收缩的影响越大。毛细孔长度越小，毛细效应就越显著。而当试件内含水率和外部环境趋向均衡时，收缩值也趋于稳定。

建工行业标准《泡沫混凝土》(JG/T 266—2011) 对泡沫混凝土的分类、性能等做了规定。泡沫混凝土可分别按干密度、强度、吸水率、施工工艺进行分类。以干密度等级为A03、强度等级为C0.3、吸水率等级为W10的现浇泡沫混凝土为例，其干密度≤300kg/m，导热系数≤0.080W/(m·K)，每组强度平均值≥0.3MPa，单块强度最小值≥0.225MPa，吸水率≤10%。同岩棉和泡沫陶瓷一样，泡沫混凝土的耐火等级也为A级，防火安全性能优良。泡沫混凝土的不足之处在于密度较大、强度较差，保温性能有待进一步提升。

## 6.3 碳足迹分析

### 6.3.1 泡沫混凝土制品碳足迹分析范围

泡沫混凝土制品生命周期评价总结包括3部分：产品上游过程中的资源、原材料开采与生产及其中涉及的运输消耗；制品在生产阶段的污染物排放和处理过程；制品在下游的销售、使用、废弃回收过程。在研究过程中。上游和下游过程统称为后台过程，生产过程称为现场过程。对于非终端消费品，其生命周期评价模型一般只包含上游过程和产品生产过程，即从“摇篮”到“大门”。在分析过程中，泡沫混凝土被用作建筑物的上游产品，因此使用从摇篮到大门的生命周期模型。

考虑不可再生资源消耗和温室效应，现场数据主要通过对国内企业的调查获得，背景数据主要来源于国内外公开数据库，利用四川大学开发的 eBalance 生命周期分析软件对所收集的清单数据进行计算处理，从而获得泡沫混凝土功能单位产品的各类环境影响指标值。

（1）对泡沫混凝土墙体制品进行生命周期评价，以期为我国本地化泡沫混凝土 LCA 数据库的建立及低碳建筑生命周期环境负荷评价提供基础数据。

（2）功能单位确定。综合考虑泡沫混凝土墙体现场生产数据的一般统计规则及建筑物评价协调性与匹配性等因素，本研究选择 280mm 厚、面积 $100m^2$ 的泡沫混凝土墙作为 1 个功能单位。

（3）系统边界的确定。泡沫混凝土首先通过设备将混凝土发泡剂制成泡沫，然后将这些泡沫与石灰、水、水泥、外加剂及一些骨料混合搅拌而成。其生产工艺流程如图 6.10 所示。

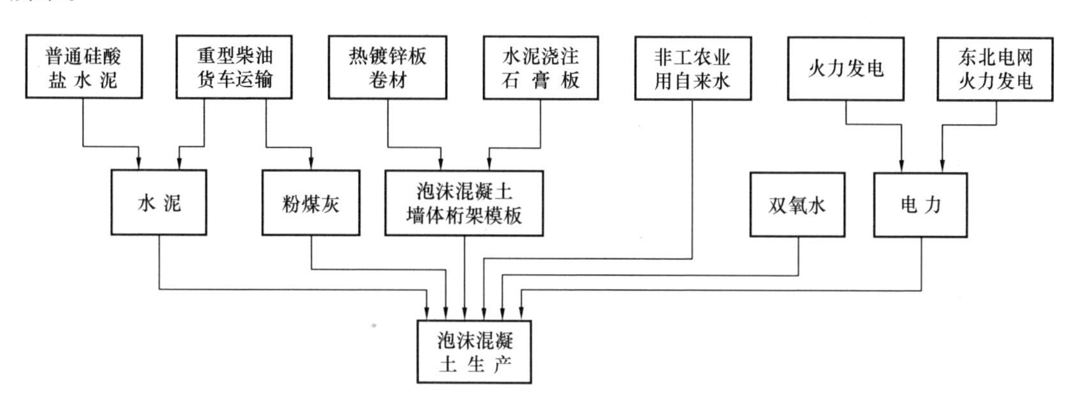


图 6.10　泡沫混凝土墙体的生产流程图

## 6.3.2　清单分析

（1）现场数据和背景数据选择。通过对泡沫混凝土现场施工生产开展深入调研，获得泡沫混凝土生产场地单位产品的原材料消耗和能源消耗，背景数据来源于国内外公开数据库，见表 6.2。

**表 6.2　确定清单的背景数据来源**

| 生产过程 | 数据库 |
|---|---|
| 电力生产 | 中国生命周期基础数据库 |
| 公路运输 | 中国生命周期基础数据库 |
| 水泥板生产 | 中国生命周期基础数据库 |
| 水泥生产 | 中国生命周期基础数据库 |
| 双氧水生产 | 瑞士生命周期清单中心 |

（2）清单编目。以 280mm 厚、面积 100m² 的泡沫混凝土为 1 个功能单位，对生产现场数据及背景数据进行整理、计算，获得本研究系统边界内各单元过程的主要能耗和气体排放量，如表 6.3、表 6.4 所示。

**表 6.3　泡沫混凝土生产中主要能源的 $CO_2$ 排放量**　（$kgCO_2eq$）

| 项目 | 电力生产 | 柴油生产 | 水泥板生产 | 水泥生产 | 双氧水生成产 |
|---|---|---|---|---|---|
| 原煤 | 5.90E-08 | 2.07E-07 | 7.25E-07 | 9.03E-07 | 1.45E-07 |
| 原油 | 4.61E-04 | 3.14E-4 | 3.19E-04 | 5.77E-04 | 6.53E-04 |
| 天然气 | 6.48-02 | 3.50E-01 | 2.23E-01 | 1.03E+00 | 1.53E-01 |

**表 6.4　泡沫混凝土生产中的主要气体排放量**　（$kgCO_2eq$）

| 项目 | 电力生产 | 柴油生产 | 水泥板生产 | 水泥生产 | 双氧水生产 |
|---|---|---|---|---|---|
| $CO_2$ | 8.11E-02 | 3.86E-01 | 1.32E+00 | 1.29E+00 | 1.94E-01 |
| $SO_2$ | 1.24E+00 | 5.91E-01 | 8.72E-01 | 1.87E+01 | 2.95E+00 |
| CO | 8.80E-02 | 2.42E-02 | 1.32E-01 | 2.98E+00 | 2.24E-01 |
| $NO_x$ | 2.46E-4 | 3.56E-4 | 2.43E-04 | 5.02E-03 | 3.24E-04 |

## 6.3.3　特征化指标

特征化是指将不同的材料类型按照其对环境和资源的影响程度，用与其相关的贡献大小得到所对应的特征化因子，并根据该因子对产品进行生命周期量化分析。结合泡沫混凝土墙体生产材料的比例，采用 eBalance 软件分析和处理后，生产 1 个功能单位的泡沫混凝土墙的生命周期清单的特性化指标见表 6.5。表 6.5 中 ADP 代表非生物资源消耗潜值、AP 代表酸化潜值、CADP 代表中国资源消耗潜值、PED 代表一次性能源消耗、COD 代表化学需氧量、EP 代表富营养化潜值、GWP 代表全球变暖潜值、IWU 代表工业用水量、RI 代表可吸入颗粒物、Waste 代表固体废弃物、Water Use 代表淡水消耗量。

**表 6.5　泡沫混凝土墙体生产材料的特征化指标**

| 指标名称 | 总量 | 水 | 货车运输 | 水泥板 | 水泥 | 电力 | 双氧水 |
|---|---|---|---|---|---|---|---|
| ADP | 5.32E-04 | 6.74E-09 | 2.70E-04 | 9.48E-06 | 1.18E-05 | 7.71E-07 | 1.89E-06 |
| AP | 1.12E-01 | 3.77E-05 | 4.10E-03 | 4.17E-02 | 7.54E-02 | 6.03E-03 | 8.54E-03 |
| CADP | 9.10E+02 | 9.12E-03 | 5.05E+00 | 1.72E+01 | 1.69E+01 | 1.06E+00 | 2.53E+00 |
| PED | 3.70E+02 | 9.44E-02 | 7.72E+00 | 1.14E+01 | 2.45E+02 | 1.62E+01 | 3.86E+01 |
| $m_{CO_2}$ | 4.83E+01 | 6.61E-03 | 3.16E-01 | 1.72E+00 | 3.90E+01 | 1.15E+00 | 2.93E+00 |
| COD | 1.47 E-02 | 5.85E-05 | 1.53E-03 | 3.53E-03 | 1.33E-03 | 9.89E-05 | 9.49E-04 |
| EP | 1.41E-02 | 3.87E-06 | 6.83E-04 | 1.61E-03 | 8.92E-03 | 4.29E-04 | 6.22E-04 |
| GWP | 5.03E+01 | 7.12E-03 | 3.86E-01 | 1.70E+00 | 4.04E+01 | 1.24E+00 | 3.14E+00 |
| IWU | 5.46E+02 | 2.65E-02 | 5.01E-01 | 0 | 4.76E+01 | 3.43E+00 | 4.72E+02 |
| $m_{NH_3\text{-}N}$ | 2.00E-04 | 2.01-08 | 7.13E-05 | 4.41E-05 | 2.21E-05 | 2.32E-06 | 4.48E-06 |
| $m_{NO_x}$ | 8.86E-02 | 1.83E-05 | 4.66E-03 | 3.18E-03 | 6.56E-02 | 3.22E-03 | 4.23E-03 |

续表

| 指标名称 | 总量 | 水 | 货车运输 | 水泥板 | 水泥 | 电力 | 双氧水 |
|---|---|---|---|---|---|---|---|
| RI | 4.83E-02 | 1.15E-05 | 7.75E-04 | 8.12E-04 | 3.34E-02 | 1.71E-03 | 3.98E-03 |
| $m_{SO_2}$ | 4.59E-02 | 2.19E-05 | 8.26E-04 | 1.62E-03 | 2.65E-02 | 3.41E-03 | 5.16E-03 |
| Waste | 7.65E+00 | 4.66E-03 | 5.12E-03 | 0 | 4.17E-01 | 2.45E-01 | 5.60E-01 |
| Water Use | 5.87E+02 | 3.83E+01 | 1.02E+00 | 2.11E-02 | 4.79E+01 | 3.44E+00 | 4.72E+02 |

通过分析表6.5中数据发现，普通硅酸盐水泥、水泥板、电力和双氧水是排放$CO_2$的主要来源，占泡沫混凝土整个生命周期碳排放量的90%以上，其中，普通硅酸盐水泥约占碳排放量的80%；电力产生的碳排放量相对较少，仅占总排放量的2%。$SO_2$的排放量是环境影响评价关注的焦点，水泥生产过程中$SO_2$排放量占泡沫混凝土的整个生命周期$SO_2$总排放量的75%。从总体来看，普通硅酸盐水泥对在COD、PED、GWP、EP和CADP中的特征值占比也很大，各项指标中其他材料的所占比例相对较小，影响程度较低。

### 6.3.4 敏感性分析

整个生命周期评价过程中，水泥在AP、PED、$m_{CO_2}$ GWP这几个特征化指标中所占的比例都超过了65%，所以，水泥材料在泡沫混凝土墙体的生产过程中对环境的影响因素是最大的，属于最敏感因子。因此，选择对环境负荷较小的水泥原材料来代替普通硅酸盐水泥原材料，对改善泡沫混凝土墙体生产的整体环境行为尤为重要。

### 6.3.5 $CO_2$泡沫混凝土固碳机制

$CO_2$泡沫混凝土的碳封存作用主要体现在两个方面，一是混凝土骨架的碳化固碳，另一个是泡沫混凝土气泡孔的储碳。混凝土骨架的固碳过程是通过$CO_2$的矿化来实现的。混凝土胶凝材料水泥中的碱性成分，包括硅酸二钙、硅酸三钙及其水化产物氢氧化钙和水化硅酸钙凝胶，在一定条件下会与$CO_2$发生矿化反应，反应方程见式（6-1）～式（6-4）。

$$3CaO \cdot SiO_2 + 3CO_2 + nH_2O \rightarrow SiO_2 \cdot nH_2O + 3CaCO_3 \tag{6-1}$$

$$2CaO \cdot SiO_2 + 2CO_2 + nH_2O \rightarrow SiO_2 \cdot nH_2O + 2CaCO_3 \tag{6-2}$$

$$Ca(OH)_2 + CO_2 \rightarrow CaCO_2 + H_2O \tag{6-3}$$

$$3CaO \cdot 2SiO_2 \cdot 3H_2O + 3CO_2 + nH_2O \rightarrow 3CaCO_3 \cdot 2SiO_2 \cdot 3H_2O \tag{6-4}$$

$CO_2$泡沫混凝土的碳化是一个非常复杂的物理化学过程。目前，有4类模型来描述这一碳化过程，分别是基于扩散理论的碳化模型、基于碳化试验的经验模型、基于扩散理论与碳化试验的半理论半经验模型和碳化深度预测随机模型。对混凝土碳化或$CO_2$矿化过程的理解仍然停留在一维状态，即基于矿化深度、扩散深度的理论或试验预测和验证。混凝土碳化是一个受$CO_2$扩散控制的过程，矿化产物会填充胶凝物质颗粒微孔及覆盖颗粒表面，阻碍$CO_2$进一步扩散，导致矿化速度减缓，使$CO_2$矿化率无法达到理论最大值。因此，目前$CO_2$养护混凝土的矿化率还不够高，4h以内普遍不超过20%。高温、高压和

助剂可以提高 $CO_2$ 的矿化率。对于 $CO_2$ 泡沫混凝土，泡孔内外同时发生碳化，混凝土骨架处于立体的 $CO_2$ 矿化反应环境，如图 6.11 所示。相较于 $CO_2$ 养护混凝土时的由外向内扩散，$CO_2$ 发泡混凝土可以由内向外地碳化混凝土，材料的固碳能力有望大幅度提高。

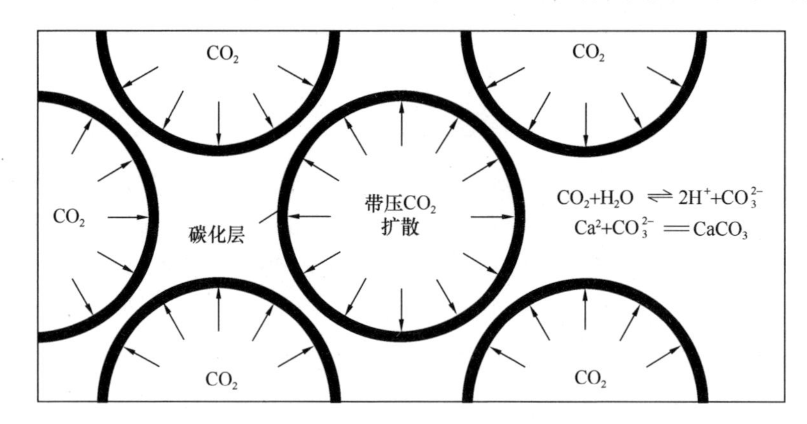


图 6.11　$CO_2$ 泡沫混凝土碳化模型示意图

表 6.11 所示是混凝土先经 $CO_2$ 酸化，再经 0.1～0.3MPa 高压 $CO_2$ 发泡，然后在温度 20℃、湿度 80％的空气环境中养护 28d 后，形成的 $CO_2$ 泡沫混凝土的相关性能。经热重分析，$CO_2$ 泡沫混凝土的固碳率为 19.83％～29.82％，高于目前 $CO_2$ 养护混凝土。

相较于混凝土骨架的化学碳化固碳，气泡孔的物理空间也能发挥储碳作用，但是常压下的储存潜力不如化学固碳明显。$CO_2$ 泡沫混凝土性能如表 6.6 所示。

**表 6.6　$CO_2$ 泡沫混凝土性能**

| 序号 | 干密度 /$kg \cdot m^{-3}$ | 28d 强度 /MPa | 吸收 $CO_2$ 相对质量 /$kg \cdot t^{-1}$ | 固碳率 /％ |
|---|---|---|---|---|
| 1 | 881 | 2.51 | 57.0 | 19.83 |
| 2 | 918 | 3.92 | 61.0 | 21.23 |
| 3 | 751 | 2.81 | 68.6 | 23.87 |
| 4 | 648 | 1.59 | 80.1 | 27.87 |
| 5 | 766 | 3.24 | 67.0 | 23.31 |
| 6 | 669 | 2.40 | 70.9 | 24.68 |
| 7 | 621 | 1.95 | 80.8 | 28.11 |
| 8 | 760 | 2.95 | 67.8 | 23.60 |
| 9 | 639 | 2.32 | 75.8 | 26.37 |
| 10 | 597 | 1.75 | 85.7 | 29.82 |

注：试验方案中，水泥浆均为 500g，水灰比均为 0.50。

## 6.4　减碳策略

### 6.4.1　泡沫混凝土减碳策略

（1）对温室效应影响最大的水泥生产阶段产生的碳排放量占整个生命周期的碳排放总

量的 50%以上。因此，为了减少泡沫混凝土生产所造成的温室效应给环境带来的影响和压力，有必要减少生产阶段的能源消耗量，并提高能源燃烧的效率或采用更先进的燃烧技术。

（2）在泡沫混凝土的生产过程中，水泥和水泥板的生产对环境影响所占比例也较大。因此，在泡沫混凝土的生产过程中，原材料的选择不容忽视。

### 6.4.2　泡沫混凝土碳封存潜力

#### 1. $CO_2$ 泡沫混凝土碳封存能力估算

（1）混凝土骨架的固碳能力

混凝土吸收 $CO_2$ 的最大量根本上取决于混凝土的成分，尤其是游离 CaO 含量。Pade 等给出了一个仅考虑 CaO 含量的 $CO_2$ 最大吸收量估算公式：

$$CO_2(\text{吸收}) = 0.75 \times C \times CaO \times M_{CO_2}/M_{CaO} \tag{6-5}$$

式中，$CO_2$（吸收）为 1m 水泥吸收 $CO_2$ 的质量（kg・m）；$C$ 为每立方米水泥中熟料的质量（kg・m）；CaO 为水泥熟料中 CaO 的质量分数；$M_{CO_2}$ 为 $CO_2$ 的摩尔质量（44g・mol$^{-1}$）；$M_{CaO}$为 CaO 的摩尔质量（56g・mol$^{-1}$）。

水泥中除 CaO 外，其他碱性金属氧化物，如 MgO、$Na_2O$ 和 $K_2O$ 也会与 $CO_2$ 配合形成碳酸盐。Steinour 给出了考虑其他 $CO_2$ 消耗成分时混凝土吸收 $CO_2$ 的最大质量分数［$CO_2$（%，max)］的计算公式：

$$CO_2(\%,max) = 0.785(CaO - 0.7SO_3) + 1.091MgO + 1.420Na_2O + 0.935K_2O \tag{6-6}$$

式中，CaO、$SO_2$、MgO、$Na_2O$ 和 $K_2O$ 为混凝土胶凝材料中各对应氧化物的质量分数。事实上，如果不考虑 MgO、$Na_2O$ 和 $K_2O$ 对 $CO_2$ 的消耗，以及 $SO_2$ 对 CaO 的影响，式（6-5）和式（6-6）是一致的。

混凝土吸收 $CO_2$ 的最大量是根据混凝土中碱性金属氧化物（扣除已参与其他反应）与 $CO_2$ 之间完全或部分发生化学反应来计算的。因此，水泥固定 $CO_2$ 的质量分数［$CO_2$（%，max)］可通过式（6-7）计算：

$$CO_2(\%,max) = \sum_{i=1}^{m}\left\{\left[A_i - \sum_{j=1}^{n}(B_j \times M_i/M_j)\right] \times M_{CO_2}/M_i\right\} \times C_1 \times C_2 \times 100 \tag{6-7}$$

式中，$A_i$为水泥熟料中第 $i$ 种碱性金属氧化物的质量分数（%），如 CaO 等；$B_j$为第 $j$ 种酸性物质的质量分数（%），如 $SO_3$ 等；$M_i$为第 $i$ 种碱性金属氧化物的摩尔质量（g・mol$^{-1}$）；$M_j$为第 $j$ 种酸性氧化物的摩尔质量（g・mol$^{-1}$）；$C_1$ 为水泥中熟料的质量分数（%）；$C_2$ 为熟料的碳化率（%），计算水泥吸收 $CO_2$ 理论最大质量分数时取 100%，推算水泥吸收 $CO_2$ 量时可取实际碳化率。

硅酸盐水泥中，MgO、$Na_2O$、$K_2O$ 和 $SO_3$ 质量分数之和一般远低于 CaO。以徐州淮海中联水泥为例，P・O42.5 普通硅酸盐水泥的化学成分中，CaO 质量分数为 60.78%，$SO_3$、MgO 和 $K_2O$ 质量分数之和为 4.97%。水泥中熟料的比例一般都在 60%以上，高的可以达到 90%以上。2020 年，我国规模以上企业水泥产量为 23.77 亿 t，熟料产量为 15.79 亿 t，假如熟料全部用于生产水泥，则水泥中熟料的质量分数大致为 66%。水泥中具有水化活性的硅酸二钙（$2CaO \cdot SiO_2$）和硅酸三钙（$3CaO \cdot SiO_2$）一般占熟料的 60%以上。仅考虑钙盐固定的 $CO_2$，水泥中熟料占比 $C_1$ 取 66%，熟料中 CaO 质量分数取 60%。根据式（6-7），水泥固定 $CO_2$（%，max）的质量分数理论最大值为 31.11%，即 1t 水泥吸收 0.3111t $CO_2$。按 2020 年我国水泥总产量计算，水泥全生命周期内的 $CO_2$ 最大吸收量为 7.4 亿 t。理论最大吸收量几乎是达不到的。实际上，水泥材料中熟料的碳化率 $C_2$ 很难达到 100%。

值得注意的是，目前全球水泥的总体碳化率水平是基于大气环境中的自然碳化，受 $CO_2$ 扩散能力限制，碳化率很难再有大幅度的提升。理论上，如果采用高温、高压 $CO_2$ 氛围养护和助剂等强化碳化方式，硅酸盐水泥材料的碳化率是可以提高的，尤其是通过超临界 $CO_2$ 减压发泡制备的 $CO_2$ 泡沫混凝土，其发泡前的充分酸化及发泡后的高压 $CO_2$ 氛围内外同时养护会使硅酸盐水泥的碳化率得到进一步提升。

（2）气泡孔的储碳能力

$CO_2$ 泡沫混凝土气泡孔内储存 $CO_2$ 的量可以通过泡孔体积来计算，而泡孔体积可以通过混凝土的孔隙率进行估算。虽然这样估算并不完全准确（因为孔隙率考虑了骨架中的孔隙），但是由于 $CO_2$ 泡沫混凝土中泡孔的体积远大于骨架中的孔隙体积，所以骨架孔隙可以忽略。实际上，骨架孔隙中也可能赋存少量 $CO_2$ 气体，把孔隙率作为计算依据反而更加合适。硅酸盐泡沫混凝土的孔隙率通常为 10%～90%，甚至超过 90%，同时，泡沫混凝土的膨胀倍率一般为 2～3。对国内外 94 篇相关文献进行分析，获得了密度为(150～1500）$kg \cdot m^{-3}$范围内泡沫混凝土的孔隙率数据 274 个，统计了泡沫混凝土的孔隙率分布情况。统计结果显示，不同的孔隙率范围（0～20%、20%～40%、40%～60%、60%～80%、80%～100%）对应的占比分别为：2.56%、14.23%、35.04%、25.18%和 22.99%。以上 274 个孔隙率的平均值为 63.13%，中位数为 58.9%。因此，在估算 $CO_2$ 泡沫混凝土中泡孔体积时，孔隙率取中位数 58.9%。

以 1t 硅酸盐水泥为例，水灰比 $W/C$ 取 0.35，水泥的表观密度取 $3.0 \times 10^3 kg \cdot m^{-3}$，则水泥浆的体积大约为 $0.68m^3$。制备成 $CO_2$ 泡沫混凝土后，孔隙体积约为 $0.97m^3$。假如孔隙中全部为 1 个大气压下的 $CO_2$ 气体，则对应 $CO_2$ 的质量为 1.95kg（$CO_2$ 的密度取 $1.997kg \cdot m^{-3}$）。按 2020 年我国水泥产量计算，如果水泥全用于制备泡沫混凝土，则 $CO_2$ 泡沫混凝土泡孔中储存的 $CO_2$ 量为 462.58 万 t。实际上，2020 年我国泡沫混凝土总产量只有约 6000 万 $m^3$，按 58.9%的孔隙率计算，碳储存量约 6.9 万 t。

**2. 碳封存潜力分析**

实际上，混凝土的自然碳化率通常不超过 50%。由于 $CO_2$ 与混凝土骨架接触充分，$CO_2$ 泡沫混凝土全生命周期内的碳化率应该不低于自然碳化，且气泡孔内也可以储存一部分 $CO_2$。按照 30%矿化率计算，我国 $CO_2$ 泡沫混凝土全生命周期内的平均碳封存潜力可以达到 2.18 亿 t，约为 13.6 万 $km^2$ 森林 1 年的碳汇（$1km^2$ 森林每年平均吸收固定 1600t $CO_2$）。$CO_2$ 泡沫混凝土的碳封存作用，相当于为我国再造一个大兴安岭林区森林。

# 第7章　泡沫玻璃板

## 7.1　概述

泡沫玻璃是一种利用废玻璃生产出来的材料，是多孔玻璃的一种，其内部充满了气孔。这些气孔均匀地分布在材料之中，占总体积的75%～95%，是均匀的气相加固相体系。泡沫玻璃因其独特的结构，造就了其优异的物理性能，具有无机材料良好的化学稳定性和耐腐蚀性，能够使泡沫玻璃耐受严苛的化学环境。泡沫玻璃具备耐紫外线及热辐射性，并且在高温环境下不分解，低温环境下不变质、不氧化、不燃烧，具有优异的防火性能，是理想的建筑保温材料。闭孔泡沫玻璃的透湿性和吸水性都非常小，在低温环境下，不会因吸水结冰造成体积膨胀而导致材料本身破坏和性能降低。另外，闭孔泡沫玻璃还具有导热系数小、抗冻性强、密度小等优异性能，具备了墙体保温材料所需的物理及化学要求。

泡沫玻璃的分类、性能与用途如下。

（1）泡沫玻璃的分类

目前公认的泡沫玻璃分类方法主要有以下几种：按颜色可分为黑色泡沫玻璃、白色泡沫玻璃和彩色泡沫玻璃，泡沫玻璃的颜色主要来自发泡剂和基础玻璃的颜色；按气泡形态可分为闭孔泡沫玻璃和开孔泡沫玻璃，气泡是否连通也直接决定了泡沫玻璃一些物理性能和用途的不同；按发泡温度可分为低温发泡泡沫玻璃和高温发泡泡沫玻璃；按用途可分为隔热泡沫玻璃、吸声泡沫玻璃、屏蔽泡沫玻璃和清洁泡沫玻璃等；按原料来分可分为钠钙硅泡沫玻璃、硼硅酸盐泡沫玻璃等。

（2）泡沫玻璃的性能

由于泡沫玻璃具有较高的气孔率，因此它的性质与普通玻璃有很大差异，具有容重小、导热系数小、机械强度高等优良的物理性能以及保温隔热、吸声保水、防火防潮等性能。作为新型的隔热保温材料之一，泡沫玻璃凭借其优良的化学稳定性在建筑工程领域占据着越来越重要的位置。另外，泡沫玻璃的膨胀收缩率较小，与水泥的膨胀收缩率相近，与无机材料结合牢固，使其成为合适的水泥建筑物的保温和防水材料之一。

泡沫玻璃最重要的一项参数就是气孔的大小及数量，性能优异的泡沫玻璃的气孔应该是大小均一，直径在0.1～5mm，肉眼看得见的气孔大致具有相同的大小，分割气孔的壁也含有大量的微小气孔。一般来说，含有50%以上真气孔率的多孔玻璃就可称为泡沫玻璃。实验室和工厂制得的泡沫玻璃其真气孔率一般在80%以上，耐压强度范围为0.8～15MPa。

（3）泡沫玻璃的用途

① 保温材料。闭孔型泡沫玻璃具有防火、拒水、耐腐蚀、强度高、尺寸稳定性好等优点，可适用于建筑屋面、外墙、地下室保温隔热。中国目前应用广泛的保温材料主要有岩棉板、聚苯乙烯板、膨胀蛭石和泡沫塑料。尽管这些材料也具备较好的保温性能，但是也存在很多问题。例如，岩棉吸水后，其导热系数就会急剧增大，并且吸水后的岩棉中的水分长时间不易蒸发，对保温隔热作用极其不利；泡沫塑料大都具有较高的膨胀系数，不具备较好的尺寸稳定性，很容易因为热胀冷缩而开裂，并且有机材料还存在老化和失效的问题。泡沫玻璃和其他保温材料的性能表如表 7.1 所示。

**表 7.1　泡沫玻璃和其他保温材料的性能表**

| 材料名称 | 密度/(kg/m³) | 抗压强度/MPa | 导热系数/[W/(m·K)] | 最高使用温度/℃ | 吸水率/% | 可燃性 |
|---|---|---|---|---|---|---|
| 岩棉板 | 130 | 0.34 | 0.036 | 600 | 160 | 不可燃 |
| 聚苯乙烯板 | 25 | 0.1 | 0.054 | 100 | 6.0 | 可燃 |
| 膨胀蛭石 | 145 | 0.65 | 0.056 | 1000 | 450 | 不可燃 |
| 泡沫玻璃 | 180 | 0.8 | 0.060 | 500 | 0.5 | 不可燃 |

② 吸声材料。吸声泡沫玻璃要满足吸声性能的要求，就必须提高开口气孔率和连通孔率，二者之和一般占总孔的 40%～60%。在应用上，吸声泡沫玻璃不必像保温泡沫玻璃那样具有较高的强度。吸声泡沫玻璃既可应用在公共场所室内音质设计中，控制室内声音混响时间，也可以应用在恶劣的环境中，比如游泳馆、地铁、道路声屏障等。

③ 其他方面的应用。泡沫玻璃还被用作轻质填充材料和轻质混凝土骨料中，是因为其保温、高强度、耐化学腐蚀性好，还因为其与其他无机材料例如水泥有很好的相容性，可节省大量的矿产资源。泡沫玻璃因其具有轻质、保水性能优良等特点，近年来，泡沫玻璃用作绿化用保水材料也常见诸报端。用泡沫玻璃作为保水材料固定在斜坡上，在坡面因失水变干时可以继续使用泡沫玻璃内部的水分继续供给土壤和树根，还能有效防止水土流失。据报道，青藏铁路沿线的所有护坡、路基的防建工程都是利用碎玻璃生产出的泡沫玻璃，这样在建设的同时又能有效减少对环境的污染。

## 7.2　产品生产及性能

泡沫玻璃的制备是以富含玻璃相的物质为主要原料，添加适量的发泡剂、助剂，混合后经过粉磨，制成配合料，然后将配合料放入耐热模具中，经过预热、烧结、发泡、冷却、退火等工艺生产而成轻质无机多孔状玻璃态材料。泡沫玻璃是典型的气固二相体结构，其中泡孔体积占总体积的 92%以上，泡孔直径多为 1mm 左右，其体积密度普遍在 100～160kg/m³，是一种性能优异的保温、隔热、吸声、防潮、防火、防腐、防霉的轻质高强保温绝热材料。

### 7.2.1　泡沫玻璃发泡剂与添加剂的选择

制备泡沫玻璃常用的发泡剂可以分为两类：氧化还原型发泡剂和热分解型发泡剂。常用的氧化还原型发泡剂主要有碳酸盐、炭黑、碳化硅和硫化物。以炭黑为例，其发泡是通过发生氧化还原反应，夺取玻璃原料中的氧，生成 $CO$、$CO_2$，反应式为：

$$2C + O_2 = 2CO\uparrow$$

$$yC + M_xO_y = yCO\uparrow + xM$$

高温分解型发泡剂主要有碳酸盐、硫酸盐、有机物、氢氧化钠、硝酸盐和双氧水。以碳酸钙为例，碳酸钙分解产生 $CO_2$，反应式为：

$$CaCO_3 + SiO_2 = CO_2\uparrow + CaSiO_3$$

$$CaCO_2 = CaO + CO_2\uparrow$$

对泡孔大小的控制，一般采用三种方法：一种是控制发泡剂的粒度和用量，发泡剂粒度的大小和泡沫玻璃的泡径成正比关系，所以发泡剂一定要粒度均一，粒径越小越好；二是通过加入稳泡剂和助熔剂，降低玻璃原料熔化温度，降低烧结温度，提高熔体黏度和控制泡孔大小、形状和分布；三是通过控制烧成温度和保温时间，合理的温度制度会使发泡剂完全反应但是又不会使玻璃熔体黏度过低导致气泡聚结成大泡。

### 7.2.2　添加剂的作用与选择

为了提高泡沫玻璃的物理和化学性能，降低烧成温度，拓宽烧成温度范围，降低对能源与生产条件的要求，提高企业效益，泡沫玻璃中需要加入一些添加剂。所用的添加剂一般可分为黏结剂、助熔剂、稳泡剂和其他辅助添加剂。

（1）黏结剂。黏结剂可提高物料间的结合强度，减少因颗粒间结合不紧密产生的间隙。在泡沫玻璃的发泡过程中，发泡剂的分解温度一般低于原料的融化温度，若坯体中存在大量间隙，发泡剂生成的气体会大量逸出，导致发气量不足，致使坯体气孔率降低。另外，间隙的存在还会导致坯体传热不均匀，影响发泡质量。

（2）助熔剂。常用的助熔剂为碱金属氧化物、碱金属盐、碱土金属盐等。当发泡剂反应放出大量气体时，只有配合料已经软化成玻璃相包裹住生成的气体时，才能获得泡孔均一、质量较好的泡沫玻璃。因此，为了获得低密度、泡径均一的泡沫玻璃，必须加入相应的助熔剂来改变玻璃颗粒的表面性质，降低玻璃的黏度和软化温度，使玻璃易于熔融。以碱金属氧化物作用为例，玻璃的微观结构是大小不同的硅氧四面体群，群间有较大的孔隙（自由体积），可容纳半径较小的粒子穿插移动。在高温时，自由体积比较大，碱金属离子能在空隙中自由移动，使得阳离子极化变形，共价键成分增加而减弱硅氧键的作用，降低熔体黏度；温度降低时，自由体积变小，四面体群的移动受阻，且小型四面体群聚合成大型四面体群，网络键链接程度变大，同时碱金属粒子的迁移能力降低，按一定的配位关系处于某些四面体中，引起局部不均，从而降低了玻璃结构强度。

（3）稳泡剂。为了使泡沫玻璃的气孔均匀，防止小气泡团聚形成大气泡，有以下两种方法：一是降低熔体表面张力，使压力差降低，使得气泡移动缺少动力；二是增大玻璃熔体的黏度，减少熔体的流动性，增大气泡移动时的阻力，有效避免小气泡移动形成大气泡和小气泡破裂形成连通孔。常用的稳泡剂有磷酸盐、硼酸盐等。以硼酸为例，硼酸加热会分解生成 $B_2O_3$，B 是网络形成离子，形成的［$BO_4$］四面体可以起到修补［$SiO_4$］四面体结构的作用，使小四面体群连接成大四面体群，提高熔体的聚合度，进而提高熔体的黏度，延缓气泡壁变薄，从而达到稳定气泡的作用。

### 7.2.3 发泡温度对泡沫玻璃密度的影响

（1）表观密度

不同石墨添加量在不同温度下制备得到的泡沫玻璃表观密度的变化趋势如图 7.1 所示。随着发泡温度的升高，密度的变化趋势从与添加量正相关逐渐演变成与添加量负相关。从单一石墨添加量的泡沫玻璃成品的曲线来看，样品 GC 1（石墨添加量为 1wt%）呈现出随发泡温度升高密度逐渐降低，发泡温度为 950℃时密度最低为 231kg/m³。石墨添加量为 2wt%、3 wt%、5 wt%的样品均表现出密度随发泡温度升高先降后增的趋势，且转折点随石墨的添加量增加而降低。石墨添加量为 2wt%时，发泡温度为 930℃时密度最低为 171kg/m³。石墨添加量为 3wt%时，发泡温度为 910℃时密度最低为 213kg/m³。石墨添加量为 5wt%时，发泡温度为 890℃时密度最低为 460kg/m³，且与低添加量时不同，不会出现密度大幅下降的情况，而是一直保持在一个较高的密度水平。

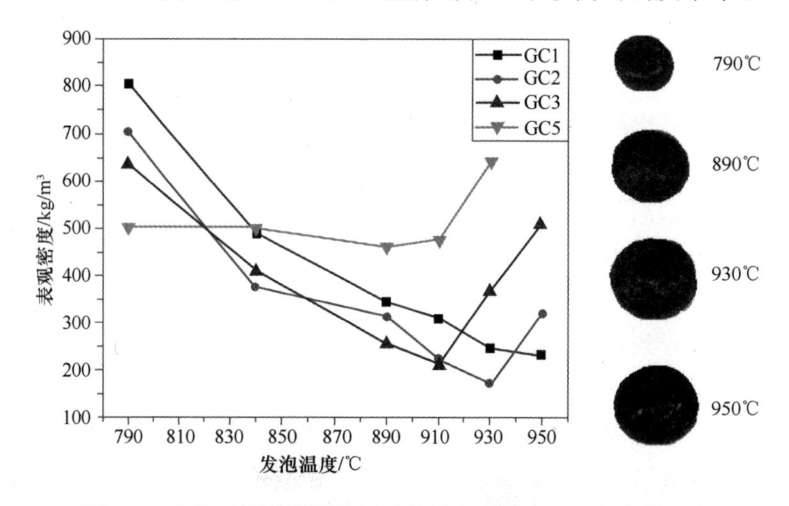


图 7.1　发泡温度对不同石墨添加量泡沫玻璃表观密度的影响

对于同一种石墨添加量制得的泡沫玻璃而言，发泡温度能在很大程度上决定发泡是混合料熔体的茹度。790℃时由于 Si-O-Si 键构成的空间网状结构破坏，不完全玻璃熔体的茹度较大；随着温度的升高空间网状结构逐渐被破坏，体系茹度逐渐下降，更有利于混合体系中气泡的生成与长大；到达最适茹度之后，随着发泡温度的进一步升高，体系茹度继续下降，气泡开始能够运动，有上浮到熔体表面的趋势，而此时的黏度过低不足以包覆住气泡则会导致气体的逸出，使得泡沫玻璃样品的密度下降、开孔率增大。

（2）平均泡径

不同石墨添加量在不同温度下制备得到的泡沫玻璃泡径的变化趋势如图 7.2 所示。整体来看，790℃时随着石墨添加量的增加，泡径有减小的趋势，而随着温度升高到950℃，随着发泡温度的升高，石墨添加量为1wt%、2wt%时，泡径呈现出上升趋势。对于石墨添加量为1wt%的泡沫玻璃样品，密度最低时发泡温度为950℃，此时平均泡径最大，约为2mm。对于石墨添加量为2wt%的泡沫玻璃样品，密度最低时的发泡温度为930℃，此时泡径约为1.6mm。对于石墨添加量为3wt%时，泡径呈现出先降后升的趋势，密度最低时发泡温度为910℃，此时同样对应最小平均泡径，约为0.5mm。而石墨添加量为5wt%时，与较为稳定的密度相对应，泡径也几乎没有变化，保持在2mm左右。

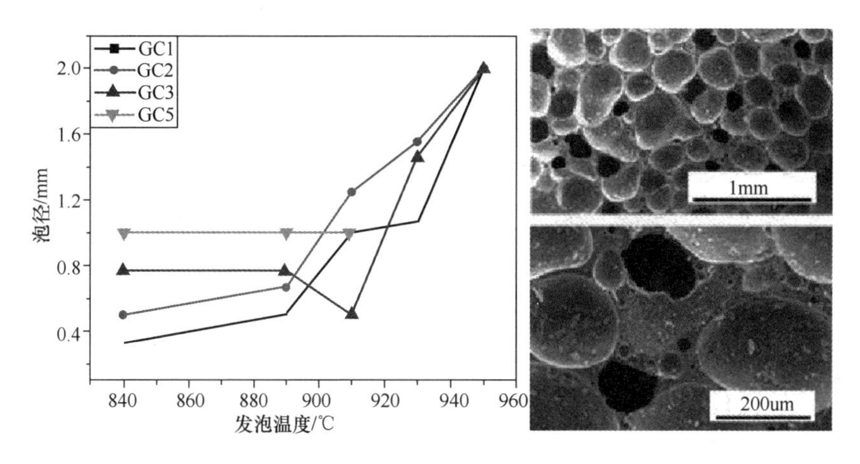


图7.2　发泡温度对不同石墨添加量泡沫玻璃泡径的影响及890℃发泡的SEM

### 7.2.4　保温时间对泡沫玻璃密度的影响

（1）表观密度

对于不同石墨添加量的泡沫玻璃在930℃发泡调整保温时间，其密度变化趋势如图7.3所示。石墨添加量为5wt%时，泡沫玻璃的密度稳定在一个极大的值附近，石墨添

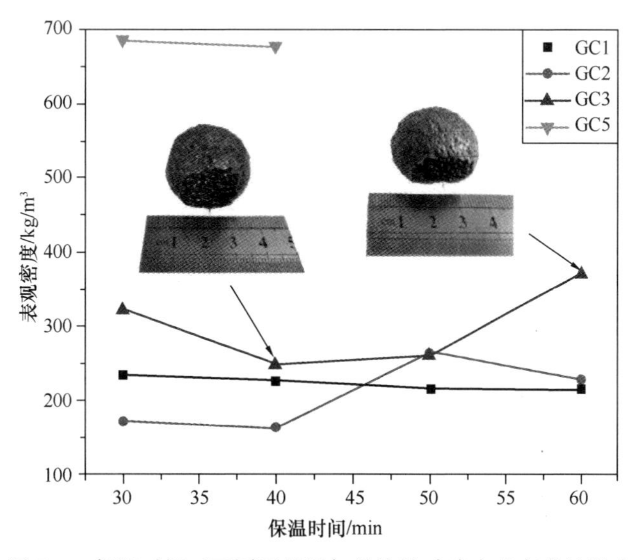


图7.3　保温时间对不同石墨添加量泡沫玻璃表观密度的影响

加量为 1wt%时，泡沫玻璃样品的密度则稳定在 230kg/m³ 左右。保温时间对石墨添加量为 2wt%和 3wt%的泡沫玻璃的密度影响较为显著，保温时间为 40min 时，这两种添加量的泡沫玻璃表观密度均达到最低值，进一步延长时间会导致密度回升。930℃保温 40min 后得到的 GC2 泡沫玻璃密度最低，能达到 163kg/m³，而 GC3 泡沫玻璃的密度则一直稳定在 250kg/m³ 以上。

(2) 平均泡径

保温时间对于泡沫玻璃泡径的影响见图 7.4。石墨添加量为 1wt%时，随着保温时间增加，泡沫玻璃的泡径逐渐增加并趋于平缓。石墨添加量为 2wt%时，泡径先增大后减小，最大泡径对应最小密度。石墨添加量为 3wt%时，泡径随保温时间的延长而增大，而密度是先降后增，这说明时间延长虽然使得气泡得以增大但是也使得 GC3 中的气体有足够的时间逸出。

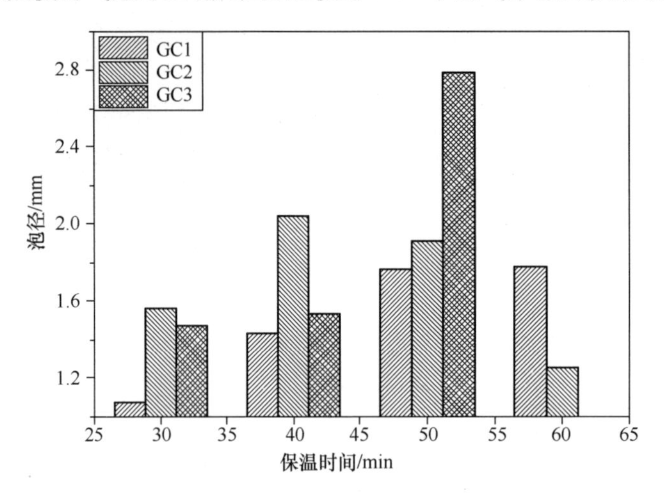


图 7.4 保温时间对不同石墨添加量泡沫玻璃泡径的影响

### 7.2.5 升温速率对泡沫玻璃密度的影响

将不同石墨添加量的混合料以不同升温速率升至发泡温度得到的泡沫玻璃密度变化趋势如图 7.5 所示。整体来看，随着升温速率的增加，相同发泡温度、时间条件下同种样品

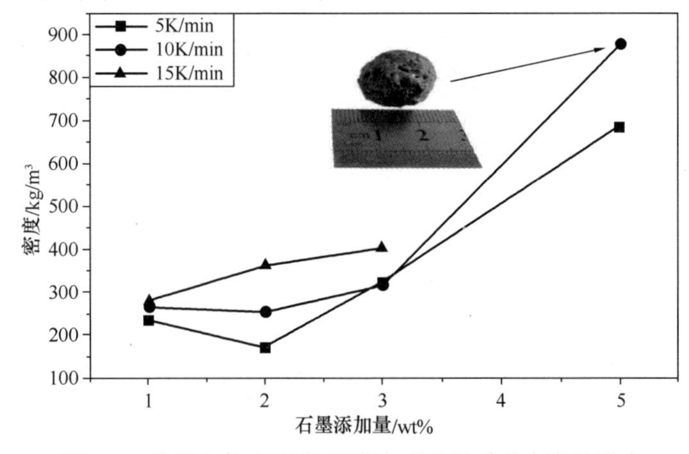


图 7.5 升温速率对不同石墨添加量泡沫玻璃密度的影响

的密度会有所增大，同时发泡的均匀性会有所下降，这是因为升温速率过高会导致混合料体系中的玻璃粉熔融不充分，其孔隙结构不能均匀发育，故提高升温速率虽然能减少升温过程中的石墨损耗但是不利于保证发泡质量。从图中可以看到，升温速率为5K/min和10K/min时，曲线为凹函数，拐点为石墨添加量为2wt%时，该点密度最低。

泡沫玻璃的主要性能如表7.2所示。

**表7.2 泡沫玻璃的主要性能**

| 密度 /kg·m$^{-3}$ | 抗压强度 /MPa | 导热系数 /[W/(m·K)] | 最高使用温度 /℃ | 吸水率 /% | 可燃性 |
|---|---|---|---|---|---|
| 180 | 0.8 | 0.060 | 500 | 0.5 | 不可燃 |

### 7.2.6 泡沫玻璃的发展趋势与研究方向

泡沫玻璃作为一种国家大力提倡的环保新材料，既可以有效地利用废玻璃、火山灰、粉煤灰等工业废料，又有很大的工业用途。但是泡沫玻璃的推广应用方面还存在以下问题：

(1) 泡沫玻璃的生产成本较高。这也是泡沫玻璃在墙体保温中尚未得到大规模推广应用的直接原因。

(2) 没有专业化、规模化的生产厂家。泡沫玻璃的生产方法很多，生产工艺也各不相同，目前国内没有产量很高的生产厂家，没有形成专业化生产。

(3) 泡沫玻璃尽管原料成分范围较宽，理论上能形成玻璃相的都可用于泡沫玻璃的生产，但是目前看来主要原料还是废玻璃，无法大规模使用低质、价廉、资源丰富的原材料来生产泡沫玻璃。

(4) 泡沫玻璃目前只是用在了一些附加值较低的领域，没有应用在一些高精尖领域，这也直接导致了泡沫玻璃的附加值较低。

## 7.3 碳足迹分析

### 7.3.1 泡沫玻璃生产工艺

现在泡沫玻璃制法主要有两种，即“一步法”和“两步法”。“一步法”是将配合料装入模具中进行发泡和退火，这种方法会占用大量的模具，并且带模退火不利于毛坯成品率，容易出现毛坯开裂。“两步法”是将泡沫玻璃的配合料在模具中发泡，然后在发泡窑内将模具脱除，将脱模后的毛坯放入退火窑中进行退火。其优点是可以及时观察发泡情况，及时调节发泡温度制度，灵活生产出不同的泡沫玻璃，减少模具的投入量。但是“两步法”在脱模时会耗费大量的人力、物力，浪费能源。只有不断改进生产工艺，才可以降低单位产品能耗，充分利用废弃物，提升市场竞争力。

泡沫玻璃具有广阔的应用发展前景，尽管目前国内的生产技术还不够成熟稳定，应用领域还不够广阔，但是对泡沫玻璃的需要将会与日俱增，一定会有越来越多的机构和研究人员对其进行深入研究和开发利用，持续优化生产工艺，不断开发出性能优良的泡沫玻璃，满足未来社会绿色、低碳的发展需求。

新型泡沫玻璃生产工艺采用“一字形”纵向水平布局，改变国外专利的垂直生产布局思路。利用连续宽断面发泡炉，使用原料是可以回收的废弃玻璃和熔化的新玻璃，进行预热、烧结、发泡、冷却定型，在连续发泡炉末端对毛坯进行在线热切割，使毛坯分割成规格尺寸可达 1200mm×900mm 或 1200mm×600mm 的毛坯板块，然后侧立放入退火炉进行退火，退火后再进行精切加工和包装。新型泡沫玻璃生产工艺如图 7.6 所示，与传统生产工艺几乎一致，仅是在模具和热切割方面存在显著差异。

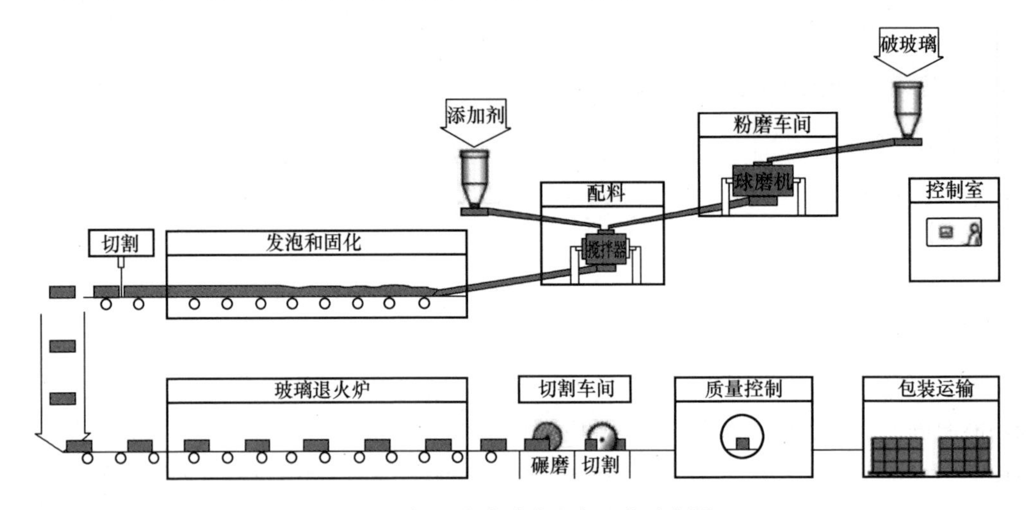


图 7.6　新型泡沫玻璃生产工艺示意图

### 7.3.2　玻璃高细粉磨技术分析

要生产出气孔率高、孔壁厚度薄、气孔结构细小均匀等物理性能好的泡沫玻璃，首先需要生产细度细、粒度分布较为均匀、粗颗粒与过粉磨微粉含量低的玻璃粉，这是提高我国泡沫玻璃整体质量水平的基础。

玻璃高细粉磨技术是通过对普通玻璃磨进行改进、优化而发展起来的一项新技术，其粉磨原理与普通磨机没有本质区别，研磨体材料也采用陶瓷。其改进与优化后的主要技术特点与措施如下：

（1）采用具有筛分功能的隔仓板

泡沫玻璃的生产工艺要求将碎玻璃粉磨到一定的细度，并且颗粒分布尽可能均匀。在连续生产的玻璃磨中，由于入磨物料粒度大小不一，物料的易磨性也不完全相同，加之磨内的研磨体粉磨物料时具有随机性，因此普通玻璃磨难以生产高质量的玻璃粉。为满足泡沫玻璃生产工艺要求，在玻璃磨内的一仓与二仓之间设计一个筛分隔仓板，该隔仓板能对物料进行粗细分离，粗料返回一仓利用大陶瓷球继续粉碎，而细料及时进入二仓，由合理规格的陶瓷球进行粗磨。通过筛分隔仓板对物料的有效筛分，使进入二仓的物料不含粗颗粒，这可以有效控制玻璃粉成品中粗颗粒的含量。

（2）设计合理的衬板结构

普通玻璃磨一般采用陶瓷平衬板，但生产实践中发现，这种衬板不利于将研磨体提升到合理的高度，而使其粉碎物料时运动强度不足，降低了粉磨效率。在玻璃磨的各仓设计波形大小不同的波纹衬板，使各仓的研磨体根据具体的工况，在粉磨物料时各自获得合理的提升高度和运动强度，可以改善磨机的粉磨效率。

（3）完善磨内各仓长度分配

选择合理的破碎仓，粗磨仓和细磨仓的长度是选择玻璃磨合理参数的重要一环。普通玻璃磨不能有效磨细的原因之一就是各仓长度分配不合理。在确定各仓长度时，要充分考虑到玻璃是一种易碎难磨的物料，又要求产品细，其磨内研磨工作量要占整个粉碎作业的85%以上。合理确定各仓长度才能实现 3 个仓的能力平衡，也才能充分发挥磨机的效能，将产品磨细。

（4）改进研磨体级配

各仓研磨体级配是否合理，是提高磨机粉磨效率的关键。通过试验磨对物料的各种级配模拟对比，掌握适合于粉磨玻璃粉的研磨体级配方法，合理选择各仓级配积累经验，实现将玻璃有效磨细并进一步提高玻璃磨机效率。

（5）采用具有调节料位功能的装置

要将难磨的碎玻璃磨到所要求的细度是个技术难题，这就要求物料在磨机里停留足够的粉磨时间。通过在隔仓板与磨尾出料板设计料位调节装置，可以控制物料通过隔仓板与磨尾的出料能力。调节该装置可以实现正常生产时各仓的合理料位，也就确定了物料在磨机内的合适流速与停留时间，实现对产品的细磨。

### 7.3.3　磨机改进前后的技术指标及产量与能耗对比

磨机改进前后的技术指标及产量与能耗对比如表 7.3 和表 7.4 所示。

**表 7.3　磨机改进前后的技术指标**

| 项目 | 改进前 | 改进后 |
|---|---|---|
| 平均产量/t/h | 3.52 | 3.76 |
| 主机电耗/kW・h/t | 125.3 | 122.3 |
| 细度（R0.045）/% | 10.3 | 4.4 |

**表 7.4　相近的细度下磨机改进前后产量与电耗对比**

| 项目 | 改进前 | 改进后 |
|---|---|---|
| 平均产量/t/h | 3.52 | 5.29 |
| 主机电耗/kW・h/t | 125.3 | 87.4 |
| 细度（R0.045）/% | 10.3 | 10.5 |

表 7.3、表 7.4 表明，普通玻璃磨通过高细玻璃粉磨技术的改造，磨机的效率得到了大幅提高，不但提高了台时产量，降低了粉磨电耗，最重要的是将碎玻璃粉有效磨细，为

生产高性能的泡沫玻璃创造了条件。

## 7.4 减碳策略

### 7.4.1 新型泡沫玻璃生产工艺特点

(1) 采用快速加热、冷却方式，缩短了生产周期，实现连续生产，提高了生产效率；

(2) 减少了发泡窑冷却和稳定段所需的窑长以及退火窑加热段的窑长，降低了能源的消耗；

(3) 完全不需要模具，取消回模线，减少了模具费用和脱模剂的消耗；

(4) 免除了模具清理、脱模剂喷涂、配合料装模、毛坯出模、搬运模具等工序；

(5) 毛坯切材率达到85%～88%，毛坯切材率提高了10%以上；

(6) 减少单位产品人工成本消耗，综合生产成本降低20%。

### 7.4.2 新型泡沫玻璃生产各系统减碳策略

(1) 配合料制备系统

配合料制备包括干燥的玻璃碎块粉碎、电子称量与配料、粉磨系统、储料系统和除尘系统。玻璃的粉碎采用锤式破碎机，破碎粒度小于5mm。电子称量与配料，包括玻璃原料的皮带秤称量，发泡剂和助剂螺旋称量。粉磨系统采用三仓结构形式的卧式滚筒连续粉磨机，配合料按比例定时5～10min送入卧式滚筒连续粉磨机入口，40～50min到达粉磨机出口，出口粒度控制在20mm以下，经筛分震动机进行配合料粉体粒度控制，合格粒度的配合料提升送入储料仓中。储料仓一般设置2～4个，可满足1～3天使用储量。除尘系统主要设置在破碎机、粉磨机入口和出口处，除尘系统主要采用布袋式除尘器，确保环境卫生要求。

(2) 配合料输送系统

为了减少配合料的运输距离，一般将粉磨车间设置在主车间（发泡、退火、切割）附近或结合在一起，减少配合料运输工作量。运输方式包括管道气动输送、管道刮板输送，以及桶罐叉车运输。总之，运输距离越长，对配合料均匀性将产生影响，也会产生环境卫生问题，因此建议尽量将粉磨与发泡炉布料系统结合在一起，最大限度地实现节能降耗，提高质量，降低污染。

(3) 发泡炉系统

新型发泡炉完全不同于以前的推板窑和辊道炉，该连续发泡炉采用金属叠层网状传输带或金属链板结构，保障了发泡炉的传输面的平整性和严密性。发泡炉宽度可达3.6m以上，优选使用天然气燃料，在传输带或链板上下进行加热，均匀密布燃烧器，减小横向温差，利用燃烧器高速火焰气流的对流传热效果，达到温度场的均匀性。在发泡炉入口处对传输带或链板上表面与配合料进行隔离，防止烧结黏连和配合料遗漏，使用的隔离材料包括薄形无机板状材料、金属材料、有机材料等，然后利用槽型布料器将配合料铺在隔离材料上面，配合料布料厚度依据布料器下口与隔离材料的高度来决定，可以人工或自动调节，布料器宽度一般与发泡炉同宽度，一般控制配合料布料厚度在40～50mm，发泡后的毛坯厚度即可达到200mm以上。发泡窑炉的发泡工艺制度几乎与第1代至第5代工艺一致，包括预热、烧结、发泡和冷却定型。

（4）热切割设备系统

连续发泡炉生产出来的毛坯，断面宽度达2.4m，甚至达到3.6m以上，必须对其进行切断，然后送入退火炉退火。因为泡沫玻璃产品的发泡时间和退火时间比例为1∶20，如果不截断，意味与发泡炉同宽度的退火炉长度是发泡炉的20倍长度（大约在1000m），这在技术和经济上是不可行的。另外，不能有效完成退火，会存在不规则断裂，导致采材率很低。因此，必须使用一种适用于500～600℃的热切割设备，快速完成宽断面毛坯的分割。一般将其分割成1200mm×900mm或1200mm×600mm毛坯板块，或者其他规格，原则上以退火炉空间或退火炉可满足的最佳退火条件来决定。

（5）退火炉系统

新型发泡炉基本沿用第5代生产线的金属网带传输型退火炉，并且采用多组(12～36组）热风循环搅拌，实现退火炉断面空间的温度均匀性，最大限度地缩短退火周期。目前厚度230mm毛坯退火时间可达22h，退火炉宽度达4.8m，横向放置16块侧立放置的泡沫玻璃毛坯，退火炉长度可达80～120m。

（6）冷切割系统

由于新型泡沫玻璃生产线产能更大，传统单机式泡沫玻璃毛坯切割系统无法满足。冷切割加工系统使用低噪声、低尘、高效自动切割系统，采用多个单机串联组合成自动切割线，实现毛坯投入、除上皮、翻坯、去下皮、双侧切、转向、双侧切、人工取块。切割采用低速合金带锯，同时锯带采用淋水冷却和降尘，使工人劳动负荷和环保条件得到极大改善。

（7）包装设备

新型泡沫玻璃生产工艺对包装进行了革新与改进，采用热风塑料收缩膜对泡沫玻璃成品进行包装，替代纸箱和木/塑托盘技术，提高了包装效率，减少了纸质、木/塑包装材料对储放空间和运输空间占用，同时节约包装成本30%。由于热风塑料收缩膜包装使制品更加紧密，减少了磨损和破损。

# 第8章　泡沫陶瓷板

## 8.1　概述

### 8.1.1　泡沫陶瓷简介

泡沫陶瓷作为一种新型功能材料，因其密度小、比表面积大、耐高温、耐化学腐蚀、耐摩擦、良好的介电性能以及生物亲和性，在过滤、吸收、催化、储能、电池、无线通信、建筑材料、生物陶瓷等诸多领域有着广泛的应用。泡沫陶瓷按照孔径大小可分为微孔（孔径<2nm）、介孔（2nm<孔径<50nm）和宏孔（孔径>50nm），按照孔洞是否连通又可分为开孔泡沫陶瓷和闭孔泡沫陶瓷。其中由于开孔泡沫陶瓷具有相互连通的孔洞，有利于流体的流动和运输，具有良好的耐高温性能，一般用作工业上过滤高温气体和液体；相反地，由于闭孔泡沫陶瓷中含有大量的封闭孔洞，而气体的导热系数一般相对于固体来说小得多，使其在保温隔热材料领域拥有良好的适用潜力。因此，对于特定的应用场合，选择合适的孔洞大小和形式的泡沫陶瓷是非常必要的。

### 8.1.2　泡沫陶瓷的制备工艺

不同的制备工艺影响着泡沫陶瓷最终的孔洞大小、形式及分布，选择合适的制备工艺对泡沫陶瓷最终的结构和性能至关重要。其中，常见的泡沫陶瓷制备工艺有：有机泡沫浸渍法、添加造孔剂法、直接发泡法、凝胶-溶胶法、冷冻干燥法和3D打印法。

（1）有机泡沫浸渍法

有机泡沫浸渍法是一种常见的泡沫陶瓷制备工艺，已经发展应用了将近60年，于1963年由Schwartzwalde提出。这种方法通过将泡沫陶瓷悬浊液均匀涂抹在网状框架的前驱体上，前驱体可以是有机聚合物泡沫如聚氨酯泡沫、聚乙烯泡沫、聚丙烯泡沫等，也可以是天然材料，如木材、纤维素、海绵等。使用此方法制备的泡沫陶瓷一般孔隙率较大，且一般为开孔陶瓷，因其较大的比表面积而多适用于工业过滤和催化领域。Liang Xiong等以聚氨酯泡沫为模板，以碳化硅粉末、微硅粉、α-氧化铝和粉煤灰为原材料，聚碳酸酯、羧甲基纤维素和木质素磺酸胺分别为分散剂、增稠剂和临时黏合剂制备了碳化硅网状多孔陶瓷，通过试验发现添加粉煤灰可以提高多孔陶瓷的强度，并有助于去除夹杂物，增强熔融金属的过滤效果。Vlad Alexandru Lukacs等以干燥的花粉颗粒为模板制备了微孔多孔$BaTiO_3$陶瓷，发现多孔陶瓷的总介电常数会随着孔隙率的增加而降低，可以用作铁电陶瓷的环保替代品。

（2）添加造孔剂法

添加造孔剂法是在泡沫陶瓷组分中均匀地加入适量的造孔剂，然后通过蒸发、燃烧、热分解、化学腐蚀或者浸出等方式去除造孔剂，将原本造孔剂所在位置转化为泡沫陶瓷的孔洞。常见的造孔剂可分为：合成有机物，如聚乙烯珠、环氧树脂颗粒等；天然有机物，如蔗糖、淀粉、石蜡等；无机物，如木炭颗粒、金属颗粒等。造孔剂的大小、位置和分布对最终泡沫陶瓷的结构和性能起着关键作用。XuXiaohon 等以活性炭为造孔剂制备了多孔陶瓷，研究了黏结剂含量、烧成温度、碳化硅粒径、活性炭含量和活性炭粒径对多孔陶瓷透气性能的影响，试验研究发现碳化硅粒径对其透气性能影响最大。

（3）直接发泡法

直接发泡法最早由 Sundermann 于 1973 年提出。通过将无机或有机化学品（发泡剂）添加到陶瓷组分中，在物理或化学处理后形成挥发性气体和气泡，在烧结后获得泡沫陶瓷材料。直接发泡法生产的陶瓷材料具有 40%～90%的高孔隙率。由于大多数发泡孔是封闭的，因此制备的泡沫陶瓷比使用其他方法制备的陶瓷具有更高的强度且保温隔声效果良好。Wang Linying 等以氧化铝为原材料，聚丙烯酸胺和十二烷基三甲基氯化胺为分散剂和疏水改性剂制备了氧化铝悬浊液，通过搅拌获得了稳定的湿泡沫，在 1350℃下烧结 2h 后得到了多孔氧化铝陶瓷，孔隙率为 82%，抗压强度可达 39MPa。Li Xiangming 等以石英粉、碳酸钙、滑石粉为原材料，氮化硅为发泡剂，四硼酸钠为发泡改性剂，经球磨混合并在 10MPa 的压力下压制成型后在高温下烧结得到了具有多孔内部结构和致密表面的多孔陶瓷，抗压强度为 6.2MPa，闭孔孔隙率高达 89%。

（4）冷冻干燥法

冷冻干燥法是近些年来受工业上真空冷冻干燥技术启发后发展起来的一种新型泡沫陶瓷制备技术。冷冻干燥法与添加造孔剂法比较相似，不同的是冷冻干燥法采用的造孔剂是冷冻的液体（一般为去离子水），在低压环境下，使冷冻的液体直接升华排出，或通过酒精萃取等其他手段去除冷冻的液体，从而在陶瓷内部产生孔洞，避免了因为不同物质热膨胀系数的不同，而在陶瓷内部产生裂纹，进而影响到泡沫陶瓷性能的问题。赵著等以 α-碳化硅粉体为主要原材料制备了碳化硅凝胶，之后将其在－17℃下冷冻 12h，脱模后经过乙醇萃取脱水后进行干燥处理，最后在真空炉中氢气气氛保护下烧成了三维互联等级大孔碳化硅陶瓷，可用于制备应用于航空航天、电子、机械和汽车等领域的陶瓷/金属复合材料。

（5）3D 打印法

3D 打印法同样是一种新型的泡沫陶瓷制备方法，一般通过泡沫陶瓷原材料与水混合搅拌制备悬浊液之后，滴加表面活性剂制备泡沫，之后经过凝胶化处理，通过立体光刻、黏合剂喷射、喷墨打印、粉末床熔融、材料挤出、薄片压层、直接能量沉积等方法制备泡沫陶瓷。与其他方法相比，3D 打印法可以批量生产具有复杂细节定制形状的泡沫陶瓷，且能减少材料的浪费和能源消耗，促进制造业的可持续发展。Liu Desheng 等以无定形气相二氧化硅粉体为主要原材料，通过球磨混合制备二氧化硅凝胶之后，通过压力驱动的挤出式 3D 打印设备制备了泡沫陶瓷材料，之后将梭铁酸 MIL-100（Fe）通过水热法均匀涂覆到之前制备的泡沫陶瓷材料上，发现其对有机染料具有优异的催化降解效率，可以满足实际废水修复应用中的要求。Zhang Xiaoyan 等以勃姆石为主要原料，十二烷基硫酸钠为表面活性剂，使用喷墨打印的方法采用打印机打印泡沫陶瓷坯体，经过高温烧结后制备了泡沫陶瓷材料，具有轻质高强、比表面积大、形状设计灵活的优点，可用于生物医学、建筑工业、航空航天和环境处理等诸多领域。

### 8.1.3 工业固废基泡沫陶瓷的研究现状及应用前景

工业固废的大规模生产和资源的不断消耗对环境的可持续性造成了重大影响。根据我国国家统计局的数据，2020 年我国一般工业固体废弃物的产生量约为 36.75 亿吨，综合利用量为 20.38 亿吨，综合利用率有待提高。工业生产每年都会导致大量的工业固体废弃物的堆积，工业固体废弃物一般都含有酸性或碱性物质和重金属离子，有些还含有放射性元素，如果弃之不管，会对周边环境造成严重污染。目前，全世界的研究学者们已经针对如何安全处理和处置工业固体废弃物进行了大量的研究。由于吃渣量大的优点，利用工业固体废弃物制备建筑材料已经成为目前研究的重点。其中，因为陶瓷本身良好的化学稳定性，加之经过高温热处理后对工业固体废弃物中的重金属元素等对环境造成污染的物质具有优秀的固化能力，同时对于放射性元素也具有良好的屏蔽作用。Zoltan Sas 等采用高温处理的方式对赤泥中的放射元素氡的析出性进行了表征试验，结果发现经过高温处理后赤泥的氡析出量仅为初始析出量的 10%左右，对放射性元素具有很好的包覆屏蔽效果。

因此，利用工业固体废弃物制备泡沫陶瓷受到了国家政策的大力支持。目前，利用工业固体废弃物制备泡沫陶瓷的报道很多，报道中所使用的工业固体废弃物包括但不限于尾矿渣、金渣、化工渣、粉煤灰、建筑垃圾、农林废弃物。由于泡沫陶瓷具有不燃性，并且利用工业固体废弃物制备泡沫陶瓷可以有效地降低泡沫陶瓷的生产成本，因此将工业固废基泡沫陶瓷应用于建筑物墙体保温材料领域具有良好的应用前景。

## 8.2 产品生产及性能

发泡陶瓷是以陶土尾矿、陶瓷碎片、河（湖）道淤泥、掺加料等作为主要原料，经 1100℃左右的高温焙烧，自燃熔融发泡形成高气孔率的均匀闭孔陶瓷材料。在材料组分中，适量引入高温发泡剂，并在材料的软化熔融温度范围内烧成，高温下主原料与发泡剂发生化学反应，生成大量挥发性气体。由于材料熔体的高黏度性质，气体的挥发引起材料整体膨胀，随着烧结温度的降低，熔体中气体挥发后的气孔保存下来，材料内部呈现密集的闭气孔，最终获得多孔、轻质的材料结构。

用于泡沫陶瓷的原材料赤泥和钾长石水洗废料的组分差异较大，赤泥中含有较多的 $Fe_2O_3$ 和 $Na_2O$，而 $SiO_2$ 含量较少，钾长石水洗废料中 $SiO_2$ 含量较多，利用二者间的成分互补，可以实现在较低温度下烧制泡沫陶瓷。泡沫陶瓷的组成成分会对泡沫陶瓷的结构和性能产生较大的影响。$SiO_2$ 是一种能在高温下形成玻璃网状结构的物质，在陶瓷中起骨架作用，具有较高的熔点和黏度，$SiO_2$ 含量的增多会提高泡沫陶瓷的化学稳定性，减小泡沫陶瓷的热膨胀系数，但是 $SiO_2$ 含量过多会使泡沫陶瓷的软化温度升高，相应地提高泡沫陶瓷的烧结温度；$Al_2O_3$ 和 $SiO_2$ 可以在一定条件下烧结形成硅酸盐玻璃网络结构，具有加速结晶化的作用，含量过多会增大玻璃液相的黏度；MgO 和 CaO 含量的增多可以增加泡沫陶瓷的化学稳定性，但同时会使泡沫陶瓷的烧成温度范围变小，影响泡沫陶瓷的烧结温度；$Fe_2O_3$ 熔点较低，是一种较好的助熔剂，可以降低泡沫陶瓷的烧结温度；$Na_2O$ 和 $K_2O$ 是碱性氧化物，会破坏硅酸盐玻璃网络结构，从而显著降低泡沫陶瓷的软化温度，掺量过多会对泡沫陶瓷的化学稳定性产生影响，降低泡沫陶瓷的力学性能。

为研究泡沫陶瓷原材料中因赤泥/钾长石水洗废料的比例不同对泡沫陶瓷结构及性能的影响，可通过单一变量试验研究，固定发泡剂含量、烧结温度和保温时间，改变赤泥与钾长石水洗废料的比例分别为 3∶2、1∶1、2∶3、1∶2，制备泡沫陶瓷材料，四组样品分别记作 A1、A2、A3、A4。

### 8.2.1　赤泥/钾长石水洗废料比例对泡沫陶瓷样品体积密度和显气孔率的影响

图 8.1 为发泡剂掺量 1.0%（质量分数）、烧结温度 1100℃、保温时间 60min 条件下不同赤泥/钾长石水洗废料比例制备的泡沫陶瓷体积密度和显气孔率的变化。A1、A2、A3、A4 分别对应赤泥/钾长石水洗废料比为 3∶2，1∶1，2∶3，1∶2 四组样品。

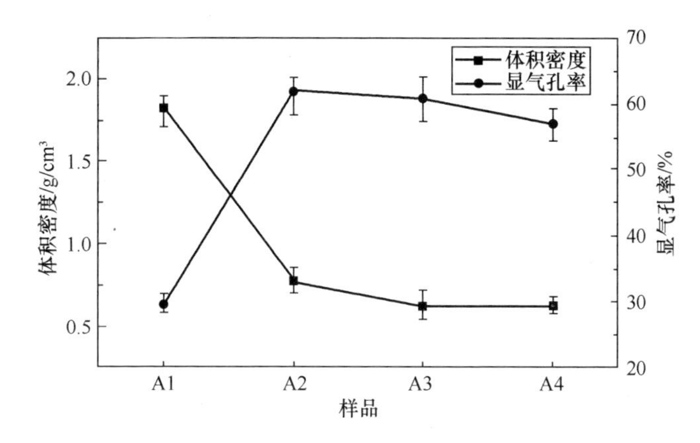


图 8.1　不同赤泥/钾长石水洗废料比例下制备的泡沫陶瓷的体积密度和显气孔率

由图 8.1 可以看出，只有在赤泥/钾长石水洗废料掺加比例为 3∶2 的泡沫陶瓷，即 A1 组样品体积密度大于 1，显气孔率小于 50%。A1 组样品与其他组样品的体积密度和显气孔率相差较大，表现为当赤泥/钾长石水洗废料掺加比例从 3∶2 变化为 1∶1 时体积密度显著减小，显气孔率显著增加，这是由于当赤泥/钾长石水洗废料比例减小时，样品中 $SiO_2$ 含量增多，在高温下会生成更多玻璃液相，赤泥中的方钠石会在高温下水解释放出 $Na^+$ 离子，破坏玻璃液相中的 Si-O-Si 键，显著降低玻璃液相的黏度，随着样品中钾长石水洗废料含量的增加，玻璃液相的黏度会越来越低。玻璃液相茹度越低，空气中的氧气溶解在玻璃液相中的运动速度越快，从而加速被玻璃液相包裹的碳化硅的氧化反应速度，导致大量以 $CO_2$ 为主的气体的产生。同时，由于玻璃液相的黏滞阻力与其黏度成正相关，玻璃液相的黏度越低，黏滞阻力越小，更有利于气泡的成核和生产，导致泡沫陶瓷的体积密度和显气孔率发生显著变化。

当赤泥/钾长石水洗废料比例超过 1∶1 时，泡沫陶瓷的体积密度和显气孔率变化幅度变小。

### 8.2.2 赤泥/钾长石水洗废料比例对泡沫陶瓷样品孔径分布及大小的影响

图 8.2 和图 8.3 分别为发泡剂掺量 1.0%（质量分数）、烧结温度 1100℃、保温时间 60min 条件下不同赤泥/钾长石水洗废料比例制备的泡沫陶瓷的光学宏观图像、孔径分布及平均孔径变化。A1、A2、A3、A4 分别对应赤泥/钾长石水洗废料比例 3∶2、1∶1、2∶3、1∶2 四组样品。

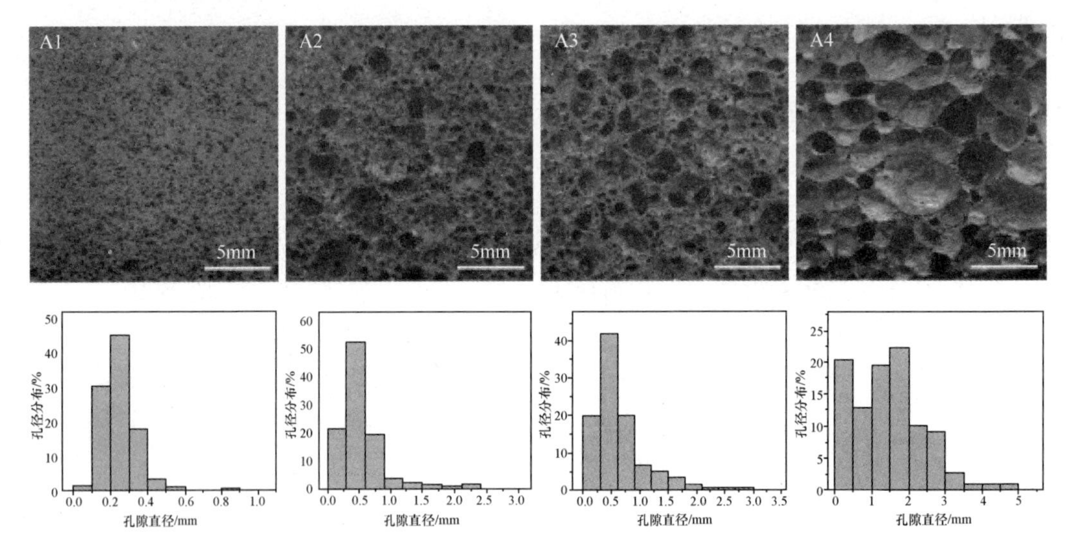


图 8.2　不同赤泥/钾长石水洗废料比例制备的泡沫陶瓷的光学宏观图像与孔径分布

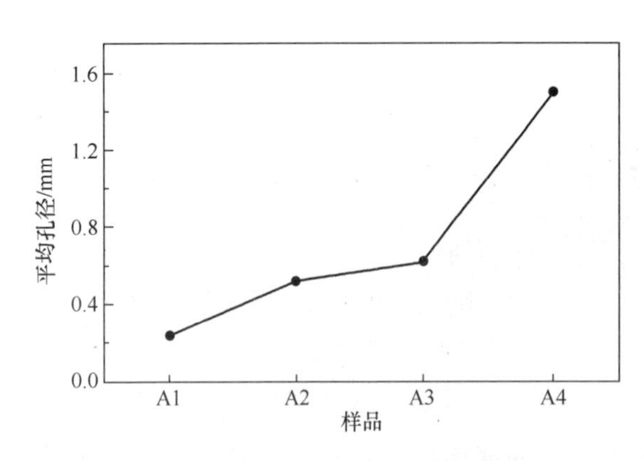


图 8.3　不同赤泥/钾长石水洗废料比例制备的泡沫陶瓷的平均孔径

从图 8.2 可以看出，A1 组样品的气孔大小集中在 0.1～0.4mm 范围内，因为孔径分布范围较小，所以整体分布比较均匀；A2 组样品的气孔大小集中在 0.4～1.0mm 范围内，且气孔分布小范围内较为均匀；A3 组样品的气孔大小同样集中在 0.4～1.0mm 范围内，但与 A2 组样品相比，其直径大于 1.0mm 的气孔较多，导致其平均孔径较大，这与图 3.3 中的测量结果相一致，气孔分布较为均匀；A4 组样品的气孔大小集中在 1.0～3.0mm 范围内，其直径较大的气孔含量较多，平均孔径远远大于其他三组，孔径分布小范围均匀，大范围不均匀。

A1 组样品中孔径较小的原因主要是原材料中赤泥/钾长石水洗废料比例过大，泡沫陶瓷组分中 $SiO_2$ 含量较少，在高温烧结过程中形成的玻璃液相较少，导致液相茹度较大，黏滞阻力较大，气泡内压强不足以克服黏滞阻力的影响，不利于气泡的生长，从而导致 A1 组样品的气孔较小。A2 组和 A3 组样品的气孔孔径以 0.5mm 左右为最多，但是也有许多较小的气孔，这主要是由于烧结不均匀导致样品中部分发泡剂氧化反应不充分。A4 组样品中大孔较多，这是由于泡沫陶瓷组分中 $SiO_2$ 含量较多，高温烧结过程中玻璃液相的黏度较低，使得小气泡更容易发生团聚现象合并形成大气孔，平均孔径显著增大。

### 8.2.3　赤泥/钾长石水洗废料比例对泡沫陶瓷样品力学性能的影响

图 8.4 为发泡剂掺量 1.0%（质量分数），烧结温度 1100℃，保温时间 60min 条件下不同赤泥/钾长石水洗废料比例制备的泡沫陶瓷的抗压强度变化。A1、A2、A3、A4 分别对应赤泥/钾长石水洗废料比例 3∶2、1∶1、2∶3、1∶2 四组样品。图 8.5 为 A1、A2 和 A4 三组样品孔壁的 SEM 图。

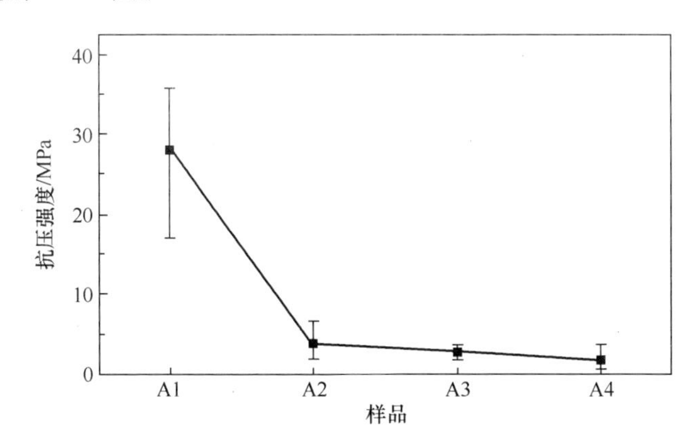


图 8.4　不同赤泥/钾长石水洗废料比例制备的泡沫陶瓷的抗压强度

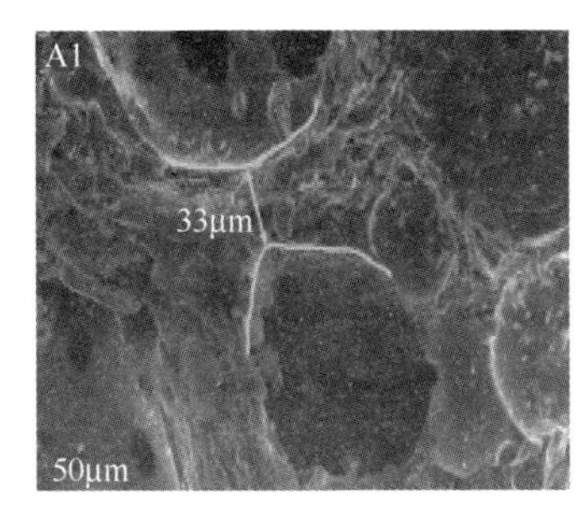

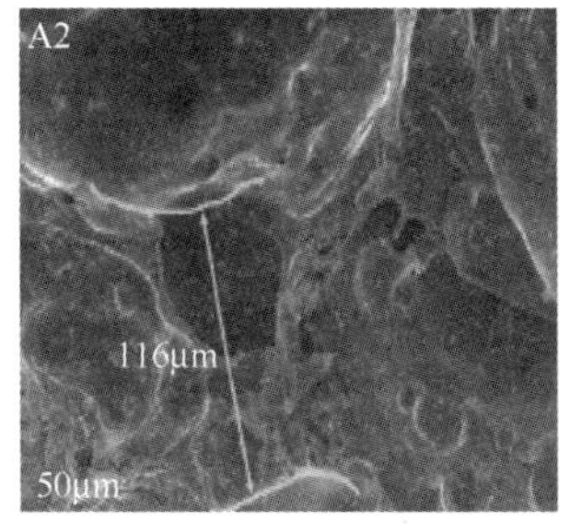

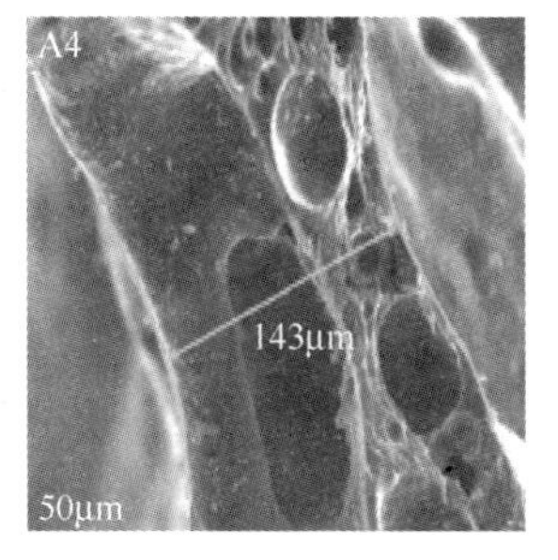


图 8.5　样品 A1、A2、A4 孔壁的 SEM 图

由图 8.4 可以看出，随着赤泥/钾长石水洗废料比例的减少，泡沫陶瓷抗压强度的变化趋势与其平均孔径的变化趋势相反，证明了烧结制备的泡沫陶瓷的力学性能受气孔的影响较大。A1 组样品中由于赤泥含量较多，组分中 $SiO_2$ 含量较少，生成的玻璃液相较少，液相茹度较大，导致样品烧结比较致密，孔径较小，孔洞之间的支撑数量较多。由图 8.6 可知，A1 组样品的孔壁没有小气孔，烧实程度较高，孔壁厚度较薄，不易产生应力集中

现象。受平均孔径较小和样品烧实度的影响，A1 样品的抗压强度较高，达到了 28.04MPa。随着钾长石水洗废料的增多，组分中 $SiO_2$ 含量增多，高温烧结过程中玻璃液相的黏度较高，有利于气泡的产生和成长，导致样品的孔径增大，孔洞间支撑数量较少。由图 8.5 可知，随着赤泥/钾长石水洗废料比例越来越小，A2 和 A4 两组样品的孔壁上开始出现小气孔，这是由于发泡剂氧化放出的气体生成的小气孔没有贯通形成大气孔，较厚的孔壁也容易产生应力集中现象。当赤泥/钾长石水洗废料比例为 1∶2（样品 A4）时，样品的抗压强度仅为 1.72MPa。

## 8.2.4 赤泥/钾长石水洗废料比例对泡沫陶瓷物相组成的影响

图 8.6 为发泡剂掺量 1.0wt%，烧结温度 1100℃，保温时间 60min 条件下不同赤泥/钾长石水洗废料比例制备的泡沫陶瓷的 XRD 图。A1、A2、A3、A4 分别对应赤泥/钾长石水洗废料比例 3∶2、1∶1、2∶3、1∶2 的四组样品。

由图 8.6 可以看出，A1、A2、A3、A4 四组样品的主要物相组成为赤铁矿（$Fe_2O_3$）、钠长石（$NaAlSi_3O_3$）、钙长石（$CaAl_2Si_2O_3$）以及少量的金红石（$TiO_2$）。样品中原材料比例的变化并不会对泡沫陶瓷样品的物相组成类别产生影响。赤铁矿（$Fe_2O_3$）和钠长石（$NaAlSi_3O_3$）是原材料中所含的物相，并不会参与到高温烧结反应过程中。钙长石（$CaAl_2Si_2O_3$）相和金红石（$TiO_2$）相是原材料在高温烧结过程中复杂的化学反应产生的，具体过程为：赤泥中的方钠石在 740℃左右发生水解反应，晶格被破坏并释放出 $Na^+$ 离子，之后 $Na^+$ 离子会与钙钛矿发生离子交换，置换出 $Ca^{2+}$，生成钛酸钠，钛酸钠会吸附高温下发泡剂碳化硅氧化反应生成的 $CO_2$ 并与之发生反应生成金红石相，$Ca^{2+}$ 离子会和原材料中的 $A1^{3+}$ 和 $Si^{4+}$ 离子在高温下反应生成钙长石（$CaAl_2Si_2O_3$）相。

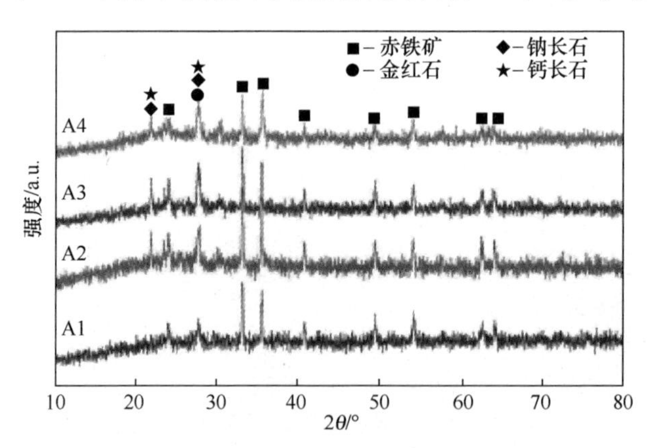


图 8.6 不同赤泥/钾长石水洗废料比例制备的泡沫陶瓷的 XRD 图

随着赤泥/钾长石水洗废料比例的减小，XRD 图谱中代表样品中物相的峰不断减小，这是由于钾长石水洗废料中在高温下生成玻璃相的物质含量较多，随着钾长石水洗废料掺量的增多，泡沫陶瓷中的物相越来越少，非晶体相（玻璃相）越来越多。

直接发泡法是制备泡沫陶瓷的一种常见方法，通过将无机或有机化学品（发泡剂）添加到陶瓷组分中，在物理或化学处理后形成挥发性气体，经过高温烧结冷却后生成的气体在泡沫陶瓷中形成孔洞。这种方法制得的多孔陶瓷孔洞大多为闭气孔，具有较为良好的力学性能和保温隔声性能。但是由于发泡剂的氧化反应在高温下比较迅速，短时间内会生产大量气泡，因此需要对发泡剂的掺量和烧结参数进行调整，不然就会出现发泡不均匀、坯体塌陷等现象，影响泡沫陶瓷的性能。本试验所用发泡剂为碳化硅，是一种共价化合物，一般不与酸或碱发生反应，常温下很难发生氧化反应，在900℃左右开始和氧气发生缓慢的氧化反应，且会随着温度的升高而加快，最适宜作为发泡剂的温度范围为950～1150℃，此温度区间内碳化硅的氧化反应较为剧烈，可以产生充足的以$CO_2$为主的气体，并在表面生成一层可以隔绝氧气的$SiO_2$氧化膜，阻止氧化反应的继续，但是陶瓷组分中的碱金属氧化物和碱土金属氧化物（$Na_2O$，$K_2O$和CaO等）会破坏$SiO_2$氧化膜，使膜内的碳化硅裸露出来，促进碳化硅的继续氧化。另外，碳化硅还是一种重要的工业耐火材料，掺量不宜过多，否则会增加泡沫陶瓷的生产成本。

为研究泡沫陶瓷原材料中发泡剂掺量不同对泡沫陶瓷结构及性能的影响，通过单一变量试验研究，固定原材料赤泥/钾长石水洗废料比例、烧结温度和保温时间，改变发泡剂掺量分别为0.5%、1.0%、2.0%、3.0%（质量分数），制备泡沫陶瓷材料，四组样品分别记作B1、B2、B3、B4。

### 8.2.5　发泡剂掺量对泡沫陶瓷样品体积密度和显气孔率的影响

图8.7为赤泥/钾长石水洗废料比例1∶1，烧结温度1100℃，保温时间60min条件下不同发泡剂掺量制备的泡沫陶瓷体积密度和显气孔率的变化。B1、B2、B3、B4分别对应发泡剂掺量为0.5%、1.0%、2.0%、3.0%（质量分数）四组样品。

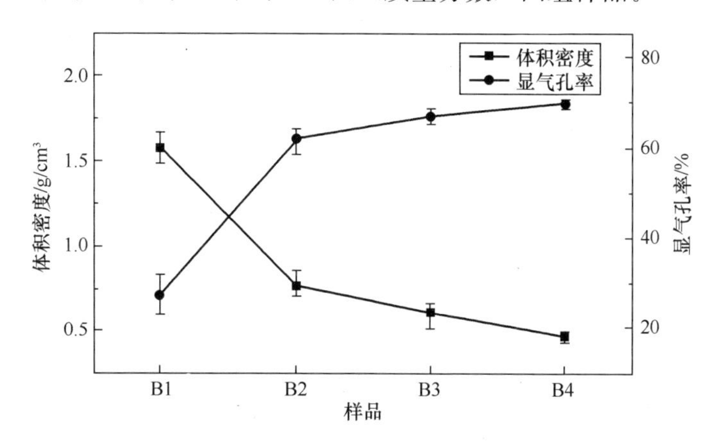


图8.7　不同发泡剂掺量下制备的泡沫陶瓷的体积密度和显气孔率

由图8.7可以看出，随着发泡剂掺量的增加，泡沫陶瓷的体积密度和显气孔率呈现出相反的变化趋势。当发泡剂掺量从0.5%（质量分数）增加到1.0%（质量分数）时，泡沫陶瓷的体积密度和显气孔率变化较大，体积密度从1.58g/cm$^3$下降到0.77g/cm$^3$，显气孔率从27.52%升高至61.89%。这是由于当发泡剂掺量为0.5%（质量分数）时，碳化硅氧化反应释放出的气体较少，被玻璃液相包裹的气泡较小，烧实程度较高，导致泡沫陶瓷具有较高的体积密度和较小的显气孔率。当发泡剂掺量增加到1.0%（质量分数）时，碳化硅氧化反应释放出的气体较多，泡沫陶瓷的体积密度显著减小，显气孔率显著增大。当发泡剂掺量超过 1.0%（质量分数）时，泡沫陶瓷的体积密度持续减少，显气孔率持续增大，但变化趋势较为平缓，当发泡剂掺量为 3.0%（质量分数）时，泡沫陶瓷的体积密度最小，为 0.46g/cm$^3$，显气孔率最大，为 69.53%。

### 8.2.6 发泡剂掺量对泡沫陶瓷样品孔径分布及大小的影响

图 8.8 和图 8.9 分别为赤泥/钾长石水洗废料比例 1：1，烧结温度 1100℃，保温时间 60min 条件下不同发泡剂掺量制备的泡沫陶瓷的光学宏观图像、孔径分布及平均孔径变化。B1、B2、B3、B4 分别对应发泡剂掺量为 0.5%、1.0%、2.0%、3.0%（质量分数）的四组样品。在 B1 组样品中，由于碳化硅掺量较少，氧化生成的气体较少，只有极少数小气泡发生团聚现象合并成大气泡，大部分气泡孔径较小，气孔直径大部分集中在 0～0.6mm，平均孔径只有 0.33mm。在 B2 组样品中，气孔小范围内分布较为均匀，由于碳化硅掺量较 B1 组样品大，其气孔直径大部分比 B1 组样品的气孔直径大，主要为 0.5mm 左右的较大孔隙。B3 组样品中由于发泡剂掺量达到了 2.0%（质量分数），所以生成的气体量更多，形成的小气泡更多，会发生团聚现象，由于小气泡与大气泡中的压力差不同，小气泡中的气体会向大气泡渗透，导致小气泡被大气泡合并，由于气泡变大会导致其内的气体压强进一步减小，使大气泡与小气泡之间的压力差越来越大，进一步促进了大气泡合并小气泡增大自身的进程。B3 组样品的气孔直径大部分集中在 0～1.8mm，最大的气孔直径甚至高达 5mm 左右，平均孔径高达 0.79mm。B4 组样品中的气孔直径也较大，主要集中在 0～1.6mm，但是其最大气孔直径却相比 B3 组样品小得多，只有不到 4mm，且平均孔径也只有 0.84mm，这可能是由于 B4 组样品中发泡剂掺量过多，生成的气体过多，生成的气泡直径过大，玻璃液相的表面张力不足以维持气泡的形状，导致大气泡的破裂，部分气体逸出，最终导致冷却后的 B4 组样品中出现气孔直径最大值较小的现象。

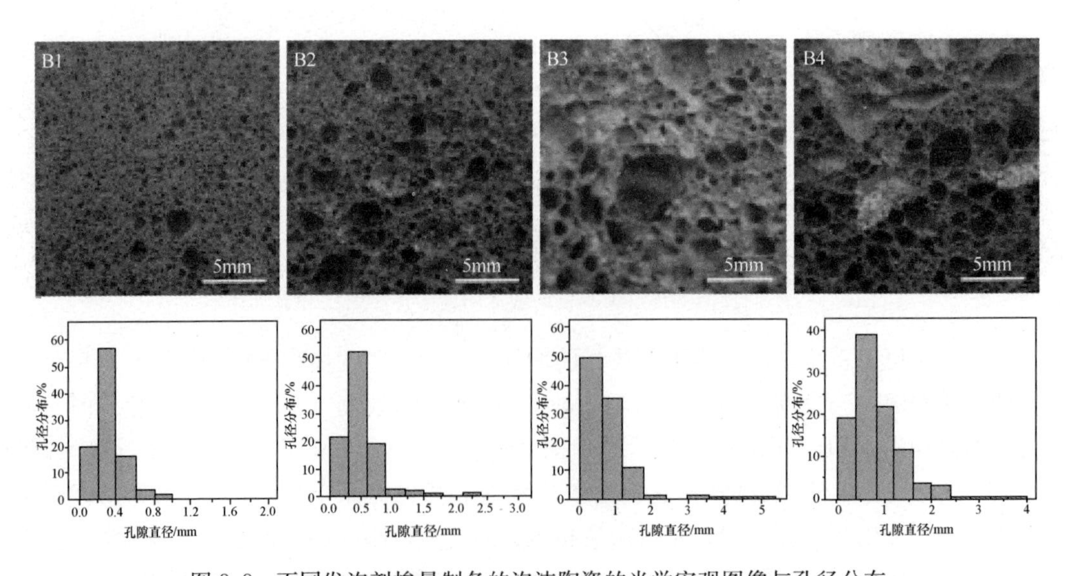


图 8.8 不同发泡剂掺量制备的泡沫陶瓷的光学宏观图像与孔径分布

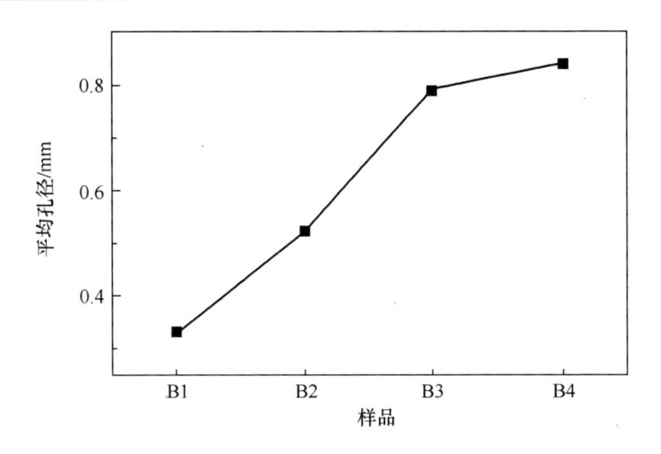


图 8.9　不同发泡剂掺量制备的泡沫陶瓷的平均孔径

国家标准《外墙外保温泡沫陶瓷》（GB/T 33500—2017）规定了泡沫陶瓷的产品分类、性能要求等。外墙外保温泡沫陶瓷按照干密度分为 S 型、M 型和 L 型。以 S 型为例，其干密度≤160kg/m，导热系数［平均温度（25±2)℃］≤0.060W/(m·K)，抗压强度≥0.2MPa，抗折强度≥0.1MPa，抗冻性能中的强度损失率≤25%且质量损失率≤5%，体积吸水率≤2.0%。较高的气孔率和较低的导热系数，使得泡沫陶瓷具备良好的隔热保温特性。同岩棉一样，泡沫陶瓷也属于 A 级不燃材料，有非常好的防火安全性能。近些年来，我国外墙保温材料发展迅速，泡沫陶瓷作为一种绿色节能新材料，广泛应用于建筑外墙外保温工程中。

## 8.3　碳足迹分析

### 8.3.1　泡沫陶瓷板生产工艺

泡沫陶瓷板生产工艺分为湿法生产工艺和干法生产工艺。湿法生产工艺应用较为广泛。湿法工艺的优点在于多了一道球磨浆料注入大浆池的工序，其优点是混合均匀、产量大、有利于工艺控制且产品质量更稳定。缺点是能耗大、占地面积大、因废气废水的排放而环保压力大。图 8.10 为泡沫陶瓷的湿法工艺流程图。

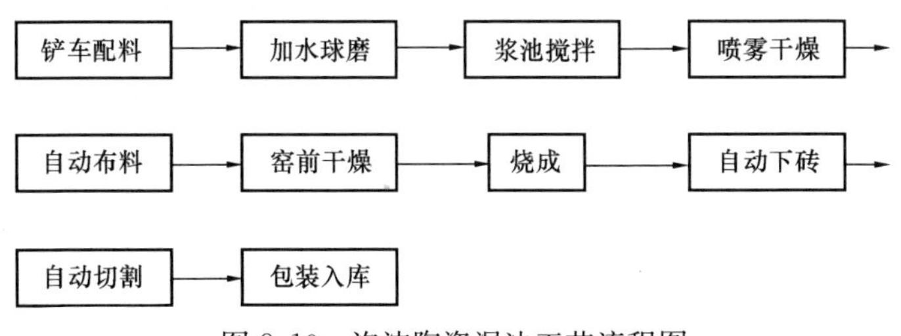


图 8.10　泡沫陶瓷湿法工艺流程图

干法生产工艺也逐步开始进入市场。干法生产工艺的优点在于能耗低、占地面积小、投资少、没有废气废水的排放、工艺简单、用工少。其缺点是产量小，连续生产的稳定性不如湿法工艺好。图 8.11 为泡沫陶瓷干法生产工艺流程图。

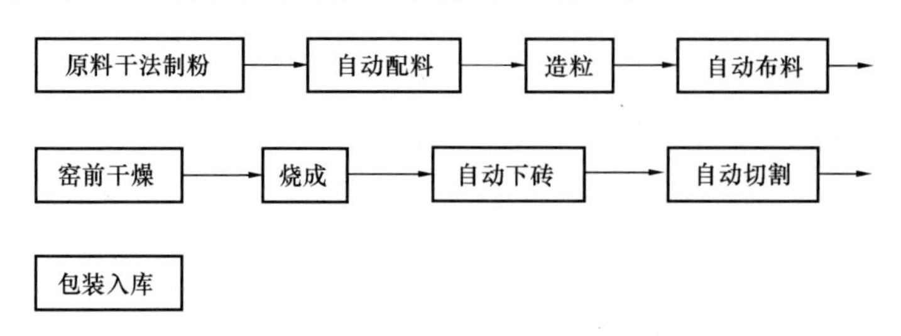


图 8.11　泡沫陶瓷干法工艺流程图

研究表明，随着烧结温度的升高和保温时间的增加，ZrO 泡沫陶瓷的体积密度和强度提高、气孔率降低。当烧结温度为 1570℃、保温时间为 60min 时，可获得烧结效果最佳的 ZrO 泡沫陶瓷。此时，泡沫陶瓷综合性能最好，其体积密度、气孔率、抗折强度和抗压强度分别为 3.08g/cm$^3$、44.2%、1.39MPa 和 1.13MPa，同时具有良好的抗热震性。当颗粒级配为 7∶3 时，泡沫陶瓷堆积致密程度最高，陶瓷的体积密度最大、孔隙率最低、力学性能最佳。

泡沫陶瓷的线性膨胀率和平均孔径随煅烧温度的增加而增加，表观密度随煅烧温度的增加而降低。添加 2%$Na_3PO_4$（质量分数）的混合原料的总质量损失为 23.0%，为孔结构的形成提供了基础，其中在 376～710℃质量损失量高达 15.2%，在 579℃时，产品的失重速率达到顶峰。样品矿物相组成为石英、铁铝尖晶石和蛋白石，形成了稳定的泡沫骨架结构。增加 $Na_3PO_4$ 的添加量或提高煅烧温度未对矿物相的种类产生明显影响。随着 $Na_3PO_4$ 添加量的增加或煅烧温度的升高，泡沫陶瓷的平均孔径、气孔率均逐渐增加，抗压强度逐渐降低；表观密度随 $Na_3PO_4$ 添加量的增加表现出不同的变化规律，在 1130℃时随 $Na_3PO_4$ 含量的增加呈不断降低的趋势，在 1140℃和 1150℃时，表观密度先降低后轻微增加。通过条件优化，当煅烧温度和 $Na_3PO_4$ 添加量分别在 1140℃、3%（质量分数）时，泡沫陶瓷孔径分布均匀，孔聚集度高，平均孔径、表观密度、抗压强度、显气孔率分别为 0.92mm、0.69g/cm$^3$、4.72MPa、65.7%，产品综合性能最优。

### 8.3.2　泡沫陶瓷板的碳足迹分析

#### 1. 泡沫陶瓷板烧成时原料氧化分解产生的二氧化碳

（1）泡沫陶瓷板烧成时原料氧化产生的二氧化碳

泡沫陶瓷板原料中可能含有有机物质，有机物质里的碳元素在烧成过程中会与氧气结合生成二氧化碳排放。

（2）烧成时原料分解产生的二氧化碳

原料中常有 6%～18%石灰石、白垩、大理石、方解石、轻质碳酸钙等含碳酸钙原料和白云石、菱镁矿等含碳酸镁原料会分解产生二氧化碳。

#### 2. 燃料燃烧产生的二氧化碳

燃料燃烧是泡沫陶瓷板生产中产生二氧化碳的最主要来源。根据泡沫陶瓷板产品的产量、单位产品燃耗（折标准煤）和燃料的排放因子三者连乘可以得到燃料燃烧产生的二氧化碳排放量值。在缺少泡沫陶瓷板燃料结构历年统计值的情况下，燃料的排放因子采用国家相关研究机构推荐的 2.46kg$CO_2$eq/kg。

3. 电力消耗产生的二氧化碳

泡沫陶瓷板生产企业间接二氧化碳排放主要是由于各工艺过程的电力消耗，发出这些电要消耗燃料产生二氧化碳。国家主管部门发布的二氧化碳排放因子为 0.83～0.91kg$CO_2$eq/kW·h，这已考虑了电厂发电效率和输变电设备及线路消耗。泡沫陶瓷板生产企业作为不带矿山的终端用户可采用 0.86kg$CO_2$eq/kW·h 这一排放因子进行电力消耗二氧化碳排放量的计算。

### 8.3.3 泡沫陶瓷板核算范围

根据《中国陶瓷生产企业温室气体排放核算方法和报告指南（试行）》中 $CO_2$ 排放量核算和报告的主体是泡沫陶瓷板生产企业。泡沫陶瓷板生产企业的 $CO_2$ 排放核算和报告边界是泡沫陶瓷板企业生产运营状况下化石燃料燃烧排放（包括机动车辆车用化石燃料燃烧产生的排放），边界内部后勤、员工出差、组织购买原料、生产管理、销售系统、居民区生活耗能和用电产生的 $CO_2$ 排放。泡沫陶瓷板生产企业核算和报告的 $CO_2$ 排放源包括：化石燃料燃烧排放；工业生产过程排放；净购入生产用电蕴含的排放。

（1）化石燃料燃烧排放指泡沫陶瓷板生产中燃烧的化石燃料，如煤、柴油、重油、水煤气、天然气、煤气发生炉、蒸汽锅炉、原料干燥、喷雾干燥、坯体干燥和烧成窑等。另外，还包括核算边界内用于生产的机动车辆消耗汽油、柴油等车用化石燃料产生的 $CO_2$ 排放。

与化石燃料燃烧产生的 $CO_2$ 排放相关的活动水平数据为：核算期内泡沫陶瓷板生产企业分品种化石燃料消耗量及其低位发热值。泡沫陶瓷板生产企业核算期内分品种化石燃料消耗量根据核算期内该化石燃料购入量、外销量和库存量的变化来确定其实际消耗量。化石燃料购入量和外销量采用采购单或销售单等结算凭证上的数据，化石燃料库存变化数据采用企业定期库存记录或其他符合要求的方法确定。

（2）工业生产过程排放主要指泡沫陶瓷板原料中含有的方解石、菱镁矿和白云石等矿物相中的碳酸盐，如碳酸钙（$CaCO_3$）和碳酸镁（$MgCO_3$）等，在陶瓷烧成工序中高温下发生分解，释放出 $CO_2$，即

$$CaCO_3 \rightarrow CaO + CO_2 \uparrow$$

$$MgCO_3 \rightarrow MgO + CO_2 \uparrow$$

工业生产过程排放的活动水平数据包括：陶瓷生产企业年度原料消耗量、原料利用率，以及原料中 $CaCO_3$、$MgCO_3$ 的质量含量。原料消耗量根据核算期内原料购入量、外销量以及库存量的变化确定。原料购入量和外销量采用采购单或销售单等结算凭证上的数据，原料库存变化数据采用企业的定期库存记录或其他符合要求的方法确定。

（3）净购入生产用电蕴含的排放主要指泡沫陶瓷板生产企业生产用电设备消耗净购入电力蕴含的 $CO_2$ 排放，如原料的堆场配送、破碎、球磨、搅拌、筛分、制模、干燥、产品冷却、产品输送等工序的用电设备。该部分排放实际发生在电力企业控制的设施上。另

外，若泡沫陶瓷板生产企业除泡沫陶瓷板产品外还存在其他产品生产活动并且产生相应的排放，这部分排放需参照相关企业的温室气体核算方法和报告指南进行核算并报告。

净购入生产用电蕴含 $CO_2$ 排放涉及的活动水平数据是净购入生产用电量。净购入生产用电量可根据供应商和泡沫陶瓷板生产企业存档的购售结算凭证获得。

## 8.4 减碳策略

（1）泡沫陶瓷板孔隙结构优化

孔隙结构是影响闭孔泡沫陶瓷板性能的重要因素之一，通过调整模板，选择制备工艺和烧结条件，可以实现孔隙大小分布的精确控制。例如采用多孔模板，可以获得更均匀的孔隙分布，从而提高材料的隔热性能。

（2）材料选择与组成优化

选择适合特定应用的陶瓷材料，并通过调整不同组分的配比，优化闭孔泡沫陶瓷板的性能；添加合适的添加剂，可以改善材料的热导率、力学性能等，同时控制材料的纯度和均匀性，也是优化的关键。

（3）烧结工艺优化

烧结工艺直接影响闭孔泡沫陶瓷板的密实度和力学性能。通过调整烧结温度、保温时间等参数，可以实现陶瓷颗粒的熔结和连接，提高材料的密实度和强度。

（4）界面控制与涂层改性

在闭孔泡沫陶瓷板的表面涂覆陶瓷以及金属等材料，可以增强材料的界面附着力、耐腐蚀性等。此外，涂层还可以调控材料的表面能，影响其润湿性气体吸附等性能。

（5）多功能化设计

根据闭孔泡沫陶瓷板在不同领域的应用需求，可以进行多功能化设计。例如在建筑隔热领域，可以添加具有光学、光热转换等功能的材料，实现能量利用。

# 第三篇　有机保温材料

# 第 9 章　模塑聚苯板

## 9.1　概述

模塑聚苯乙烯泡沫板（EPS 板）是在聚苯乙烯珠粒中加入低沸点的液体发泡剂，在加温加压的条件下，渗透到聚苯乙烯珠粒中，使其溶胀，制成可发性聚苯乙烯树脂颗粒。然后，在加热的情况下，聚苯乙烯软化而低沸点烷烃挥发导致聚苯乙烯粒子膨胀，利用这一原理，将可发性聚苯乙烯粒子经加热预发泡后，在模具中将其经过预发、熟化、成型制成的具有闭孔结构的聚苯乙烯塑料板材，再烘干及切割等加工工艺制得的建筑保温用聚苯乙烯板材。模塑聚苯板应符合国家标准《绝热用模塑聚苯乙烯泡沫塑料》（GB/T 10801.1—2002）标准要求。

模塑聚苯板的性能指标：导热系数、表观密度、氧指数和燃烧性能级别是模塑聚苯板的重要性能指标，这些指标直接反映出材料的保温隔热性能和防火安全级别。

模塑聚苯板允许偏差：模塑板的外形尺寸偏差，体现出聚苯板在发泡成型后，经养护、陈化处理后的外形尺寸的稳定性，需符合保温系统施工的尺寸规格要求。工地现场施工过程中，避免由于模塑板的尺寸偏差造成铺贴困难，板缝、板面平整度超标，填缝、打磨处理困难，影响施工进度。

早在 20 世纪 70 年代初，欧美国家就开始应用 EPS 模块建造节能房屋，通过多年的工程应用，效果良好。通过欧美实地考察学习，一致认为 EPS 模块产业化技术成熟，但引用技术、购置设备费用昂贵，手续烦琐，且有些技术并不适合我国国情，决定走自主创新、探索研发之路。

从 2000 年起，EPS 板薄抹灰和 EPS 板现浇混凝土外墙外保温系统在我国严寒地区节能建筑中广泛应用，但由于 EPS 板的生产工艺、材料性能、外观形状、产品质量、节点构造和施工方法等还存在着诸多的先天缺欠，造成外墙外保温层空鼓、开裂、脱落和室内墙体潮湿、透寒、结露等节能建筑工程质量缺陷，严重降低了节能建筑的耐久年限。作为严寒地带、建筑能耗大省的吉林，急需研发出新型节能建筑体系和材料来杜绝质量通病的产生，做到外保温层与结构墙体同寿命。

随着中国的电器、包装、信息器件、建筑等工业的发展，作为主要原料之一的 EPS 将有巨大的发展空间。预计未来几年我国 EPS 消费将以 9%左右的速率持续增长。中国 EPS 市场需求以包装及板材为主。以长江为界，包装需求多分布在长江以南地区，占整体用量的 40%～45%，以家电、电子电器等包装为主；板材需求多分布在长江以北地区，占整体用量的 50%～55%，以外墙保温及彩钢板用量为主；其余需求占 5%左右。因此，

EPS技术的市场需求比较大。为了规范EPS/XPS/PU板在建筑工程上的应用，我国建立和完善了建筑墙体保温材料和保温系统技术标准体系，主要分为产品标准和工程标准两大类。

建筑墙体保温材料和保温系统技术标准对EPS板及其保温系统在建筑工程中的应用性能提出了具体指标要求，如导热系数、表观密度、垂直于板面方向的抗拉强度、尺寸稳定性、吸水率、燃烧性能等级、耐火性、耐冻融性、抗冲击性、吸水量、水蒸气透过性、湿流密度等性能指标，严格确保保温材料热工性能和保温系统安全性能。

## 9.2 产品生产及性能

EPS板是以苯乙烯树脂加入发泡剂（戊烷）、阻燃剂等并搅拌形成聚合颗粒，可发性EPS珠粒经预热发泡，在模具中固化制成具有微细闭孔结构的泡沫塑料板材。

EPS板性能特点：使用环戊烷作为发泡体，导热系数长期稳定，不随时间改变。密度为18～22kg/m$^3$时，导热系数一般小于0.038W/m·K；黏结强度0.15～0.20MPa，靠自身强度不能支承而需要防护层，需要拉接件，避免形成热桥；弹性多孔结构能吸收热湿应力，自身结构也会破坏，使用耐久性好。模塑聚苯板性能指标如表9.1所示。

**表9.1 模塑聚苯板性能指标**

| 项目 | 性能指标 |
|---|---|
| 导热系数/W/(m·K) | ≤0.039 |
| 表观密度/kg/m$^3$ | 18～22 |
| 垂直于板面方向的抗拉强度/MPa | ≥0.10 |
| 弯曲弯形/mm | ≥20 |
| 水蒸气渗透系数/ng/(Pa·m·s) | ≤4.5 |
| 吸水率/V/V,% | ≤3 |
| 氧指数/% | ≥30 |
| 燃烧性能级别 | 不低于B2级 |

## 9.3 碳足迹分析

### 9.3.1 EPS板范围及系统边界

EPS板系统边界包括原材料生产、电和能源生产、保温材料生产及产品运输过程。保温材料使用及废弃阶段均包含在系统边界内。EPS板主要生产工艺如图9.1所示。

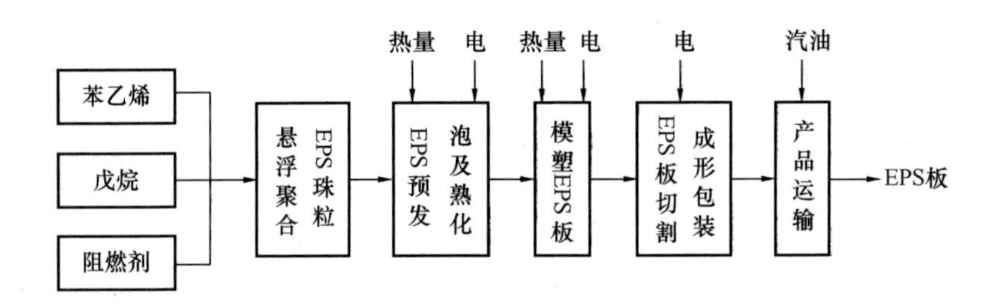


图 9.1　EPS 板生产工艺流程图

### 9.3.2　EPS 板清单分析

（1）生产过程清单

EPS 板生产过程清单数据见表 9.2。电、热量和天然气上游过程数据来自 Ecoinvent3.0 数据库中的我国平均数据。由于国内缺乏开采相关数据，故酚醛树脂、苯乙烯、戊烷等取自 Ecoinvent3.0 数据库中的欧洲平均数据。EPS 板生产过程添加的阻燃剂量很小，清单分析中未考虑。

**表 9.2　1kg EPS 板生命周期清单**

| 能源/材料输入 | | | | 气体污染物输出 | | | 水体污染物输出 | | |
|---|---|---|---|---|---|---|---|---|---|
| 电力 /kW·h | 聚乙烯 /kg | 戊烷 /kg | 热量 /MJ | $CO_2$ /kg | $SO_2$ /kg | $NO_x$ /kg | CO /kg | 粉尘 /kg | COD /kg |
| 4.46E-01 | 9.48E-01 | 7.50E-01 | 3.95E-01 | 5.97E-01 | 3.35E-03 | 1.58E-03 | 1.10E-04 | 1.00E-04 | 8.70E-04 |

（2）运输过程清单

运输过程指保温材料产品运输。根据调研，EPS 板生产厂主要分布在城市周边，多为中小型工厂，运输半径不大于 100km。运输工具选取典型轻型货车（载重 2t，百公里空载耗油量 10L，百公里满载耗油量 14L）和典型重型货车（载重 10t，百公里空载耗油量 15L，百公里满载耗油量 20L）。运输过程耗油量取空载和满载耗油量平均值。分别根据国家标准《轻型汽车污染物排放限值及测量方法（中国Ⅲ、Ⅴ阶段）》（GB 18352.3—2005）和《车用压燃式、气体燃料点燃式发动机与汽车排气污染物排放限值及测量方法（中国Ⅱ、Ⅳ、Ⅴ阶段）》（GB 17691—2005）编制了运输 1kg 保温材料 1km 距离的生命周期清单，如表 9.3 所示。柴油、汽油上游过程数据来自 Ecoinvent3.0 数据库中的我国平均数据。

**表 9.3　运输过程生命周期清单**

| 项目 | | 轻型货车 | 重型货车 |
|---|---|---|---|
| 能源输入 | 汽油/L | 1.20E-04 | 0 |
| | 柴油/L | 0 | 1.70E-01 |

续表

| 项目 | | 轻型货车 | 重型货车 |
|---|---|---|---|
| 气体污染物输出 | $CO_2$/kg | 2.60E-01 | 1.13E-01 |
| | CO/kg | 1.60E-03 | 1.00E-03 |
| | NO/kg | 1.80E-03 | 2.00E-03 |
| | $SO_2$/kg | 5.88E-05 | 8.80E-05 |
| | PM10/kg | 1.31E-01 | 2.63E-01 |
| | $N_2O$/kg | 2.40E-06 | 6.20E-06 |
| | $CH_4$/kg | 5.40E-05 | 1.20E-05 |
| | NMVOC/kg | 2.62E-03 | 5.90E-04 |

## 9.4　减碳策略

目前，在我国EPS板的生产工艺一直是采用落后的大块成型设备。首先将其制成1000mm×1000mm×6000mm的EPS大方，然后用电阻丝将大方切割成大板，再将大板切割成工程用板。由于生产工艺原始，设备落后，人为因素控制着产品质量，所以至今EPS板先天就存在着以下产品质量问题：由于EPS大方的几何尺寸过大（1000mm×1000mm×6000mm），在可发性聚苯乙烯珠粒蒸汽聚合时，EPS大方的外表面珠粒首先遇蒸汽聚合后形成蒸汽穿透阻断层（壳），阻止蒸汽向内穿透，因而造成了EPS大方外表面的熔结性与内里的熔结性相差较大；若蒸汽压力控制不当，还会经常出现夹生板。虽然在同一模箱内产品密度相同，但产品质量表里不一。由于反复切割，造成EPS板的几何尺寸误差过大；加之EPS板的几何形状单一、六个面均是光面平板，板与板之间没有搭接裁口和插接企口。所以粘贴组合时EPS板之间出现贯通缝变得司空见惯、习以为常。由于光面的EPS板与基层墙体和面砖装饰层粘贴不牢固，因而造成外保温层大面积脱落。

淘汰落后的生产工艺，标准化、工厂化、规模化生产EPS模块。采用电脑全自动生产线模具化生产，而且一次高温真空成型，并在模腔内完成收缩变形，产品质量稳定，几何尺寸准确（±0.2mm）。其优点是提高EPS模块的技术性能指标，将EPS板的标准密度由20kg/$m^3$提高到30kg/$m^3$。虽然30kg/$m^3$ EPS模块较20kg/$m^3$ EPS板生产成本有所增加，但由于导热系数和修正系数的降低，在相同节能标准要求下EPS板的厚度相对减小了30%～40%。综合比较，成本并没有增加，但主要技术指标和材料的力学性能确实得到了大幅提高（压缩强度提高100%，导热系数降低20%，设计修正系数降低15%，熔结性提高40%，吸水率降低100%，抗拉强度提高300%），外保温层的耐久性随之得到提高。

EPS板材机是一种生产泡沫板材制品的制造设备，它将EPS颗粒原料经EPS预发机预发泡，再经过干燥、熟化处理后送入设备模腔内，然后通入蒸汽加热并保持模腔蒸汽压力按照工艺要求变化，经过发泡并保温熔结成形，再经排污、冷却、定形后成为EPS板材制品。目前，EPS板材机通常都采用定时开蒸汽阀进行加热。采用这种加热方式时，由于担心供热不足而出现欠发泡情况，所以往往过量供热。然而过量供热既浪费蒸汽，又增加了产品冷却时间，加长了产品生产周期。同时，过量供热还会导致板材产品内部发泡破裂，出现黏合力差、抗拉强度差等问题。采用机-电-液-气动一体化单一比例调节阀控制结构，通过智能控制策略，能较好地实现工艺曲线的跟踪。这种系统结构，具有功耗低、产品生产周期短、系统操控性好的特点，生产的 EPS 板材制品抗拉强度高、含水率低、保温性好。

# 第10章　挤塑聚苯板

## 10.1　概述

挤塑聚苯乙烯泡沫塑料板在工业用途中通常被称为XPS板，是由聚苯乙烯树脂作为主要原材料和其他添加剂作为辅助材料，催化反应后挤塑压出的一种具有连续性闭孔构造的板状建材。我国的XPS行业起步较晚，于1999年才建立起第一条XPS板生产线，在经过十年的迅速发展后方实现生产设备的完全国产化。XPS板综合性能十分优异，在诸多领域得到了广泛应用，其中以墙体保温材料为最。

XPS板是指在混合加热聚苯乙烯和聚合物时，添加所需催化剂，并挤塑压出持续性闭孔发泡的硬质泡沫塑料板。其中，内部属于独立的封闭式气泡结构，具有极高的抗压性，且吸水率非常低，可以耐腐蚀和抗老化，这非常符合建筑业提出的绿色环保施工要求，有助于加快建筑材料发展步伐。通常情况下，挤塑板最常应用在墙体保温、屋顶等方面的保温工作中，也有高速公路、泊车平台等方面会结合挤塑板处理防潮保温问题，优化地面冻胀现象。XPS板是目前我国建筑业发展拥有的品质与价格相对等的优质材料。

XPS板具有以下特点：其一，良好的保温与隔热性。由于XPS板是由聚苯乙烯树脂等原材料在挤压后制造出来的板材，其中包含的蜂窝结构并没有任何孔隙，这样不仅能提升材料的压力，而且可以优化导热系数。因此，施工单位在应用挤塑板保温材料的过程中，可以展现出低线性和高热阻等特点。以20mm厚的XPS挤塑保温板为例，其在应用中展现出的保温效果可以等同于50mm的聚苯乙烯或120mm的水泥珍珠岩。其二，优越的高强度抗压水平。因为XPS板的制作过程独特，所以其最终展现出的结构拥有极高的抗压性和抗冲击性。对不同型号及厚度的XPS板来说，抗压强度为150kPa到500kPa，能满足不同条件下的地面荷载需求。因此，在实践施工中常见应用领域有广场地面、机场跑道等。其三，防潮性和憎水性。吸水率作为评估保温材料的主要信息，因为聚苯乙烯分子并没有极高的吸水性，且板材分子结构平稳，没有缝隙，所以在实践应用中可以处理其他材料存在的漏水、冷凝等问题。其四，平稳性和防腐性高。施工单位在应用挤塑板保温材料时，不仅能解决以往材料老化现象，而且不会出现有害物质，拥有非常平稳的化学性能，尤其是在高温状态下，其拥有的性能更加优越。

挤塑板保温材料在施工中应注意以下事项：

（1）做好安装前准备工作，科学管控弹控制线和挂基准线，以此减少不必要的打磨工作。

（2）保温板在铺设过程中，要确保缝隙低于2mm，在超过这一数值时要结合挤塑板窄条进行填充，且保障板缝之间的高度差低于 1.5mm。

(3) 在涂抹完挤塑板的黏结剂后，要在完全干燥的状态下进行后续工作，不然很容易影响应用效果。

(4) 为了保障保温板的整体性，施工人员要保障挤塑板各个区域的排布和联结是紧密相连的，以此减少裂缝现象的发生。

(5) 在施工之后的 72h 内，不能出现撞击振动，从而保障挤塑板保温材料施工质量安全。

## 10.2 产品生产及性能

### 10.2.1 XPS 板生产

挤塑板是以聚苯乙烯树脂或其共聚物为主要成分，添加少量添加剂，通过加热挤塑成型而制得的具有闭孔结构的硬质泡沫塑料。在生产过程中，发泡剂气化，膨胀充盈，形成气泡孔，与聚苯乙烯膜泡包裹在一起，储存在气泡内部，被吸收和溶解。当这种溶解达到饱和之后，多余的发泡剂会扩散到外部，与此同时，向挤塑板内部扩散的空气与发泡剂一起形成混合气体，导致泡孔内部气压上升，由于空气的导热系数高于发泡孔的导热系数，因此混合气体的导热系数也随之增大。空气向内扩散的速度大于发泡剂向外扩散的速度，所以这个阶段导热系数急剧增大。当空气的扩散结束后，空气充满泡孔内，挤塑板内部的发泡剂将持续以非常缓慢的速度向外扩散（陈化过程），表现为导热系数缓慢增长。由于孔隙中的气体传导了大部分热量，气泡内气体的导热系数又贡献了约 60%的影响，因此选用一种低导热，同时可以在气泡内储存较长时间的发泡剂显得尤为关键。

挤塑板生产工艺的影响因素主要是温度和压力，体现在密度、闭孔率和泡孔尺寸方面。挤塑板生产过程中，在特定的温度和压力控制下，熔融原料被挤出机器模口，因为压力的突然改变，熔于混合原料中的发泡剂被气化，膨胀成为微小气泡，被原料的膜泡包裹着，与模板摩擦、冷却后形成均匀表皮，内部通过自然冷却最终形成闭孔蜂窝状的板材。当绝热材料在稳态时，周围温度及压力不变，材料内部空气的温度、密度稳定。在这种情况下，孔隙内的空气导热系数仅与气体分子碰撞相关，孔隙小且封闭时，气体分子碰撞的自由程就小，空隙间的空气导热系数就小，孔隙尺寸越小，闭孔越多，导热系数越低。当工作温度升高时，材料固体分子热运动加强，孔隙中空气的导热以及孔壁间辐射效应也有所增加，表现为温度上升，导热系数增加。一般而言，固相的导热系数大于气相的导热系数，因此保温隔热材料往往具有很高的气孔率，密度则直接反映了材料的气孔率，故而保温材料的密度通常较小。挤塑板的密度多为 25～45kg/m$^3$，虽然国家标准《绝热用挤塑聚苯乙烯泡沫塑料》(GB/T 10801.2—2002) 中对密度没有要求，但在实际工程验收中常常涉及该项指标，因此密度也是常规检测项目。大量的实验测试表明，挤塑板密度与导热系数之间的关系并非绝对的线性相关，当密度小于某个临界值后，孔隙率变大，空隙中原本静止的空气开始对流换热，气体的热辐射效应升高，使得导热系数反而增大，因此存在一个在对流换热系数、导热系数、辐射换热系数三者之和最小才具有最佳绝热性能所对应的最佳密度。相同密度的挤塑板导热系数不尽相同，且导热系数并不一定随密度增大而增大。

### 10.2.2　XPS板性能影响因素

（1）时间因素

实验数据表明，挤塑板随着陈化过程的进行，导热系数逐步升高。通过两个样品在150天内不同时间节点测得的数据对比分析，样品1和样品2的导热系数在90天内分别从初始的0.0264、0.0229增至0.0364、0.0349，增幅分别为38%、52%，可知导热系数随陈化时间的增长而逐渐增长，如图10.1所示。在最初的一个月，空气快速扩散进入挤塑板内部使得导热系数快速上升；60天后增速减缓；90天后基本趋于稳定。

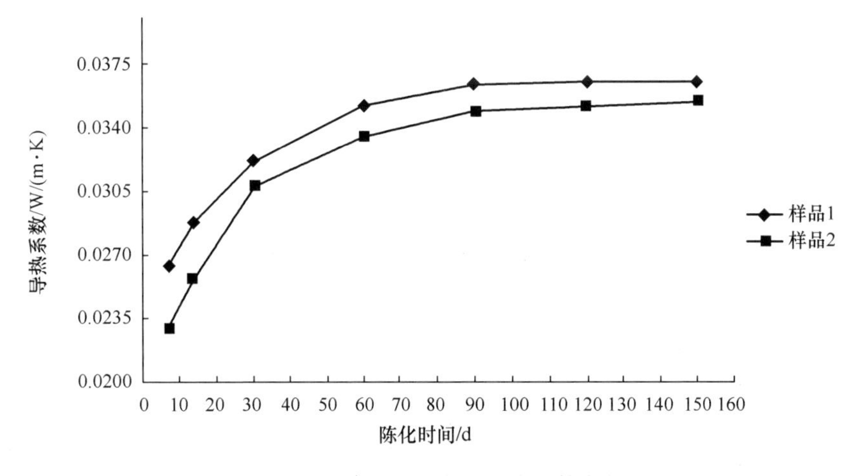


图10.1　陈化过程中的导热系数变化

（2）湿度因素

挤塑板内部呈紧密封闭蜂窝状结构，闭孔率达到99%，是一种典型的非吸湿性材料，湿度对其导热系数的影响需要很长时间。挤塑板在短期内相对湿度逐渐增大的情况下，其导热系数波动很小，最大相对偏差仅为1.0%。若在陈化过程中改变湿度条件，导热系数则有明显变化。实验选取常温下50%和90%两个相对湿度作为养护条件，分别测定样品在7d、14d、30d、60d、90d、120d、150d的导热系数进行比较，如图10.2所示。

（3）温度因素

温度对导热系数有直接影响，呈正相关。当温度上升时，挤塑板内部固体分子热运动加速，导热系数增大。在选取60℃和80℃两种干燥温度环境对挤塑板进行状态调节后测试，并与标准状态下调节后测试的样品进行数据对比。样品在60℃的温度下放置3天与常温放置90天的导热系数相当，80℃的温度缩短了陈化的时间，2天即能达到常温90天的导热系数。

国家标准《绝热用挤塑聚苯乙烯泡沫塑料（XPS）》（GB/T 10801.2—2018）中规定了挤塑聚苯乙烯泡沫塑料的分类、性能要求等。和EPS相比，XPS的各类性能更为优越。

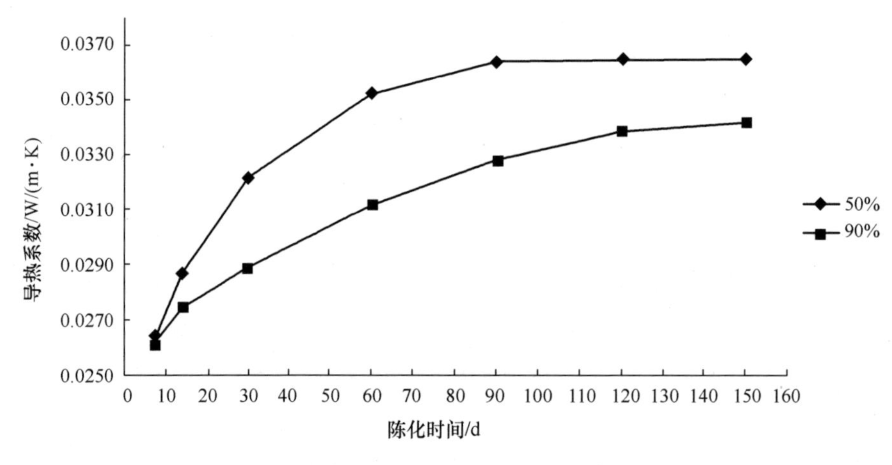


图 10.2 陈化过程中不同湿度下的导热系数变化

XPS 板的压缩强度通常≥150kPa，尺寸稳定性≤1.5%，水蒸气透过系数≤3.5ng/(Pa·m·s)，吸水率（浸水 96h）≤2.0%。在 10℃时，其导热系数≤0.032W/(m·K)，热阻≥0.78（$m^2$·K）/W；25℃时，其导热系数≤0.034W/(m·K)，热阻≥0.74（m·K）/W。可见，XPS 具有极低的吸水率，耐干热、耐潮湿、耐酸碱腐蚀、抗老化冲击，具有非常优良的保温隔热性能。同 EPS 一样，XPS 也属可燃材料，其耐火性也不高，仅为 B2 级，经过改性之后的 XPS 板的耐火等级勉强能达到 B1 级。

## 10.3 碳足迹分析

### 10.3.1 XPS 板范围和系统边界

XPS 板系统边界包括原材料生产、电和能源生产、保温材料生产及产品运输过程。保温材料使用及废弃阶段均包含在系统边界内。XPS 板的主要生产工艺如图 10.3 所示。

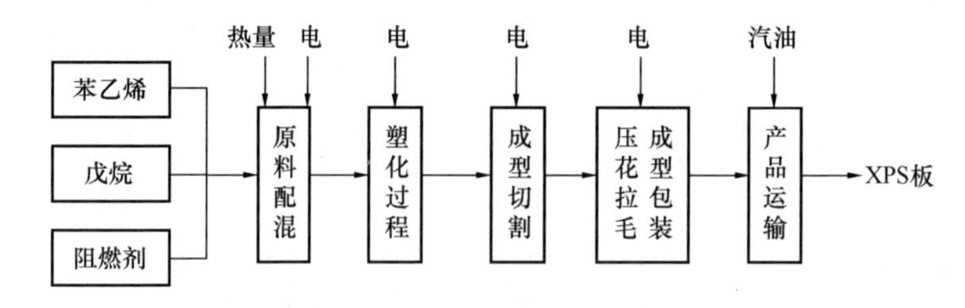


图 10.3 XPS 板生产工艺流程图

XPS 板是以苯乙烯树脂为原料加入添加发泡剂（戊烷）、阻燃剂等，连续挤出发泡成型的硬质板材（压力 10kPa），内部具有紧密的闭孔蜂窝结构，成型后进行切割、拉毛、包装、产品运输。

### 10.3.2 XPS板清单分析

（1）生产过程清单

XPS板生产过程生命周期清单见表10.1。生产过程清单中的电、热量和天然气上游过程数据来自Ecoinvent3.0数据库中的我国平均数据。由于国内缺乏开采相关数据，苯乙烯、戊烷等取自Ecoinvent3.0数据库中欧洲平均数据。XPS板生产过程添加的阻燃剂量很小，清单分析中未考虑。

**表10.1 1kgXPS板生命周期清单**

| 能源/材料输入 | | | | 气体污染物输出 | | | 水体污染物输出 | | |
|---|---|---|---|---|---|---|---|---|---|
| 电力 /kW·h | 聚乙烯 /kg | 戊烷 /kg | 热量 /MJ | $CO_2$ /kg | $SO_2$ /kg | $NO_x$ /kg | CO /kg | 粉尘 /kg | COD /kg |
| 3.24E-01 | 8.10E-01 | 6.40E-02 | 5.54E-01 | 4.60E-01 | 2.55E-03 | 1.20E-03 | 8.00E-05 | 9.01E-05 | 8.70E-04 |

（2）运输过程清单

运输过程指保温材料产品运输。根据调研，大型岩棉生产厂主要分布在河北、山东、江苏、广东等省份，运输半径约为400km；XPS板生产厂主要分布在城市周边，多为中小型工厂，运输半径不大于100km。运输工具选取典型轻型货车（载重2t，百公里空载耗油量10L，百公里满载耗油量14L）和典型重型货车（载重10t，百公里空载耗油量15L，百公里满载耗油量20L）。运输过程耗油量取空载和满载耗油量平均值。分别根据国家标准《轻型汽车污染物排放限值及测量方法（中国Ⅲ、Ⅴ阶段）》（GB 18352.3—2005）和《车用压燃式、气体燃料点燃式发动机与汽车排气污染物排放限值及测量方法（中国Ⅱ、Ⅳ、Ⅴ阶段）》（GB 17691—2005）编制了运输1kg保温材料1km距离的生命周期清单，如表10.2所示。柴油、汽油上游过程数据来自Ecoinvent3.0数据库中的我国平均数据。

**表10.2 运输过程生命周期清单**

| 项目 | | 轻型货车 | 重型货车 |
|---|---|---|---|
| 能源输入 | 汽油/L | 1.20E-04 | 0 |
| | 柴油/L | 0 | 1.70E-01 |
| 气体污染物输出 | $CO_2$/kg | 2.60E-01 | 1.13E-01 |
| | CO/kg | 1.60E-03 | 1.00E-03 |
| | NO/kg | 1.80E-03 | 2.00E-03 |
| | $SO_2$/kg | 5.88E-05 | 8.80E-05 |
| | PM10/kg | 1.31E-01 | 2.63E-01 |
| | $N_2O$/kg | 2.40E-06 | 6.20E-06 |
| | $CH_4$/kg | 5.40E-05 | 1.20E-05 |
| | NMVOC/kg | 2.62E-03 | 5.90E-04 |

## 10.4 减碳策略

### 10.4.1 XPS板生产过程中的减碳策略

（1）在第一级挤出机内物料必须完成塑化和已塑化的熔融物料与发泡剂的混合。

（2）在第二级挤出机里只是将这些已经达到一定塑化程度的物料和发泡剂进一步混合均匀。

（3）在生产过程中挤出机的转速不能过高，以减少物料的剪切速率。

（4）在生产过程中不能让物料提早的在模头内发泡。

### 10.4.2 XPS板生产工艺中的减碳策略

（1）挤出压力要适中

泡孔尺寸和发泡密度随着挤出压力的增加而减小，泡孔数量随着挤出压力的上升而增加，因此挤出压力可用来有效地控制发泡密度。挤出机内和口模过渡区内的压力应始终高于发泡压力，直到熔体离开口模过渡区进入发泡减压区为止，为克服气体压力所需的熔体压力值一般为12～14MPa。

（2）挤出温度要适中

最大发泡数量对应的挤出温度比最小发泡密度所对应的挤出温度低。熔体需能经受住发泡剂汽化产生的压力，才能生成均匀的泡孔网络结构，XPS发泡要求发泡剂注入后熔体适当冷却。熔体温度越高，挤出物料本身的熔体强度越低，则泡内的发泡压力可能超过泡沫表面张力所能承受的限度，从而使泡沫破裂，并得到粗糙的发泡体表面。

（3）滞留时间要适中

延长物料在挤出机内的滞留时间，气泡数量也逐渐增加，成核率也较大；如果滞留时间过长，气体与核的比例会变得很大，得到成核不足的发泡制品，因此适当地控制滞留时间才能保证发泡质量。

### 10.4.3 选用XPS板外保温系统时的减碳策略

（1）选用适用于外保温的挤塑板。并不是什么挤塑板都能用来做外保温，用于外保温的挤塑板，密度和强度均不宜过高。挤塑板密度应不大于35kg/m³，压缩强度应不大于250kPa。

（2）为保证可靠黏结，挤塑板需做表面处理（除去表皮、涂界面剂等）。

（3）胶黏剂、抹面胶浆与挤塑板黏结强度应不小于0.10MPa，并且不得在界面破坏。由胶结理论可知，好的胶黏剂不应在黏结界面破坏。

# 第 11 章　硬泡聚氨酯

## 11.1　概述

聚氨酯又称氨基甲酸酯，是由多元异氰酸酯和多元烃基化合物逐步反应加工而成。聚氨酯发泡颗粒由异氰酸酯、聚醚多元醇组成，俗称黑白料。将黑料白料按一定比例混合后，经特制专利设备加热到一定温度，喷出液态颗粒，经发泡膨胀固化后，形成的不规则椭圆形发泡颗粒。聚氨酯的堆积密度为 26～60kg/m³，堆积导热系数为 0.031～0.035W/(m·K)。外墙保温材料中的聚氨酯是一种化学稳定性较高的材料，不会释放出有害气体，也不会对环境造成影响。

硬泡聚氨酯板是以阻燃型硬泡聚氨酯为芯材，双面有界面层或进行界面处理，在工厂预制成型的保温板。

硬泡聚氨酯板密度为 35kg/m³，导热系数一般在 0.024W/(m·K) 左右。在常用绝热材料中导热系数是较低的，但会随时间而增大。这种系统用于低能耗的建筑和要求节能率较高的建筑时具有一定的优势。

硬泡聚氨酯板产品性能与配方和生产工艺关系很大，因而产品质量差异性大。工厂连续化生产的双面带聚合物砂浆覆面的板材有利于施工阶段减少火灾危险。聚氨酯泡沫材料可以按照很多标准进行分类，常见的分类方式有按照多元醇种类、物理性质、发泡方式进行划分。

根据多元醇的种类，可以将聚氨酯泡沫材料分为聚酯型聚氨酯泡沫材料和聚醚型聚氨酯泡沫材料。由于原材料的不同，两种聚氨酯泡沫材料的性能差异很大，聚醚型泡沫材料具有更大的断裂伸长率和拉伸模量，一般应用于合成革、胶黏剂等类似产业中；聚酯型泡沫材料耐水性更优，因此在涂料、建筑、纤维等行业应用更为广泛。

根据聚氨酯物理性质，可以分为硬质聚氨酯泡沫材料、半硬质聚氨酯泡沫材料和软质聚氨酯泡沫材料。硬质聚氨酯泡沫材料的泡孔结构多为闭孔，合成时用到的多元醇交联度较大，因此具有很好的强度，一般情况下在防震、隔声、耐寒、耐热、耐溶剂的性能上有优异的表现，经常应用于建筑物、管道的隔热保温。软质聚氨酯泡沫材料的泡孔结构多为开孔，合成原料中的多元醇官能度低，因此材料具有良好的柔韧性，因其具有密度低、隔热、吸声、回弹性好等优点，多用于坐垫、床垫填充物以及隔声房间内墙材料。半硬质聚氨酯泡沫材料拥有较优秀的压缩性能，使其广泛应用于吸能减震领域，例如易碎物的包装、仪表填充等领域。同时还有一些具有特殊功能的聚氨酯，例如高回弹性聚氨酯、超低密度聚氨酯，这些聚氨酯根据其特殊性能应用于特殊领域。

根据发泡方式，可以将聚氨酯分为模塑、喷涂和块状聚氨酯泡沫。其中喷涂式聚氨酯泡沫材料基于其保温、防水、黏结性能优异，具备施工简便、造价低的优势，常用作建筑保温防水材料。

## 11.2 产品生产及性能

硬质聚氨酯（PUR）泡沫塑料是由二元或多元有机异氰酸酯与多元醇化合物和其他助剂相互发生反应而成的高分子聚合物，分为软质、半硬质和硬质几种，用于绝热材料的主要是硬质 PUR 泡沫塑料。泡沫塑料是聚氨酯合成材料的主要品种之一，它的主要特征是多孔性，因而相对密度小，比强度高。硬质 PUR 泡沫塑料又分为浇注型、喷涂型、低密度型、高强度型、聚氨酯-异氰酸酯型、聚氨酯碳素型、高耐热型硬质泡沫塑料等。

根据所用原料不同和配方变化，可制成软质、半硬质和硬质聚氨酯泡沫塑料等几种；若按所用多元醇品种分类，可分为聚酯型、聚醚型和蓖麻油型聚氨酯泡沫塑料等；若按其发泡方法分类有块状、模塑和喷涂聚氨酯泡沫塑料等类型。

聚氨酯硬质泡沫是以异氰酸酯和聚醚为主要原料，在发泡剂、催化剂、阻燃剂等多种助剂的作用下，通过专用设备混合、经高压喷涂、现场发泡而成的高分子聚合物。聚氨酯泡有软泡和硬泡两种。软泡为开孔结构，硬泡为闭孔结构；软泡又分为结皮和不结皮两种。

聚氨酯泡沫（PU）材料的主要原料有聚醚或者聚酯多元醇、异氰酸酯以及各类助剂等，具体原料及作用见表 11.1。

**表 11.1 聚氨酯泡沫材料的发泡原料及作用**

| 发泡原料 | 主要作用 |
|---|---|
| 聚醚或聚酯多元醇 | 主要反应原料，提供聚氨酯的主链结构 |
| 异氰酸酯 | 主要反应原料，提供聚氨酯的主链结构 |
| 发泡剂 | 链增长剂，产生气体，实现物理或化学发泡 |
| 泡沫稳定剂 | 调节泡孔大小和结构，稳定发泡过程 |
| 胺类催化剂 | 催化剂发泡反应 |
| 锡类催化剂 | 催化链增长，促进凝胶化反应 |
| 开孔剂 | 调整基体的开孔率 |
| 交联剂 | 提高基体的机械性能 |
| 外发泡剂 | 带走反应中的热，避免基体中心“浇芯” |
| 其他填料（无机添加物） | 提高基体的阻燃性能和其他性能 |

聚氨酯泡沫材料合成的过程主要分为三个阶段分别是：气泡产生阶段、气泡生长阶段和泡沫固化阶段。

气泡产生阶段：放热反应阶段，此时反应所产生的热量容易使低沸点的物质挥发，同时在化学发泡剂与异氰酸酯反应产生二氧化碳的作用下，气体不断产生，当基体内气体浓度达到一定程度后，气体从基体中逸出形成微小气泡。气泡的形成主要受到温度、压力的影响。

气泡的生长阶段：上一阶段后继续进行的反应会产生新的气体，这些气体渗透在基体内不断膨胀，基体内部因为气体的存在而影响了聚氨酯泡沫的结构性能。

泡沫固化阶段：随着泡沫体积的增长，气体从基体内部逸出，基体内部的气体浓度逐步降低，当降低到一定程度后基体内部逐渐变为非流动态，最终形成稳定的状态，这个阶段温度、压力是主要的影响因素。

聚氨酯泡沫材料的制备方法主要有三种，分别是半预聚体法、预聚体法和一步法。三种制备方法各有优缺点，制备出的 PU 材料因其材料特性应用于不同领域。这三种制备方法的主要区别在于原材料混合顺序以及反应发生的先后顺序，基本反应原理是一致的。

（1）半预聚体法

该方法是将配方中的部分聚醚或聚酯多元醇与全部的异氰酸酯混合，使其先行反应得到低聚物预聚体，低聚物预聚体的末端含有异氰酸，此时的体系中含有大量未反应的异氰酸。低聚物预聚体反应达到稳定后，再将剩余的聚醚或聚酯多元醇加入，完成制备。该方法可以很好地控制基体的黏度，一般用于硬质聚氨酯泡沫材料的制备。

（2）预聚体法

这种方法在不加入任何助剂的情况下，将全部的异氰酸酯和聚醚或者聚酯多元醇反应，生成预聚体，随后往预聚体中加入其他助剂，促其发生发泡、链增长、交联和凝胶化反应，得到大分子量的聚合物。本方法容易控制发泡过程，但是工艺一般较为复杂，对技术有较高的要求。

（3）一步法

一步发泡法是将所有的原料一次性混合到一起，此时链增长反应、气体的产生和交联反应同时发生。物料混合一段时间后，进行固化，固化结束后便得到了具有交联密度的聚氨酯泡沫材料。该方法的工艺简单，但发泡速度不易控制。

## 11.3 碳足迹分析

### 11.3.1 聚氨酯保温材料范围及系统边界

以单位质量产品生产作为功能单位，对聚氨酯保温材料开展生命周期评价。采用“从摇篮到大门”的生命周期评价模型，其系统边界范围包括聚氨酯保温材料的生产制造过程、原材料生产所涉及的生命周期阶段、电力、能源的生产、原材料运输过程等。硬泡聚氨酯板生产工艺流程如图 11.1 所示。

图 11.1　硬泡聚氨酯板生产工艺流程

### 11.3.2 单位质量保温板生产 LCA 评价

以单位质量（kg）产品生产计。聚氨酯保温材料生产阶段的单位产品原材料消耗、能源消耗及其运输数据主要来源于对国内典型企业的调研结果。对于硬泡聚氨酯板，考虑到其生产所用分散剂、引发剂、阻燃剂等各类添加剂掺量很少，故在数据收集中予以忽略。硬泡聚氨酯板生产阶段由于能源燃烧而产生的 $CO_2$ 直接排放数据基于 IPCC 国家温室气体清单指南并通过理论计算获得。

硬泡聚氨酯板生产过程清单内容包括异氰酸酯、聚醚多元醇、发泡剂环戊烷、添加剂（如阻燃剂、催化剂等）的使用量，柴油和电力的使用量。上游过程清单包括异氰酸酯、聚醚多元醇、发泡剂环戊烷、添加剂（如阻燃剂、催化剂等）、柴油和电力的生产。

涉及的上游过程数据来源于国际国内公开数据库。鉴于国内有关基础数据库的缺乏，对发泡剂等采用欧洲数据库予以代替。生产过程中的电力、燃油、煤炭生产、公路运输等来源于四川大学 CLCD 数据库；异氰酸酯、聚醚多元醇生产来源于 ELCD2&Ecoinvent 数据库。

运用 LCA 方法，对硬泡聚氨酯板单位质量（kg）产品生产生命周期不可再生资源消耗（ADP）、不可再生能源消耗（PED）和温室效应（GWP）影响进行清单分析。得出 ADP 为 38.30kg Coal-Req/kg、PED 为 4.72kg ce eq/kg、GWP 为 6.55kg $CO_2$eq/kg。

研究结果表明，单位质量聚苯板生产生命周期不可再生资源消耗为岩棉板的 3.69 倍，聚氨酯板为岩棉板的 2.48 倍。单位质量聚苯板生产生命周期不可再生能源消耗为岩棉板的 3.22 倍，聚氨酯板为岩棉板的 2.49 倍。单位质量聚苯板生产生命周期温室效应影响为岩棉板的 2.38 倍，聚氨酯板为岩棉板的 2.20 倍。

## 11.4 减碳策略

聚氨酯保温材料减碳策略如下：

（1）导热系数低，节约土地面积

聚氨酯硬泡的分子结构为全封闭泡孔结构，其闭孔率不小于 90%。高闭孔率的结构使聚氨酯硬泡拥有良好的保温效果，其导热系数一般为 0.017～0.022W/m·K，在常规保温材料中保温效果比较优秀，这就意味着达到同等传热系数值时，聚氨酯使用的厚度一般为最低。当采用聚氨酯材料时，相同的使用面积下，建筑面积节约 1%，在相同的容积率下，土地面积节约 1%。

（2）稳定性能好，提高使用寿命

聚氨酯可以在－50～150℃的环境下长期使用，性能不会发生变化，从而避免了在自然环境中突然出现恶劣条件时外墙外保温系统发生形变或物理性能下降而造成使用寿命下降的现象。

同时，聚氨酯还具有优良的耐久性。聚氨酯硬泡在彻底经历熟化期后，其物化性能可以长期保持稳定。试验表明，温度在 130℃以下，可以正常使用 30 年；在 50℃以下，使用时间超过 70 年。硬泡聚氨酯在建筑保温领域使用最长年限已经超过 40 年，其性能依然优异。同时，聚氨酯硬泡可耐多种有机溶剂，甚至在一些极性较强的溶剂里，也只发生膨胀现象；当在较浓的酸和氧化剂中，才发生分解现象。在墙体保温工程采用油性涂料为饰面时，或与聚合物砂浆直接接触时，都不会因渗透、接触微量弱酸碱而腐蚀聚氨酯硬泡。即便采用溶剂型涂料为饰面层，一般溶剂通过抹面层渗透到聚氨酯硬泡的表面，也不会出现聚氨酯硬泡溶解、溶蚀现象。

（3）生产能耗低，节约环境资源

聚氨酯保温材料的发泡一般由 A 料与 B 料混合而成，使用连续化生产线进行生产，生产效率高，使用能耗较少，在生产过程中仅使用较少的电量与燃油便可以进行，实现了高效率、低能耗、无排放、无污染。相对于无机保温材料来说，其生产过程需要 2000℃左右的高温工艺，电能消耗巨大，同时还会在空气中产生大量的纤维，对人体的健康造成较大的伤害，环境污染严重。

聚氨酯还具有独特的自黏结性能，聚氨酯是微孔渗入式发泡，能与基材紧密结合。这不但减少了工艺步骤，提高了生产效率，更重要的是减少了原材料的使用。而传统的保温材料在生产时需要使用界面剂或界面砂浆进行界面处理提高黏结力，或者无机保温材料一般均采用胶黏剂将保温芯材与面板结合在一起。相比而言，聚氨酯硬泡在生产中充分利用自己的特点，节约了环境资源的使用，提高了环保节能效果。

（4）可回收利用，进行生态环保

德国化工公司最新专有技术对聚氨酯硬泡进行循环回收再利用，将回收的聚氨酯泡块进行粉碎处理，通过科学的手段做成生态仿木板，具有防潮、防虫蛀、不变形、环保无甲醛的特点。

上述仅是聚氨酯回收利用的一种方法，随着科技的发展和社会对环境资源的循环利用的需求越来越高，聚氨酯回收方法已经日益增多且越来越成熟。目前关于聚氨酯回收的方式有很多，大致分为物理回收法、化学回收法和能量回收法。进行研究和应用最广泛的是化学回收法，使用低分子醇做降解剂，在一定催化剂的作用下，在 150～250℃的温度范围内，常压下就可以将聚氨酯降解为低聚物从而进行重新利用，不但减少了工业垃圾的产生，避免造成环境污染，而且可以通过重复利用的方法，节约了资源。

# 第12章　酚醛保温板

## 12.1　概述

酚醛泡沫材料具有许多优异的特性。第一，酚醛泡沫具有优异的保温性能，这是该泡沫用在建筑保温方面最基本的性能之一；第二，酚醛泡沫具有优异的阻燃性、低烟密度和低烟气毒性，并且在燃烧过程中无滴落和熔融现象；第三，酚醛树脂以及酚醛泡沫体相对来说比较便宜；第四，酚醛泡沫体具有热稳定性，可以在较宽温度范围内使用，它可以使用的温度范围为－196～200℃；第五，酚醛泡沫的电导率很低，这就使其可以作为绝缘材料而得到广泛应用；第六，酚醛泡沫体具有很高的耐化学品和化学溶剂的特征。

目前，聚氯乙烯（PVC）和聚氨酯（PU）泡沫夹芯板应用比较普遍。PVC泡沫质地比较坚硬，而且强度比较大。相对于其他大多数泡沫而言，PU泡沫具有中等强度，易于加工成型。这两种泡沫广泛应用于夹芯或核心材料。然而，聚氨酯非常易燃，并且在燃烧过程中产生剧毒烟雾；虽然PVC泡沫具有相对较低的可燃性，但是当它在火焰条件下燃烧会释放出有毒的卤素气体。随着社会的不断发展，人类对材料易燃、烟密度和毒性（FST）的标准施行日益严格，传统的泡沫材料性能的限制，可能将妨碍其继续使用，因此，在科学水平以及生产设备不断进步的推动下，酚醛泡沫板材将是具有最大潜力的保温材料，并荣获“第三代保温之王”的称号。

酚醛泡沫表现出低的热传导性、特殊的耐火性能，在很宽的温度范围内具有高热稳定性，而且成本低，这些优异的特性使得其在绝缘耐火性的应用中至关重要。然而酚醛树脂及酚醛泡沫与其他聚合物泡沫相比固有其自身的缺点，那便是质地脆、机械强度差、酸性比较大。这些缺点限制了酚醛泡沫的大面积推广，因此，国内外学者及生产企业针对酚醛的缺点进行了大量的研究，主要包括增加其韧性和机械强度，同时降低其酸性也有不少研究。

20世纪70年代以来，文献报道有关研究者一直致力于提高酚醛泡沫的韧性，这种努力的动力来源于商业的需要，因此，大多数研究成果出现在专利文献中。科学研究者主要致力于工艺配方的优化，并结合化学改性剂来改善酚醛泡沫的韧性，遗憾的是，这些努力要么是轻微的成功，要么就是严重破坏了酚醛泡沫固有的阻燃性和燃烧无毒性。第二种增加酚醛泡沫体韧性的方法涉及某些惰性填料的加入，精细研磨的填料如炭黑、滑石粉、云母、石棉软木粉等通常可以改善泡沫体的强度，但这些填料一般将导致泡沫体的密度大幅度增加。

（1）短纤维改善酚醛泡沫

科学工作者仍然在不断地努力寻找改善酚醛泡沫韧性的方法，其中短纤维引起了广大研究者的极大兴趣。据报道，用短切玻璃纤维可以显著增加酚醛泡沫的强度、韧性和尺寸稳定性。有研究发现，将玻璃纤维浸渍在酚醛树脂中，然后发泡，泡沫强度和韧性都有所提高。同时，将短纤维加入聚氨酯泡沫中也取得了令人满意的结果。这些研究成果充分表明纤维增强增韧酚醛泡沫是一种很有前途的方法。然而，几乎所有纤维增强泡沫的报告都是基于使用相对较硬的玻璃纤维，基本上还未有柔性纤维的报道。一些弹性的纤维，特别是芳香族聚酰胺纤维具有与酚醛树脂很好的亲和性，这个属性可能将有效地增强酚醛泡沫。此外，从阻燃性观点考虑，芳香族聚酰胺纤维具有很好的阻燃性能，遇明火不燃烧。Shen 等采用滚筒剥离试验对聚酰胺改善酚醛泡沫的结果进行了详细的研究，结果表明酚醛泡沫的抗剥离性和韧性均有显著改善，实现了用纤维改善酚醛泡沫力学性能，特别在密度相对较小的泡沫体中添加芳纶纤维，使其抗剥离强度增加了 7 倍。

（2）空心微球改善酚醛泡沫

近年来，空心微球由于其独特的性质被称为最有吸引力的功能性填料的复合材料，这种微球可以用在重量轻的复合材料塑料中。空心微球是在一个矩阵中的分散体，可以创建一个低密度多孔性复合材料。由于其质量轻、硬度高和热稳定性好，使得其在许多领域具有潜在的应用价值，比如航空航天、军事等。

弯曲强度和断裂韧性是复合泡沫塑料性能很重要的参数，许多研究人员已经报道了含有不同类型空心微球的不同复合泡沫塑料的机械性能。Lee 等将玻璃微球加入环氧树脂中，并通过改变加入量和玻璃微球的尺寸对环氧树脂的断裂过程进行了详细的研究，结果表明复合材料的断裂韧性和弹性模量随着玻璃微球所占体积分数的增加而增加，然而，玻璃微球的粒度大小对断裂韧性和弹性模量并无显著影响。Wouterson 等对泡沫的微观结构对其机械和断裂性能的影响进行了研究，结果发现复合泡沫塑料的特定属性依赖于微球的球型和体积分数，当体积分数为 20%～30%时复合材料表现出最大的断裂韧性。

（3）木质素改性酚醛泡沫

常规发泡用酚醛树脂是由苯酚和甲醛反应制得，而石油又是生产苯酚和甲醛的主要原料，随着石油危机形势越为严峻，人们不断努力采用生物质来制备酚醛泡沫体。Hu 等发表综述，对生物质制造的酚醛泡沫体进行了评论，指出腰果油、单宁、果壳、竹粉和木焦油等生物质均可部分取代苯酚来制备酚醛树脂。但是，当生物质替代苯酚超过 20%时容易出现合成的树脂黏度过高现象，影响甚至破坏泡沫体的性能，最主要的原因是这些生物质反应活性比较低且均为大分子量化合物。值得一提的是，提高生物质的反应活性（尤其是木质素）已经取得了一些进展。Lora 和 Glasser 披露，木质素可以作为一种可持续的原料来替代不可再生能源来使用。Kleinert 和 Barth 指出了可用木质素替代的酚类化合物，并说明了产品可能的应用价值。Hu 等采用特定技术对木质素和甲醛的反应进行了改进，主要包括去甲基化酚化、羟甲基化。另外，有许多研究者相继报道了用木质素改性酚醛黏合剂，但国外很少有报道木质素在酚醛泡沫中的应用，在国内有研究者称可将木质素部分替代苯酚来制备发泡用酚醛树脂。

Hu 等采用一种新的方法将木质素磺酸盐引入发泡用酚醛树脂中，具体操作是在 $H_2O_2$ 存在下将木质素磺酸盐降解成酚类化合物，之后与反应活性较高的甲醛进行反应制得树脂，最终成功地进行发泡得到了酚醛泡沫。该方法可代替30%的苯酚。

（4）其他改性酚醛泡沫研究

随着人们对酚醛泡沫研究的不断深入，越来越多的改性方法被报道，其中包括Le等采用微波发泡法制备酚醛泡沫体，所得产品导热性系数低，而且更加环保。Dong等将改性过的蒙脱土和碳纤维加入酚醛树脂中制备出复合泡沫，该泡沫体具有优异的机械性能和热稳定性，弯曲强度同比增加了58%，抗压强度增加了35%～40%。

据笔者了解，目前研究者通过添加一些柔性添加剂来改善泡沫体的韧性，主要有不同分子量的聚乙二醇、聚乙烯醇和聚醚多元醇等；另外，有相关专利中提到采用聚乙烯基吡咯烷酮改善泡沫韧性效果很好，也有研究者与聚氨酯结合加入聚氨醋预聚体来改性酚醛泡沫，但研究的系统性欠佳。

## 12.2 产品生产及性能

### 12.2.1 酚醛保温板产品

选用可发性酚醛树脂，酚醛树脂泡沫材料有两类不同结构的体系，即甲阶酚醛树脂泡沫材料和线性酚醛树脂泡沫材料。前者由苯酚和甲醛在碱性条件下聚合成预聚体，再经发泡固化而成型；后者则是由苯酚和甲醛在酸性条件下聚合、发泡而得。

通常由苯酚和甲醛按1∶1.5～1∶3.0的比例配制，在碱性条件下经缩合反应而得到甲阶酚醛树脂，是复杂的单核和多核的酚醇混合物。在该体系中加入酸性固化剂，则进一步发生交联反应而形成网状体型结构聚合物，该反应是放热反应，借助于体系放出的热量，混合在树脂中的低沸点发泡剂发生气化而固化于聚合物体系中，从而形成多孔泡沫的结构。

酚醛泡沫因集众多优点于一身，所以在各方面的应用都十分广泛。

（1）酚醛泡沫耐热性好，可在150℃下长期使用，因此在特殊环境中（尤其是长期高温条件）采用酚醛泡沫具有显著的优越性。

（2）隔热性能优越，因其具有较低的导热系数（闭孔率高），且质轻易成型，所以非常适合用作保温隔热材料。最重要的是，其热导率经过长期使用基本无变化，有人专门做过实验，经过1200天的使用，其热导率改变仅为0.002W/m·K。

（3）耐热性能突出、难燃、明火作用无烟、无滴落、无有毒气体，因此特别适合对阻燃要求较高的场合。

（4）吸声性能卓越，其吸声系数在中高频区可以与玻璃棉相当，优于其他泡沫；另外加之其质轻、防潮等特点，因此在吸声材料中具有重要的应用价值。

（5）抗化学侵蚀性强，可耐强酸及大多数溶剂，再加上其具有很好的耐寒性（可在－196℃下使用），因此在空调保温或者大型冷库应用中占有重要地位。

（6）吸水性可调，酚醛泡沫的吸水性与其闭孔率有关，闭孔率越高，吸水性越弱；反之越强。低闭孔率泡沫在花泥中被广泛应用，而高闭孔率泡沫在建筑保温板中具有很高的应用价值。

酚醛树脂反应方程式如下：

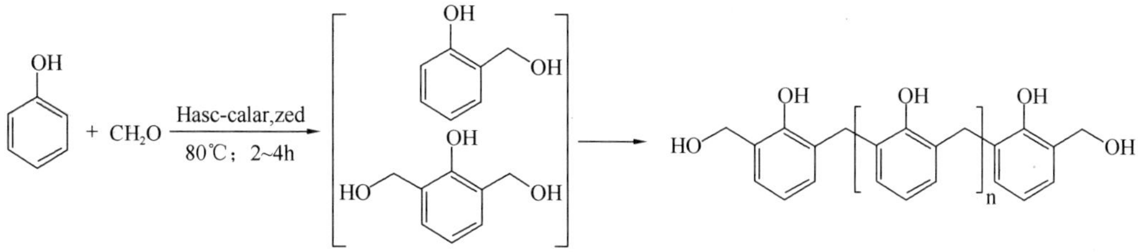

OH（苯酚） + $CH_2O$ $\xrightarrow[80℃；2\sim4h]{\text{Hasc-calar,zed}}$ [ OH, OH ; HO, OH, OH ] ⟶ HO, OH, OH, OH, OH, n

## 12.2.2　酚醛保温板生产方法

（1）连续层压发泡生产法

在专用自动生产线上，将各个原料（酚醛树脂、表面活性剂、发泡剂、阻燃剂、改性填充剂、酸类硬化剂等）用计量泵定量输送到浇注发泡机。发泡原料在混合头内进行高速混合后，由混合头扫描浇注出的发泡料，从上部往复注入配有自动传送滚动装置且有上下控制高低板输送带上的模腔（盘）内，经双滚加压固化后，板材从模内脱出，再根据需要规格切割成所需尺寸。

（2）间歇发泡生产法

间歇发泡生产法有两种形式，一种是将发泡混合料准确定量后，分别注入层压机内含有若干个发泡模具的模腔中，发泡混合料按模具长度、宽度和厚度应一次注满模腔，静止等待一定时间后，模具内发泡混合料固化成各种规格的保温板，取出后再注料生产下一批。分批发泡成型、分批生产，一般每批可生产 1～10 块酚醛泡沫保温板。另一种是在混合桶内，依次定量加入酚醛树脂、表面活性剂、改性添加剂、发泡剂等，最后加入酸类硬化剂，经高速混合均匀后，迅速将发泡混合料倒入 1m×1m 或 1.2m×0.6m 的模具内，泡沫固化后脱模，制得大模块泡沫，再使用电脑控制的线形切割机切割成各种规格的保温板材。

## 12.2.3　生产酚醛保温板的影响因素

（1）温度因素的影响

环境温度及酚醛树脂的温度对起泡时间和泡沫塑料的质量影响很大，尤其是对生产立方型的酚醛泡沫塑料影响更为严重。酚醛泡沫塑料发泡时，起泡速度随环境温度及酚醛树脂温度升高而加快，随环境温度及酚醛树脂温度降低而减慢。

研究表明，当室温低于 12℃时，就不能正常发泡了，此时必须将酚醛树脂的温度升至 27℃，模具温度升至 40±2℃，才能正常起泡，生产出合格的产品。当室温高于 32℃，酚醛树脂的温度高于 27℃时，起泡速度太快，易串泡，泡沫塑料出现泡孔不均匀现象，也不能生产出合格的产品。温度对酚醛泡沫塑料的质量影响很显著，在生产中要严格控制。

此外，还应注意的是当室温低于 15℃时，发泡后，模具保温时间要延长至 24 小时，两天后方可拆模，若保温时间不够或拆模过早，泡沫塑料会开裂。这是因为立方体酚醛泡沫塑料体积较大，发泡完成时泡体内部的温度较高，可达100℃左右。若保温时间不够或过早拆模，泡沫塑料体内温度过高而室内环境温度又较低，泡沫塑料体内温度与体外的温差较大，热胀冷缩不均匀，泡沫塑料块体极易开裂。故冬季生产时，保温时间和拆模时间控制非常重要，控制不好将导致产品报废。

（2）酚醛树脂质量的影响

酚醛树脂应满足甲阶酚醛树脂的技术要求，树脂的质量是生产合格泡沫塑料的关键，树脂的黏度不能太大也不能太小，交联的程度要适度，游离酚及游离甲醛都要控制在合适的范围内。树脂的黏度对泡沫塑料的密度影响较大，树脂黏度太小，固化速度慢，发泡时发泡剂易溢出，泡孔变大，甚至穿孔；黏度太大，操作困难，固化快，所得泡沫塑料密度大。一般酚醛树脂的黏度应控制在4.5～6.0Pa·s为宜。

（3）发泡剂的影响

发泡剂用量增加导致泡沫塑料的密度减小，反之泡沫塑料的密度则增大。根据泡沫塑料的密度要求加入适量的发泡剂。发泡剂的种类有很多，通常选用正戊烷作发泡剂，代替氟利昂等破坏臭氧层的发泡剂，有益于环境保护。由于酚醛泡沫塑料的抗压强度随泡密度的增大而增大，导热系数随泡沫塑料密度的增大而升高。故生产时应根据产品的不同要求调整配比。

（4）表面活性剂的影响

表面活性剂在发泡过程中，能降低各原料组分间的界面张力，增加物料的互溶性，使泡沫细腻均匀，表面活性剂的用量对酚醛泡沫的发泡时间、泡沫高度以及泡沫材料的密度有一定的影响。当表面活性剂用量低于2%时，不能形成均匀的泡体；高于8%时会发生塌泡。当表面活性剂用量低于2%时，泡体的高度随其用量的增加而增高，泡沫材料密度相应降低；高于2%时，泡体的高度随用量的增加而降低，泡沫材料的密度相应增大。经试验确定表面活性剂用量为酚醛树脂量的2%～2.5%，成型后的产品性能较好，生产过程容易控制。

（5）固化剂的影响

酚醛泡沫塑料的固化剂为酸性物质，有无机酸及有机酸。强酸性固化剂腐蚀性较强，发泡过程不易控制，弱酸性固化剂发泡过程缓慢，较易控制。另外，固化剂用量要合适，过多过少对泡沫塑料的质量影响很大。固化剂用量过多时，发泡过程中黏度增加太快，发泡剂还没完全气化固化过程已完成，易导致泡沫体焦心甚至开裂；固化剂用量过少时，发泡过程黏度增加太慢，发泡剂已气化逸出固化过程还没完成，易导致大孔及塌泡现象。

酚醛泡沫塑料（PF）是以酚醛树脂为主要原材料，加入固化剂、发泡剂及其他辅助组分，在树脂交联固化的同时，发泡剂产生气体分散其中而发泡形成的泡沫塑料。PF素有“保温材料之王”的美称，作为封闭与控制火势的新一代建筑外墙保温防火隔声材料，已在国内外得到广泛应用。

《绝热用硬质酚醛泡沫制品（PF）》（GB/T 20974—2014）根据压缩强度和外形将用

于建筑、设备和管道的绝热用硬质酚醛泡沫制品分为三类。以Ⅲ类为例，其导热系数［平均温度（25±2)℃］≤0.040W/(m·K)，弯曲断裂力≥20N，压强≥250kPa，尺寸稳定性≤3.0%，透湿系数≤8.5ng/(Pa·m·s)，体积吸水率≤7%，甲醛释放量≤1.5mg/L。PF 具有优异的保温隔热、防水防湿、质轻无毒等性能。与 EPS、XPS 和 PU 相比，PF 属于难燃材料，燃烧性能为 B1 级。此外，PF 的生产成本很低，仅为 PU 的 2/3。但由于分子结构的原因，PF 存在易断裂、易脱粉等缺点。

## 12.3　碳足迹分析

### 12.3.1　酚醛树脂工艺流程

（1）主要原料：苯酚、多聚甲醛、甲醇、二元酯、乙酸锌等。

（2）反应原理：以苯酚和多聚甲醛为主要原料，在催化剂（乙酸锌）作用下，经缩聚反应而得到酚醛树脂，主要反应方程式如下。

（3）生产过程：升温 1h，反应 10h，真空脱水 2h，冷却时间 2h，总计 15h。酚醛树脂工艺流程及排污节点如图 12.1 所示。

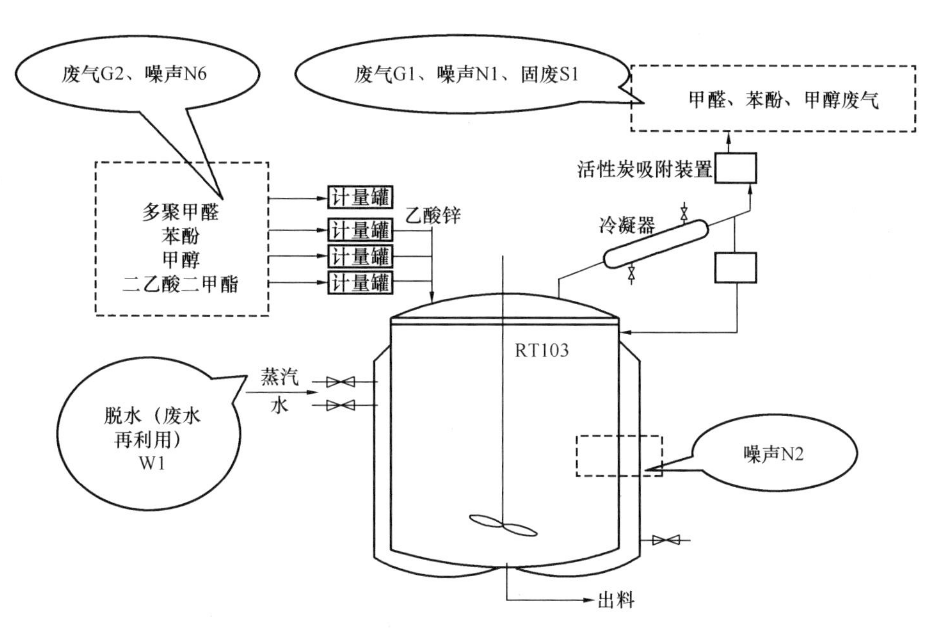


图 12.1　酚醛树脂工艺流程及排污节点

酚醛树脂化学分子式为 $C_7H_8O_2$。酚醛树脂在受热过程中，其分子结构变化主要分为两个温度段，首先是在 250℃以前，即酚醛树脂的固化过程；其次是在 250～800℃，即酚醛树脂的受热分解过程，在这一过程中酚醛树脂大分子发生断键，释放出小分子气体，最终残留热解碳，亦称为酚醛树脂的炭化过程。

### 12.3.2 产污分析

以图 12.1 为例。

（1）废气工艺排气 G1

反应过程利用冷凝器处理产生的气体，用真空泵抽真空，箱盖上留有呼吸孔，少量未被冷却回收的气体及混入的空气等由该孔排出，其中主要污染物为苯酚、甲醇、甲醛等，排气经引风机引入水喷淋及活性炭吸附装置。这部分排气收集后经水喷淋及活性炭吸附处理后利用 25m 的排气筒高空排放。

（2）废水反应生成水 W1

苯酚和多聚甲醛为主要原料，在乙酸锌作用下，经缩聚反应而生成酚醛树脂和水，经抽真空后，水与产品分离，上层为水，下层为产品。废水主要含苯酚、甲醇、甲醛等污染物，废水量为 132000kg/a。

（3）固体废物废活性炭 S1

反应过程产生的含有苯酚、甲醇、甲醛等污染物的废气，利用活性炭吸附处理，活性炭吸附饱和后定期更换，产生废活性炭危险废物。

酚醛保温板工作性能指标如表 12.1 所示。

表 12.1 酚醛保温板工作性能指标

| 火势增长指数 /W·$s^{-1}$ | 工作温度 /℃ | 使用寿命 /a | 生命周期成本 /元 |
|---|---|---|---|
| 0.146 | −200～200 | 38 | 0.193 |

## 12.4 减碳策略

### 12.4.1 酚醛保温板生产工艺方面

（1）在制备酚醛树脂的过程中，作为合成条件甲醛和苯酚之比为 1.6～1.8，选择 NaOH 作为催化剂进行合成，催化剂（NaOH）的量为 0.05（与苯酚摩尔量相对）。

（2）酚醛泡沫在成型过程中是通过酸性（催化）固化剂固化成型，一旦暴露于水中（如雨水），泡沫中的酸性固化剂很可能在水作用下渗出，当金属材料与泡沫体接触时，金属容易受到腐蚀。为了降低金属被腐蚀的可能性，在不影响酚醛泡沫的其他优良性能的前提下，可采取合适的方法获得中性的酚醛泡沫。通常有以下三种方法：

① 制备复合固化剂。

由于不同种类酸固化剂的固化速度和固化效果不一样，无机酸固化快，酸性强，有机酸相对固化慢，酸性缓和，结合二者特性，制备固化速度和发泡速度相匹配，且能够改善酚醛泡沫酸性的复合酸固化剂。考虑制备强酸混合弱酸的复合酸，强酸启动反应，弱酸后续提供固化所需能量，在泡沫完成发泡固化过程中实现酸性的降低。研究发现，酸性弱不能及时固化泡沫，会使得泡孔破裂，泡沫粗糙、发脆，且泡沫周围发黑；增强酸性，泡沫固化速度和发泡速度相适宜，能够获得状态和性能均较好的泡沫，但是泡沫的酸性很强，并不能实现酸性降低的目的，因此，需要添加碱性中和填料实现泡沫的准中性。

② 酯固化酚醛泡沫。

通过酯固化作用取代酸固化剂，在碱性酚醛树脂体系中加入合适的酯类，制备无酸的酚醛泡沫。根据文献，醋酸甘油酯对甲阶酚醛树脂的催化交联反应是一级动力学反应，在强碱性条件下，有机酯加速甲阶酚醛树脂固化。三醋酸甘油酯、二醋酸甘油酯、一醋酸甘油酯等作为催化剂时，该反应的表观活化能分别为 11.45kJ/mol、22.53kJ/mol 和 29.27kJ/mol，因此选择三醋酸甘油酯来固化酚醛泡沫。研究表明，加入强碱量大会使得最终固化的泡沫的碱性很强，同样存在需要降低碱性的问题。

③ 制备吸酸剂吸收固化剂。

合成吸酸剂，在现有的酚醛发泡体系内加入吸酸剂，吸附酸固化剂进而降低酚醛泡沫的酸性。吸酸剂是戊二醛交联的含胺基聚合物颗粒，通过将含胺基聚合物溶解于水中，在高速搅拌下滴加戊二醛合成，其制备过程的工艺条件、合成率等均会影响后续的使用效果。如果条件允许，可以尝试合成，但仍需加入氢氧化铝等中和剂。

（3）采用硅烷偶联剂对低等级粉煤灰表面进行功能化，再添加到酚醛泡沫的制备过程中改性粉煤灰对酚醛泡沫综合性能的影响，降低产品成本，改善酚醛泡沫板的缺点。

① 通过对改性前后粉煤灰样品的沉降值、吸油值、微观结构、微观形貌和热性能分析表明，KH570 偶联剂对粉煤灰微粉表面的改性效果显著；KH570 对粉煤灰的改性在反应时间 30min 和温度 80℃下，KH570 为 4%、无水乙醇为 16%、蒸馏水为 4%（以粉煤灰的质量计）的改性效果最好。

② 添加改性粉煤灰能显著提高酚醛泡沫的力学性能、发泡性能和极限氧指数，明显降低消烟时间和掉渣率。当改性粉煤灰添加量为酚醛树脂质量的 10%时，泡沫样品力学性能提高最大（抗压强度达 1.574MPa，抗拉强度为 151kPa）、消烟时间最短，材料的保温性能优良［导热系数为 0.033W/(m・K)］。

### 12.4.2　酚醛保温板生产管理方面

（1）加强企业能源管理和原料质量控制，减少逸散损耗，提高利用率，并定期开展能源及碳排放管理培训，提升管理水平。

（2）积极开展源头控制，优先选择绿色节能工艺、产品和技术，降低化石燃料消费量。

# 第四篇　复合保温材料

# 第13章　真空绝热保温板

## 13.1　概述

### 13.1.1　真空绝热板简介

真空绝热板（vacuum insulation panel，VIP）是国内近几年新兴起来的一种超级绝热保温材料，早期VIP主要应用于家用电器、冷藏保温箱等工业领域，近几年开始在建筑节能领域被采用。VIP最大的优势就是它的超级绝热性能，根据不同应用领域的使用要求，产品在原料选择和性能指标上会有所差别，例如工业上采用的VIP导热系数最低可以做到0.002W/(m·K）以下，建筑上最低可以做到0.004W/(m·K）以下。

VIP大致发展历程可分为四个阶段：

第一阶段，VIP板产业发展始于20世纪50年代。VIP板的研发始于20世纪50年代，当时被称为“真空微粒保温技术（vacuum powder insulation，VPD)”，但由于芯材成本高，且密度较大，从而限制了其广泛使用，使真空绝热板应用相对有限。

第二阶段，VIP板在节能环保的需求下，技术快速提升。20世纪70～90年代，环境保护的迫切要求，推动以美国为首的发达国家开发各种不含CFC成分的VIP板技术，从而有力地促进了VIP板芯材多样化的研究和开发。技术的提升带来了VIP板产品优异的隔热性能，使得VIP板成为一种新型的、集高效与节能于一体的保温材料，成为绝热材料的一次革命性发展。真空绝热板在冷链系统的冷藏和冷冻的应用，对人类生活起到很好的节能环保的推动作用。

第三阶段，VIP板多领域、跨行业应用。进入21世纪，随着能源问题的凸显及环保要求的进一步提高，在节能环保要求的推动下，冰箱、冷柜、冷库以及墙体保温等领域对VIP板的市场需求大幅增长，促使各大企业加大了在VIP板技术研发的力度，使得VIP板关键生产技术进一步成熟，并逐步实现产业化生产。

第四阶段，随着技术的发展，异形VIP板的出现提升了VIP板在使用上的灵活性，拓展了VIP板的适用领域和目标市场，进入了冰箱冷柜领域、冷链物流领域、自动贩卖机领域、医疗冷藏领域，以及建筑节能、保温型热水器等领域。随着能源问题的凸显及环保要求的进一步提高，VIP板逐步实现了产业化生产。目前，VIP板在国外已经被广泛应用。

目前，VIP的造价跟一些传统的保温材料相比较而言还是略高，但是VIP的价值在很多情况下是通过后期增加的效益来证明的，比如说它可以节省很多空间，因为它的超级绝热性能可以使我们的用户花相同的钱来获得一个居住面积更大的建筑。特别是随着节能指标要求越来越高，采用传统的一些产品墙体会越来越厚，像目前被动房采用石墨聚苯板、岩棉的厚度均在 200mm 以上，同等传热系数要求下采用 VIP 只需要 50mm。所以一些内保温、既有建筑节能改造、以小户型为主的公租房类型的被动房项目，以及局部热桥处理，VIP 是最佳可选材料。

VIP 是一种新型无机保温材料，其板体内芯为无机纤维材料，外膜为高阻隔性能铝膜，VID 经过内部真空处理（内部添加吸气剂），成为具有 A1 级防火性能的建筑保温材料（图 13.1）。VID 板体超薄、导热系数极低且耐久性较好，在我国节能建筑蓬勃发展的大背景下，具有极高的推广价值。

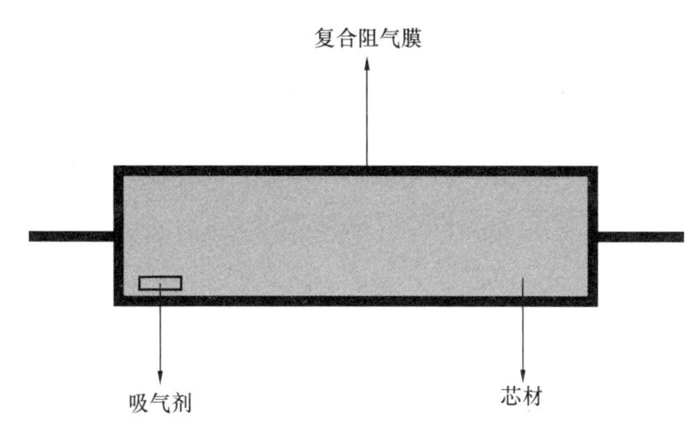


图 13.1　VIP 构造示意图

VIP 长期性能的不确定性是 VIP 大规模应用的主要障碍。首先必须确定膜材的阻隔性能等级，以满足 VIP 长期稳定性要求。通常，大多数有机薄膜对氮气、氧气均具有较好的阻隔效果，但阻隔水蒸气向 VIP 内部渗透则需要致密的金属或金属氧化物镀层，因此 VIP 的阻隔薄膜通常采用金属膜（箔）多层复合或氧化物涂层与有机膜多层复合方式，用于 VIP 的高阻隔多层薄膜氧气渗透率（OTR）需小于 0.05cm（STP ）/(m・d)，水汽渗透率（WVTR）小于 0.005g/(m・d)。

事实上，VIP 最终的绝热性能取决于板内部的真空度。因此，研究 VIP 产品的寿命不仅要关注复合膜材本身的阻隔性能，还要考虑产品结构和成型过程引起的缺陷。对于 VIP 产品，气体和水汽的渗透来源于 4 部分，如图 13.2 所示，包括上下板面、边缘、角部和热封截面。

研究发现，在高阻隔膜的生产工艺合理的前提下，膜面部分的渗透很小，大量渗透主要发生在边缘、角部和封边截面，这些位置容易形成尖锐角，封装后由于 VIP 内外压差大，这些尖锐角在应力作用下，导致高分子薄膜破损、铝箔撕裂、金属镀层破坏，从而在这些部位造成较大气体渗透。

现有袋式 VIP 产品的生产过程可大致分为复合制袋—制板—折边—包装等工序。完成真空封口后 VIP 内外的压差约为 $1.0\times10^5$ Pa，阻隔膜和芯材在大气压力的作用下迅速收缩。收缩过程中，在产品角部、边缘会产生应力集中，整理折边过程中也会导致膜面缺陷增多，从而导致产品不良率升高，甚至极大地影响使用寿命。

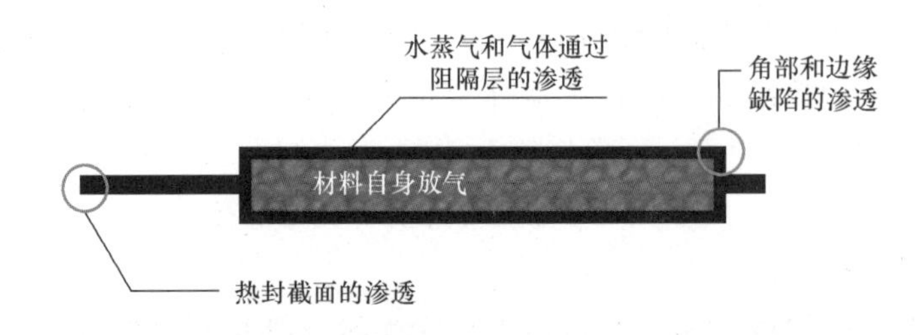


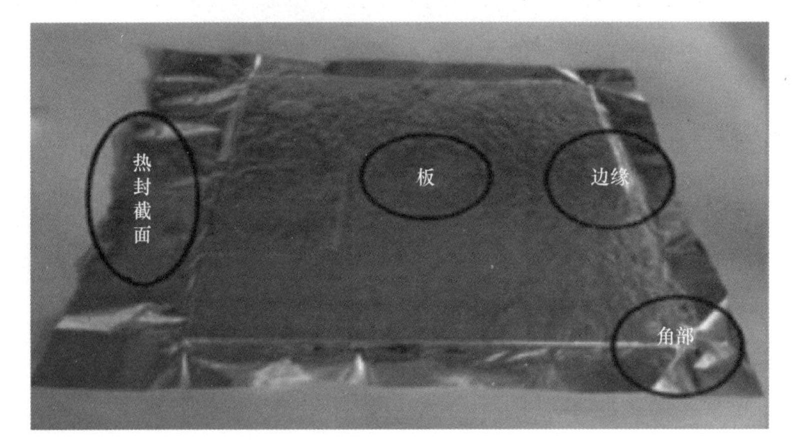


图 13.2　VIP 气体/水汽渗透途径

为了克服现有袋式 VIP 产品折边造成的产品性能恶化缺陷，提出了一种新的壳式 VIP 结构。与普通袋式结构 VIP 相比，新型壳式真空绝热板是一种全新的产品形态，该结构由底壳、芯材、干燥剂、吸气剂和面材组成。底壳采用具有高阻隔性能的硬质复合薄膜冲压或基膜吸塑成型再进行多层高阻隔涂镀方案，面材采用高阻隔复合薄膜，抽气后进行面材和底壳的四边封装。

与袋式 VIP 产品的生产工艺不同，新型壳式 VIP 产品采用底壳预成型工艺，过程受控，且不用折边处理，最大限度减小阻隔膜边角处微孔、微裂纹的产生，延长产品使用寿命。封装采用平面封装，提高生产过程的可靠性和合格率，尺寸可定制，外规则平整，便于镶嵌在保温对象的不同位置，有利于减小产品拼装热桥，用于制冷系统的隔热保温可提高发泡泡孔质量，提升整体节能效果。壳体具有优异的抗变形、耐穿刺能力，减小 VIP 板在使用环节的破损率，提高恶劣环境下服役的稳定性。

新型壳式真空绝热板底壳预制、边缘及角部变形工艺过程精确可控，保证了产品性能，延长了使用寿命。封装时采用预成型的阻隔膜底壳，在大气环境下预封两条短边，留两条长边作为封装工序抽气时的流道，单侧长边的芯材距离阻隔膜边为 25～35mm，由于面材被内置的芯材顶起，面材与底壳之间的间隙大，因此排气流道比袋式单边抽气工艺流道大。例如规格为 550mm×1510mm×25mm 的 VIP，在 (140±10)℃加热，恒温 20s，热封压力 0.3MPa 的条件下进行热封，在保证袋内压力≤2MPa 的前提下，新型壳式 VIP 比袋式 VIP 的抽气时间减少了 67%左右，提高了生产效率，并能获得性能优异的 VIP 板。

VIP 板是目前市面上导热系数最小的保温材料，其材料具有优异的保温隔热的原理是针对热传递的三种方式进行阻隔（图 13.3）。

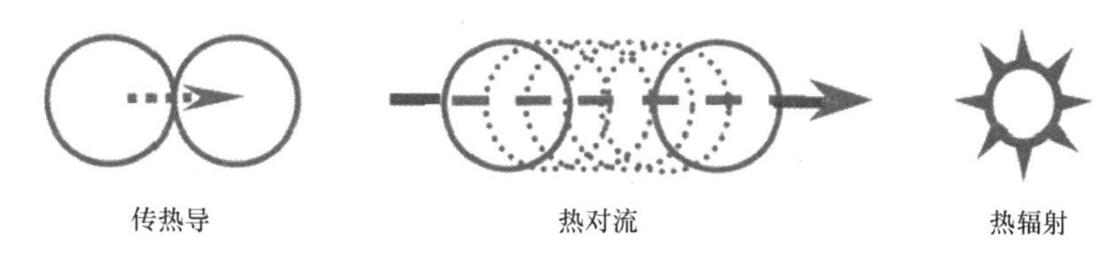


图 13.3 VIP 板隔绝的 3 种热传递方式

（1）针对热传导，VIP 板板体是以无机纤维材料作为芯材，其本身具有较低的导热系数且较好的防火性能，有效地控制了材料的热传导所消耗的热量。

（2）针对空气对流产生的热传导，VIP 板在制作中对于板体进行了抽真空处理，并且在板体内加入吸气剂来防止制作过程中少量空气残存在板内。同时防止在 VIP 板作为外墙保温的使用过程中板体边缘进入空气，影响材料整体的导热系数，进而影响材料的使用寿命。

（3）针对热辐射，VIP 板在芯材外部使用具有高阻隔性的薄膜来进行封装，其基本为铝膜以及高强度无纺布，可以有效地对环境中的热辐射进行反射，并且其对于空气中的水蒸气有较好的阻隔性能，在提高 VIP 板的保温隔热性能的同时延长了材料的寿命。

### 13.1.2 VIP 板性能特点

1. VIP 板性能优势

（1）导热系数极低

VIP 板的导热系数小于 0.008W/(m·K)，在同等效果的保温隔热情况下（热阻值相同），市面上常见保温材料的厚度为 VIP 板的 3～10 倍。以寒冷地区居住建筑为例，在《严寒和寒冷地区居住建筑节能设计标准》（JGJ 26—2018）中，对于围护结构的热工性能指标做了明确的要求，层数小于四层的居住建筑墙体，其传热系数不大于 0.45W/($m^2$·K)。根据规范中常用的Ⅲ型 VIP 板的导热系数为 0.008W/(m·K)，为达到其节能标准，所需的材料厚度为 18mm。以此为标准，如果采用我国常用的保温材料 EPS 板作为墙体外保温系统，其保温层厚度要 90mm 才能达到节能标准的要求，保温层过厚很可能出现材料脱落等情况，对建筑安全造成隐患。

（2）防火性能优异

随着建筑防火标准的不断提高，建筑保温材料的防火性能受到了社会的广泛关注。据统计，大部分建筑火灾发生的原因均为保温层的燃烧等级低，从而造成安全隐患。2011 年 3 月，公安部发布了《关于进一步明确民用建筑外保温材料消防监督管理有关要求通知》，其针对建筑火灾问题，明确了建筑外保温材料的燃烧等级为 A 级。2014 年，公安部联合相关单位编写了《建筑设计防火规范》（GB 50016—2014），其中，将建筑材料的燃烧性能从不燃到易燃划分了等级，并针对建筑外墙板保温系统，对建筑材料的防火等级进行规定。并明确了对于建筑外墙保温材料的防火要求，同时规定在采用 B1 等级的材料时，要进行防护层的设立，以提高建筑保温系统整体的燃烧等级。VIP 板作为复合材料，其阻隔层采用不燃材料，满足建筑对于防火规范的要求，具有良好的阻隔性，极大地减少了建筑火灾引起的安全隐患。

（3）提高有效使用面积

以传统的 EPS 保温板为例，在满足其外墙传热限值的情况下，材料的厚度为 90mm。因此，以薄抹灰外墙保温系统为例，除去基层墙体，外墙保温系统总厚度为 120mm（20mm 找平砂浆＋5mm 黏结砂浆＋90mm EPS 保温板＋5mm 抹面砂浆），在建筑面积不变的情况下，保温系统占用建筑面积约 12.9$m^2$，剩余建筑面积约为 382.1$m^2$。

如果外墙保温采用 VIP 板，满足其外墙传热限值的材料厚度为 18mm，则外墙保温系统的厚度为 48mm（20mm 找平砂浆＋5mm 黏结砂浆＋18mmVIP 板＋5mm 抹面砂浆）。在建筑面积不变的情况下，保温系统占用建筑面积约 5.2$m^2$，剩余建筑面积约 389.8$m^2$，较外墙采用 EPS 板时增加了 7.7$m^2$。因此，在基层墙体相同，且外墙整体传热系数为定值的情况下，以 VIP 板作为外墙保温层相对于 EPS 板，可增大 1.95％的室内面积。

**2. VIP 板性能缺点**

（1）不可现场裁切

VIP 板通过抽真空来对芯材进行封装，并减少热对流提高了材料的保温隔热性能，因此 VIP 板一旦被破坏，其导热系数便会大大增加。因此，在使用 VIP 板作为外墙保温系统时，要对于建筑进行规范测量，根据其尺寸对 VIP 板进行规格选择，门窗洞口及边角要提前在工厂进行预制。但由于现场施工，工人技术不成熟或者建筑尺寸测量不精确等因素，保温材料尺寸无法与建筑完全吻合，这就给建筑施工带来了一定的困难。

（2）施工限制大

VIP 板标准图集中规定，在特殊天气如大风、雨雪天，且建筑基层墙体与外部环境低于 5℃的情况下不应进行施工。除了气候限制之外，由于 VIP 板材料的特殊性，在材料粘贴完毕后，要静置 12 小时并检查无保温板破坏漏气之后，再进行施工。这无疑增加了 VIP 板施工的工期。

（3）易被破坏

VIP 板因其结构问题，如果其内部真空环境遭到破坏，将大大降低材料的保温隔热性能。而材料外侧用于封装的高阻隔性的膜，在材料运输、施工以及后期使用过程中，极易遭到破坏，从而破坏材料内部真空环境。

工人在施工过程中，操作不当以致施工工具以及吊篮等对于材料的碰撞均有很大概率对材料造成损害。通过对 VIP 板进行热传递分析，不同传热方式对于热量传递的占比约为：板材热传导占比 33％，板内残余气体所导致的对流传热占比 44％，板体的热辐射占比 23％。由此可知，板内气体对于 VIP 板保温性能影响占比最大。因此，板体内的真空环境对于 VIP 板的导热系数的影响至关重要。一旦其遭到破坏，将会导致 VIP 板失去原本的保温效果。研究表明，当板内气压增至 520Pa 时，保温板的导热系数增加至 11.24W/(m·K)，板体失去其理想的保温效果。在板体遭到破坏之后，空气中水蒸气进入板板体内部，将会增大 VIP 板的质量，且保温板将会垂直板面发生一定程度的膨胀，这些均会造成板体的脱落，给建筑带来安全隐患。

（4）寿命不稳定

真空绝热板的导热系数与板体内的真空环境密切相关，一旦材料被破坏，将大大降低板的保温隔热性能。通过对材料进行试验计算，只有保证 VIP 板板内压强在 60 年之内小于 10Pa，也就是其间气体透过封装的高阻隔性的膜进入板体内的气体小于 3.56g，保温材料才能保持其良好的热工性能。但是在我国建筑领域，材料的抽真空技术还需时间来验证，因此 VIP 板的寿命相比于其他材料来讲不太稳定，在运输安装以及建筑使用过程中，均可能因为磕碰以及住户的不规范使用破坏材料。一旦 VIP 板板内的真空环境被破坏，不仅增加其导热系数使材料达不到理想的保温状态，还会发生材料的鼓起脱落等问题，给住户以及建设单位带来损失的同时造成安全隐患。

## 13.2　产品生产及性能

### 13.2.1　VIP 板生产

VIP 板，由三部分组成，即多孔介质组成芯材、维持板内真空度的多层复合阻隔膜以及能够吸收各种气体的吸气剂（或吸收水蒸气的干燥剂），如图 13.4 所示。

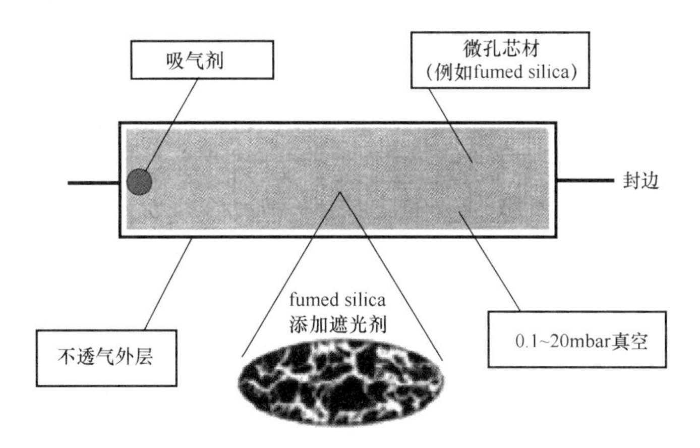


图 13.4　VIP 板构造

（1）复合芯材的制备

溶胶凝胶法：将 10mm 厚的玻璃纤维毡放置在合适的容器中，取体积比为 1∶1∶2 的工业级水玻璃、无水乙醇、去离子水混合均匀后加入其中，使用氨水调节 pH=4，在温度 40℃时凝胶。凝胶后，采用无水乙醇进行溶剂置换，再使用六甲基二硅氧烷与正己烷的混合溶液（体积比为 1∶60）进行改性。80℃干燥 4h，得到纳米 $SiO_2$ 玻璃纤维毡复合材料。

浇注成型法：用上述的溶胶凝胶法制备纳米 $SiO_2$，研磨至粉末状。将制备的纳米 $SiO_2$ 粉末、白乳胶、表面改性剂 KH-550 按照质量比 2∶1∶1 的比例混合均匀，制备纳米 $SiO_2$ 浆料。将 10mm 厚的玻璃纤维毡在 160℃烘箱中热处理 30min 后，自然冷却至室温。通过多孔模具，将纳米 $SiO_2$ 胶浆料均匀地浇注在玻璃纤维毡孔隙中，压制，80℃干燥 4h，制成纳米 $SiO_2$ 玻璃纤维复合毡。

（2）VIP板制备

将制备好的纳米$SiO_2$玻璃纤维毡复合芯材裁剪为长度为300mm、宽度为300mm，放至烘箱中，在180℃下干燥90min。然后将复合芯材从烘箱中取出，装入预先制备好的多层阻隔膜袋中；将芯材和隔膜袋放入真空封装机中，抽真空之后热封封口［真空腔室的真空度为（0.1～0.01）Pa］；制作好的VIP通过轧制棒压平，以形成外观平整的VIP板产品。

### 13.2.2 VIP板设备系统

VIP板设备一般为多封口系统，可满足批量化生产的要求。设备采用数字化控制系统，操作简单，自动控制程度高，排除了人为因素对产品质量的影响。

（1）真空系统

当真空度达到0.01Pa时，对VIP板性能的影响可以忽略。实验证明，从大气压到0.01Pa时所用的时间一定要保证在8～10min，其原因是在抽气过程中真空室的真空度与VIP板内的真空度有一定的压力差，但这种压力差随着抽气时间而逐渐平衡，如果盲目地追求生产效率，缩短抽气时间，将造成芯材不能彻底地除气，影响VIP板的质量。由于这套系统大大缩减了前后的处理时间，设备成本和产品成本也降低了不少，尤其这套系统十分稳定，产品的合格率高达99.8%以上。

（2）控制系统

人机操作界面采用触摸屏（e-viev），提供各种操作界面和菜单选取。系统可采用的是三菱FX1N系列PLC控制器，可实现与真空系统、电源系统、测量系统等之间的电脑化自动控制；在生产过程中可调节加热电压、加热时间、加热方式、操作方式等工艺参数，同时可以显示真空系统的工作状态、电源系统的工作状态、报警状态等；系统设置了各种自动保护措施，为设备的可靠运行提供了安全保障。另外，由于在真空绝热板封装设备中，不同的热封材料其热封时间也有一定的差异，所以本系统采用数字控制热封时间，以及在热封装置中采用过热自动保护装置，防止热封材料被损坏。

（3）封口系统

对于近1m长的封口，在长时间的工作中极易产生形变，为此设计有弧度支撑件，在加热的过程中封装袋有一个膨胀的过程，利用弧度使整个膨胀向外运动，防止袋子在加热过程中起皱，很好地保证了封口的质量。

（4）循环式冷却水系统

由于真空泵在长期工作中，会使泵体温度升高，严重影响真空泵的寿命。为此我们采用循环水冷方式，并采用冷却塔进行水冷，既节约了资源又降低了生产成本。同时为了保证水循环正常进行，我们还安装了具有报警、过压、缺压等功能的水压控制器。

### 13.2.3 VIP板的性能影响因素

（1）复合方式对纳米$SiO_2$玻璃纤维毡复合芯材的影响

采用密度约为140kg/m$^3$的玻璃纤维毡，控制$SiO_2$的质量含量为20%，用溶胶凝胶法和浇注成型法两种方法制备纳米 SiO 纤维毡复合材料。这两种方法制备的复合材料表面较为平整，无明显的掉粉现象。经测试，纳米 $SiO_2$ 颗粒的比表面积为 $182m^2/g$，粒径约为 40nm。

对复合芯的导热系数测试，结果见表 13.1。在采用相同玻璃纤维毡和控制相同纳米 $SiO_2$ 含量基础上，溶胶凝胶法制备的复合芯材与玻璃纤维毡的导热系数［温度（23±2)℃，常压条件下］相比，有明显降低，下降 8mW/(m·K)，这是 $SiO_2$ 纳米孔的作用结果。溶胶凝胶法制备的复合材料导热系数值比浇注成型法制备的复合材料低 4mW/(m·K)，这说明浇注成型法制备的复合材料，在制备过程中纳米 $SiO_2$ 胶浆料浸润毡体不均匀，胶黏剂等助剂造成局部毡体固体导热系数大。因此，后续研究采用溶胶凝胶法制备复合材料。

**表 13.1　复合方式对纳米 $SiO_2$ 玻璃纤维毡复合芯材的性能影响**

| | 种类 | 导热系数 /W·m$^{-1}$·K$^{-1}$ | 密度 /kg·m$^{-3}$ |
|---|---|---|---|
| 芯材 | 玻璃纤维毡 | 0.030 | 150 |
| | 溶胶凝胶法复合材料 | 0.022 | 188 |
| | 浇筑成型法复合材料 | 0.026 | 185 |

（2）纤维毡密度对纳米 $SiO_2$ 玻璃纤维毡复合芯材的影响

采用五种密度（100～200kg/m$^3$）的玻璃纤维毡，控制纳米 $SiO_2$ 的质量含量为 20%，用溶胶凝胶法制备纳米 $SiO_2$ 与纤维复合材料。作为纳米 $SiO_2$ 的增强体，玻璃纤维毡在市场上最为常见的品类为无碱 E 玻璃纤维毡。由图 13.5 可知，随玻璃纤维毡密度的增加，复合材料导热系数呈先降后增的趋势，玻璃纤维毡密度为 137.8kg/m$^3$时，制备的复合材料导热系数最小，为 0.020W/(m·K)，此后随纤维毡密度的增大，复合材料的导热系数值逐步上升。玻璃纤维毡密度过小，纤维丝间的空隙偏大，气体对流导热对复合材料导热性能影响较大，致使产品的保温性能较差。玻璃纤维毡密度为 105.1kg/m$^3$时，其制备的复合材料的导热系数为 0.023W/(m·K)。当玻璃纤维毡的密度过大时，则纤维丝过于致密，留给纳米 $SiO_2$ 颗粒的空隙不足，复合材料中固体导热对复合材料导热性能影响较大，最终产品的保温性能也会变差。玻璃纤维毡的密度为 185.2kg/m$^3$ 时，所制备的复合材料的导热系数为 0.025W/(m·K)。

上述结果说明，玻璃纤维毡的密度存在一个最佳范围，通常玻璃纤维毡最佳密度范围为 130～150kg/m$^3$。

（3）纳米 $SiO_2$ 含量对纤维毡复合芯材的影响

采用密度约为 140kg/m$^3$ 的玻璃纤维毡，控制纳米 $SiO_2$ 的质量含量分别为 10%、20%和 30%，用溶胶凝胶法制备玻璃纤维毡复合材料。

结果如表 13.2 所示，使用溶胶凝胶法将玻璃纤维毡复合材料与纳米 $SiO_2$ 复合后，玻璃纤维毡的导热系数降低，即保温性能提高。随着纳米 $SiO_2$ 含量的增加，玻璃纤维毡的中心导热系数下降（6～12)W/(m·K)。由此看出，纳米 $SiO_2$ 复合纤维毡材料的保温性能是由复合材料中纳米 $SiO_2$ 颗粒的含量和纤维增强材料的密度所决定的。

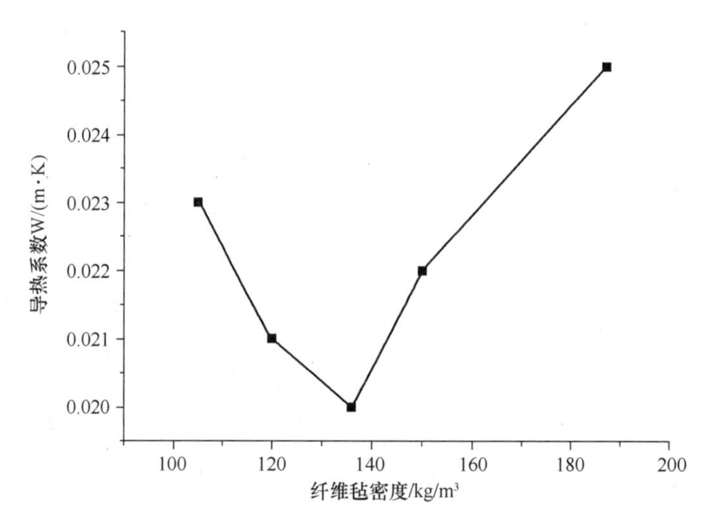


图 13.5　纤维毡密度对复合芯材导热系数的影响

**表 13.2　纳米 $SiO_2$ 含量对复合芯材导热系数的影响**

| 纳米 $SO_2$ 含量/% | 0 | 10 | 20 | 30 |
| --- | --- | --- | --- | --- |
| 复合材料的导热系数/$W \cdot m^{-1} \cdot K^{-1}$ | 0.030 | 0.024 | 0.022 | 0.018 |

（4）凹坑对 VIP 导热系数的影响

增加VIP 板表面的粗糙度，使得保温板上墙后的施工更为方便，进一步拓展真空绝热板的使用范围。将开孔芯材放于中间层，对制备的表面带不同凹坑个数的建筑用真空绝热板进行导热系数测试。未开孔的 VIP 导热系数为 0.0075W/(m·K)；开孔对 VIP 的导热系数稍有影响。但当开孔个数达到 8 个、开孔面积占芯材总表面积的 1.37%时，带凹坑的 VIP 导热系数比芯材未开孔的 VIP 导热系数还要低。这说明通过在芯材上开孔对制备的 VIP 保温隔热方面同样具有优异的性能，甚至在一定条件下保温性能更加优越。

（5）凹坑对 VIP 外墙外保温体系拉拔强度的影响

研究表明，表面光滑的 VIP 外墙保温系统拉拔强度为 0.83MPa，而表面带凹坑的 VIP 的拉拔强度可高达 0.93MPa，明显大于表面光滑的 VIP。当表面带凹坑的 VIP 面被刷上黏结砂浆后，随着砂浆的流动，会慢慢渗入表面凹坑内。等砂浆完全干燥后，通过砂浆与玻纤网格布膜材间的相互结合，这些凹坑内的砂浆则被视为插入 VIP 内部的锚固件，从而增大了 VIP 外墙保温系统的拉拔强度。

（6）不同内部真空度对 VIP 板使用寿命影响

内部真空度的变化直接影响 VIP 的使用寿命。研究表明，随着内压升高，VIP 板导热系数逐渐上升，当内压超过 300Pa 之后导热系数上升幅度逐渐变小，由此可知，当内压较小时，在一定的内压变化范围内，内压与导热系数近似线性关系；当超过内压的变化范围，内压逐渐变大时，内压与导热系数趋向非线性关系。这进一步可以说明通过导热系数随时间的变化也是存在既有线性阶段也有非线性阶段，只有结合导热系数随时间在各个阶段的变化，才能减小预测VIP使用寿命的误差。

（7）纤维直径对VIP板使用寿命影响

在纤维直径改变时，其导热系数随时间的变化关系。在相同温度、内部气压下，随着时间的增长，纤维直径对单元封装真空绝热板的初期导热系数影响作用较为敏感，随着芯材纤维直径的增大，孔径随之增大，其导热系数的增长速度也逐渐增大。当纤维直径为5μm、10μm、20μm时，芯材为玻璃纤维的单元封装真空绝热板的使用寿命分别为49年、25年、12.5年；由最大使用寿命49年锐减到12.5年；芯材为硅气凝胶纤维毡的VIP板的使用寿命分别为52年、46年、42年，由最大使用寿命52年减到42年。这是因为芯材中的纤维直径越小，对应的直径尺寸越小，孔径越小，气体通过芯材进行热交换的能力就越弱，导热系数也就越低。由此，玻璃纤维芯材的纤维直径越大，其导热系数增长越快，使用寿命越短，但通过硅气凝胶掺入纤维形成的复合材料可以降低纤维直径对其使用寿命的影响。

（8）不同环境温度对VIP板使用寿命影响

随着时间的增长，不同环境温度下VIP板的使用寿命都随环境温度的降低而逐渐增大。当温度10℃、VIP板导热系数超过11.5mW/(m・K)时，对应的预测使用寿命是46年；当温度为80℃时，VIP板导预测使用寿命是7年。低温时，VIP板导热系数上升较慢，通常需要几十年的使用才会到达到失效。高温时，VIP板导热系数上升很快，使用几年就失效了。这说明，环境温度对单元VIP板的使用寿命影响很大，因此，VIP板的使用寿命应考虑其实际使用环境温度，否则会带来较大误差。

（9）不同导热系数对VIP板使用寿命影响

研究表明，当导热系数分别为2mW/(m・K)、3mW/(m・K)、4mW/(m・K)、5mW/(m・K)、6mW/(m・K)、7mW/(m・K)、8mW/(m・K)的单元封装真空绝热板，随时间增长导热系数大于11.5mW/(m・K)达到失效时，所对应的使用寿命分别为55年、46年、38年、31年、25年、19年、14.5年。由此可见，随着导热系数的降低，VIP板的使用寿命逐渐增加，由最低14.5年增加到55年。这是因为导热系数越低，VIP板的导热系数上升所需的时间就越久，对应的使用寿命就更长。同时发现，随着时间增加，不同导热系数的单元封装真空绝热板的导热系数逐渐上升的速度也在降低。分析得出，不同导热系数的单元封装真空绝热板随着时间增加逐渐接近失效时，隔热保温性能就逐渐由芯材决定。因此，应使制备的VIP板的导热系数更低，以获得更长久的使用寿命，并可选用低导热系数的芯材，减弱板失效后对建筑结构隔热保温性能的影响。

（10）芯材含水率对VIP板使用寿命影响

芯材含水率为2%的VIP板的导热系数由0.00815W/(m・K)上升到0.00821W/(m・K)时，芯材含水率为0.1%的VIP板的导热系数由0.00811W/(m・K)上升到0.00813W/(m・K)。通过导热系数微小的变化，说明芯材含水率越高会加速VIP板导热系数的上升。含水率为2%芯材制备的VIP板，由于芯材低压放气导致导热系数更高，对应板的使用寿命就更短。因此，在制备VIP板的过程中，需要严格控制芯材的含水率，避免因芯材含水、未进行烘干，影响单元封装真空绝热板的使用寿命。

（11）吸气剂对 VIP 板使用寿命影响

研究表明，未加入吸气剂的 VIP 板的导热系数随时间变化的上升速度约是加入吸气剂的 4.6 倍。加入吸气剂可以减小 VIP 板的导热系数的上升速度，进而延长其使用寿命。

## 13.3 碳足迹分析

### 13.3.1 VIP 板生产工艺分析

VIP 板生产工艺流程图如图 13.6 所示。

（1）打浆：将玻璃棉制品进入打浆设备中，加入自来水，制成玻璃棉浆水，打浆在密闭空间内进行，无颗粒物挥发。

（2）成型干燥：将玻璃棉浆水进入成型干燥设备内，成型干燥设备通过电加热，玻璃棉浆水受热成型，水分挥发，收集后用于打浆。该过程无废弃物产生。

（3）裁切：按照图纸要求形状尺寸对成型后的产品裁切，该过程中产生的边角料收集后全部用于打浆。

（4）包装、抽真空：用铝箔膜对真空绝热板包装后，先用封口机封口后再将内部抽成真空。

（5）整形：对包装完成后的产品，用冲压设备对产品表面整形。

（6）测试：产品通过热导率测试仪器测试后，放入仓库。

以年产 VIP 板 1000t 的生产规模为例。宇航级高性能超细棉生产设备 1 套，芯材生产线 2 套、芯材打浆设备 2 台、芯材拉布机 6 台、裁床 1 台、VIP 芯材烘干箱 6 台、VIP 芯材干燥线 2 套、VIP 芯材输送式烘箱线 2 套。

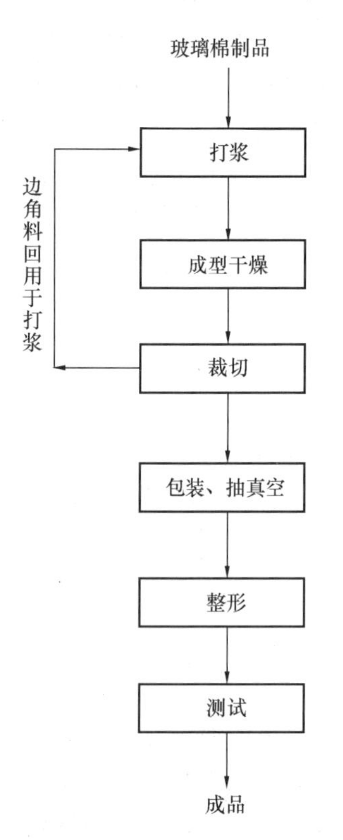


图 13.6 VIP 板生产工艺流程图

### 13.3.2 VIP 板碳足迹分析

VIP 板的主要碳排放（表 13.3）是使用设备的电力产生的。电力作为二次能源，其 $CO_2$ 排放因子同所处区域的能源结构密切相关，一般来说，若某地区火电发电量占总发电量的比重越高，则其单位电能的 $CO_2$ 排放因子就越高。从发电量上可以看出，清洁能源占发电量的比重在逐年上升，我国电力行业能源结构日趋多元化。

表 13.3 VIP 板大气污染物排放

| 排放源 | 污染物名称 | 产生浓度 /mg·m⁻³ | 产生量 /t·a⁻¹ | 排放浓度 /mg·m⁻³ | 排放速率 /kg·h⁻¹ | 排放量 /t·a⁻¹ | 排放去向 |
|---|---|---|---|---|---|---|---|
| 高温电炉 | 颗粒物 | 387 | 14 | 58 | 0.87 | 2.1 | 环境大气 |

国家发展改革委应对气候变化发展司所主办的“中国清洁发展机制网”会定期发布我国当年区域电网基准线排放因子，根据其最新发布的《2015中国区域电网基准线排放因子》，将电网边界统一划分为华北、东北、华东、华中、西北和南方区域电网，其所统计的电力$CO_2$排放因子（表13.4）即电网电量边际排放因子，根据电力系统中所有电厂的总净上网电量、燃料类型及燃料总消耗量计算。

**表13.4　我国各电网$CO_2$排放因子数值**

| 电网名称 | 华北电网 | 东北电网 | 华东电网 | 华中电网 | 西北电网 | 南方电网 | 全国平均 |
|---|---|---|---|---|---|---|---|
| 碳排放因子 /$kgCO_2eq \cdot kW \cdot h$ | 1.04E+00 | 1.12E+00 | 8.10E-01 | 9.47E-01 | 9.59E-01 | 9.12E-01 | 9.65E-01 |

## 13.4　减碳策略

VIP板中气体和水汽的渗透来源于四部分，包括上下板面、边缘、角部和热封截面。通过大量的试验测试发现，无论是覆铝（箔）膜，还是镀铝或金属氧化的多层涂镀结构，外型容易使得VIP板的使用寿命大打折扣。

壳式四边封VIP板由硬质底壳和高阻隔薄膜构成，硬质底壳通过热冲压成型，尺寸根据VIP板芯材量身定制，不存在虚边的问题。坚硬的底壳为VIP板提供优异的抗变形、耐穿刺性能，极大地提高了VIP板在恶劣环境下服役的稳定性，从根本上解决了折边锐角锐边导致VIP板漏气的问题，不仅大幅提高了生产效率，产品的良品率和稳定性也明显提升。其特性与优势为：一是不受形态约束，整体效能更优。壳式四边封VIP采用预成型的阻隔膜底壳，角部预先成型，整个工艺过程可控，保证了产品性能与使用寿命。二是平面形状可以根据实际需求定制，如圆形、方形、多边形或任意形状，尺寸精度公差小，便于镶嵌在不同位置，外形规整有利于减小产品的拼装热翘。三是无折边，低透过率，产品更保真。壳式四边封VIP不需要折边工序，不会出现阻隔性下降的问题，有效避免工序对产品造成的硬性损伤。封装工艺采用预成型好的阻隔膜底壳，与传统工艺相比，在相同的抽真空时间里，新工艺使得袋内真空度更高，从而获得性能优异的VIP板。四是耐老化、抗穿刺、寿命更长。改善了材料的抗冲击性、抗撕裂性和耐热性，使得四边封VIP在各项性能测试中均有优异的表现，使用寿命更长。五是壳式四边封VIP包装也允许在VIP生产和使用过程中有更大的自由度，而不出现漏气现象。

当导热系数为0.008W/(m·K)、纤维直径为20$\mu$m时，单元封装真空绝热板使用寿命仅有9年；当导热系数为0.002W/(m·K)、纤维直径为5$\mu$m时，单元封装真空绝热板使用寿命可达到59年。因此，在实际生产中，应尽量减小单元封装真空绝热板的导热系数和纤维直径，以获得更长的使用寿命。

# 参考文献


[1] 杨路远，黄有亮．预制构件物化阶段碳足迹计算模型研究[J]．江苏建筑，2017，(2)：117-120.

[2] 刘君怡．夏热冬冷地区低碳住宅技术策略的 $CO_2$ 减排效用研究[D]．武汉：华中科技大学，2010.

[3] 张珍．建筑施工碳足迹计算模型研究[D]．广州：广东工业大学，2015.

[4] [美]M. J. 弗朗凯蒂，D. 阿普尔．碳足迹分析：概念、方法、实施与案例研究[M]．张志强，曲建升，王立伟，等译．北京：科学出版社，2016.

[5] 李静，包昀培．建筑物物化阶段碳足迹快速计算模型研究[J]．建筑经济，2016，37(8)：87-91.

[6] 高源雪．建筑产品物化阶段碳足迹评价方法与实证研究[D]．北京：清华大学，2012.

[7] 刘燕．基于全生命周期的建筑碳排放评价模型[D]．大连：大连理工大学，2015.

[8] 陈乔．建筑工程建设过程碳排放计算方法研究[D]．西安：长安大学，2014.

[9] 王玉．工业化预制装配建筑的全生命周期碳排放研究[D]．南京：东南大学，2016.

[10] 王召新．混凝土装配式住宅施工技术研究[D]．北京：北京工业大学，2012.

[11] TY01-01(01)-2016，装配式建筑工程消耗量定额[S]．2016.

[12] 罗平滢．建筑施工碳排放因子研究[D]．广州：广东工业大学，2016.

[13] 崔鹏．建筑物生命周期碳排放因子库构建及应用研究[D]．南京：东南大学，2015.

[14] 陈冲．基于 LCA 的建筑碳排放控制与预测研究[D]．武汉：华中科技大学，2013.

[15] 吴水根，谢银．浅析装配式建筑结构物化阶段的碳排放计算[J]．建筑施工，2013，35(1)：85-88.

[16] 周越．浙江省建筑外墙保温体系物化过程 $CO_2$ 排放研究[D]．杭州：浙江大学，2017.

[17] 贺晓彤．城市轨道交通明挖车站建设碳排放计算及主要影响因素分析[D]．北京：北京交通大学，2015.

[18] 李金潞．寒冷地区城市住宅全生命周期碳排放测算及减碳策略研究[D]．西安：建筑科技大学，2019.

[19] 金欢欢．我国碳足迹的多维测度、分解与优化研究[D]．杭州：浙江工商大学，2022.

[20] 刘焊琪．既有建筑外保温系统性能检测与评价方法研究[D]．济南：山东建筑大学，2017.

[21] 王玉，张宏．工业化预制装配住宅的建筑全生命周期碳排放模型研究[J]．华中建筑，2015(9)：70-74.

[22] 曹杰．住宅建筑全生命周期的碳足迹研究[D]．重庆：重庆大学，2017.

[23] 王侠，任宏．不同结构住宅建筑生命周期环境影响比较[J]．建筑，2016(11)：65-67.

[24] 路国忠．外墙外保温脱落事故分析及加强办法[J]．墙材革新与建筑节能，2015，(12)：47-52.

[25] 雨虹．模塑聚苯板薄抹灰外墙外保温系统外墙脱落原因分析[N]．2018-01-22.

[26] 刘菁．碳足迹视角下中国建筑全产业链碳排放测算方法及减排政策研究[D]．北京：北京交通大学，2018.

[27] 毛鹏，单小迪，李婕，等．建筑拆除阶段环境影响评价研究[J]．建筑经济，2018，39(5)：111-116.

[28] 魏嘉玮等．建筑施工扬尘污染对环境损害的经济损失评估[J]．建筑经济，2018，39(10)：111-115.

[29] 卢姣．多层建筑项目全生命周期碳足迹研究与实现[D]．广州：广东工业大学，2015.

[30] 杨路远，黄有亮．预制构件物化阶段碳足迹计算模型研究[J]．江苏建筑，2017，(2)：117-120.

[31] 高靖恺．基于 BIM 技术的公共建筑生命周期碳排放计量研究[D]．太原：太原理工大学，2016.

[32] 沈琳等．基于 BIM-LCA 的建筑环境影响评价方法[J]．森林工程，2015，31(1)：149-155.

[33] 高鑫等．装配式混凝土建筑物化阶段碳足迹测算模型研究[J]．建筑节能，2019，47(2)：97-101.

[34] 王玉，张宏．工业化预制装配住宅的建筑全生命周期碳排放模型研究[J]．华中建筑，2015，33(9)：70-74.

[35] 住房和城乡建设部，工业和信息化部．绿色建材评价标识管理办法[Z]．2014.

[36] 住房和城乡建设部，工业和信息化部．绿色建材评价技术导则[Z]．2015.

[37] Schiavoni S. Insulation materials for the building sector：A reviewand comparative analysis [J]．Renewable and Sustainable Energy Reviews，2016，62：988-1011.

[38] 刘富成等．建筑用岩棉生产的生命周期评价及节能减排分析[J]．新型建筑材料，2016(5)：98-102.

[39] 中华人民共和国国家统计局．中国统计年整 2018[M]．北京：统计局出版社，2018.

[40] 刘俊伶，项启昕，王克，等．中国建筑部门中长期低碳发展路径[J]．资源科学．2019，41(3)：509-520.

[41] 刘慧峰．商居住宅建筑火灾发展及人员疏散研究[D]．中国矿业大学，2019.

[42] 季广其，朱春玲．硬抱聚氨酯外墙外保温系统防火性能研究[J]．建设科技，2010(7)：28-33.

[43] 王宁．西安地区居住建筑节能技术体系研究[D]．西安：西安建筑科技大学，2018.

[45] 杜志信．建筑保温节能材料对比分析与应用[J]．施工技术，2013，042(022)：33-36.

[44] 卢家，德国低能耗建筑技术体系[J]．生态城市与绿色建筑，2015，(1)：23-26.

[46] 郑辉，张锋．新型外墙保温防火材料发展现状[J]．建材与装饰，2016，(43)：121-122.

[47] 张颖，高居住宅防火现状及改进策略[J]．山西建筑，2018，9(26)：236-237.

[48] 贾翔涛，刘纪达，徐天锋．外墙保温材料应用现状及发展探讨[J]．建筑安全，2019(7)：74-77.

[49] 中华人民共和国住房和城乡建设部．建筑设计防火规范：GB 50016—2014[S]．北京：中国计划出版社，2018.

[50] 肖莉．新建居住建筑节能设计标准设定 7 百%[J]．建设科技，2011，09(011)：39.

[51] 孟杨．外墙保温节能新标准配套技术方案探讨[J]．墙体革新与建筑节能，2016.7：66-58.

[52] 刘梦婷．严寒和寒冷地区居住建筑第四步节能指标体系研究[D]．哈尔滨：哈尔滨工业大学，2018.

[53] 邓丽红．建筑外墙保温材料防火性能技术探析[J]．中国建材科技，2016，(3)：60.

[54] 宁志海．西安地区住宅建筑节能 76%设计标准的技术可行性研究[D]．西安：西安建筑科技大学，2015.

[55] 张淑萍，常用保温材料的性能研究以及发展趋势[J]．江西建材，2017，(24)；5-6.

[56] 李玉娜等．几种保温材料耐久性试验分析与应用[J]．新型建筑材料，2018.12.

[57] 姚钟莹．几种常见保温材料燃烧热值分析[J]．墙材革新与建筑节能，2015，51-52.

[58] 徐再楼．聚氨酯保温材料在外墙保温系统的应用[J]．合成树脂及塑料，2015，32(6)：92-97.

[59] 王岩，王祎玮，白锡，等．墙体保温材料的现状及其发展趋势[J]．建筑工程，2017.2(27)：

1-1L.

[60] 谷韩成，陈思诺，黄恩兴．建筑节能保温材料的现状及发展[J]．建筑节能 2016，(6)：42-46.

[61] 路国忠，郑学松，周丽娟，等．聚氨酯、岩棉复合保温板的制备及性能研究[J]．建筑节能，2016，(6)：60-52.

[62] 王华坤，等．外墙保温用聚合聚苯板主要性能与技术应用探析[J]．砌块与墙板，2019，(3)：72-76.

[63] 辛本顺，辛崇飞，尹强．建筑节能耐火窗设计与应用研究[J]．消防技术与产品信息，2018，31(3)：77-80.

[64] 李红菊，苏海通，周杨，等．铝合金窗耐火完整性试验研究[J]．山东：山东工业技术，2018：1-2.

[65] 日润平．聚氨酯耐火节能窗耐火性能研究[J]．江苏建筑，2019(6)：99-100.

[66] 中华人民共和国住房和城乡建设部．民用建筑设计统一标准：GB 50352—2019[S]．北京：中国建筑工业出版社，2019.

[67] Nie H，Vasaeur V，Fan Y，et al. Exploring reacona behind careful-wae，energy-saving behavioura in reaidential sector bacied on the theory of planned behaviour：Evidence frosChangchun，China[J]. Joumal of Cleaner Production，2019，230(SP. 1)：29-37.

[68] 薛一冰等．浅析 HVIP 真空绝热保温板在外墙保温中的应用[J]．建筑节能，2018，46(2)：120-123.

[69] 谷燕成，陈思诺，黄恩．兴建筑节能保温材料的现状及发展[J]．建筑节能，2016，44(6)：34-38.

[70] 李建伟等．岩棉板在含水潮湿状态下的性能变化及机理研究[J]．新型建筑材料，2018，45(2)：80-82.

[71] 刘云霄等．岩棉板纤维在水泥碱性环境下的耐侵蚀特性[J]．建筑材料学报，2017，20(5)：700-704.

[72] 潘玉勤等．超热固改性模塑聚苯板燃烧性能研究与探讨[J]．墙材革新与建筑节能，2016，(3)：62-65.

[73] 陈照峰等．真空绝热板技术的研究现状及发展趋势[J]．南京航空航天大学学报，2017，49(1)：1-16.

[74] 戚昊等．利用钼尾矿制备微晶泡沫玻璃[J]．陶瓷学报，2017，38(1)：76-81.

[75] 李统一等．新型增韧酚醛保温材料的制备及性能研究[J]．中国塑料，2017，31(4)：35-39.

[76] 刘琳，付鸣涛．酚醛泡沫用含硼阻燃增韧剂的合成及性能表征[J]．建筑材料学报，2016，19(3)：510-515.

[77] 罗凌峰等．居住建筑节能外墙保温结构及材料组合分析[J]．江西建材，2019(2)：80-81.

[78] 李明．建筑保温施工技术的探讨[J]．居舍，2019(6)：58+138.

[79] 曹步阳．新型建筑墙体材料在现代城市建筑中的应用研究[J]．美与时代(城市版)，2019(1)：17-18.